普通高等教育电气信息类规划教材

教育部财政部职业院校教师素质提高计划职教师资培养资源开发项目
《职教师资本科自动化专业培养标准、培养方案、核心课程和特色教材开发》专业职教师资培养资源开发（VTNE030）

U0320091

免费教学资源下载
www.cmpedu.com

传感器与检测技术及应用

张立新　罗忠宝　冯　璐　编著

机械工业出版社
CHINA MACHINE PRESS

本书共 6 章，主要介绍了常用传感器的原理及其应用电路，内容包括温度传感器、压力传感器、环境传感器的工作原理、特性参数及其实用电路设计与制作。书中提供了较多的应用电路实例。作为传感器技术向实际工程应用的延伸，本书还介绍了工业常用的温度变送器、压力变送器、液位变送器、流量变送器的工作原理、选型方法及应用场合。

本书是一本基于工作过程系统化基本环节编写的"理实一体化"教材，每章都结合一些实际工作任务，重点突出"懂理论、会设计、能制作、勇创新"的基本原则，培养学生的理论设计水平和实践动手能力，激发学生的学习兴趣和创新意识。

本书可作为高等工科院校本科生、高职高专学生的测控技术及仪器、自动化、电子信息及机电一体化等专业的教材，也可供相关专业工程技术人员参考。

图书在版编目（CIP）数据

传感器与检测技术及应用/张立新，罗忠宝，冯璐编著 . —北京：机械工业出版社，2018.4

ISBN 978-7-111-59627-1

Ⅰ.①传… Ⅱ.①张… ②罗… ③冯… Ⅲ.①传感器–检测 Ⅳ.①TP212

中国版本图书馆 CIP 数据核字（2018）第 068766 号

机械工业出版社（北京市百万庄大街 22 号　邮政编码 100037）
策划编辑：丁　伦　责任编辑：丁　伦
责任校对：张艳霞　封面设计：子时文化
责任印制：张　博
三河市宏达印刷有限公司印刷
2018 年 6 月第 1 版第 1 次印刷
184mm×260mm · 15.25 印张 · 368 千字
0001—3000 册
标准书号：ISBN 978-7-111- 59627-1
定价：45.00 元

凡购本书，如有缺页、倒页、脱页，由本社发行部调换

电话服务 网络服务

服务咨询热线：010-88379833 机 工 官 网：www.cmpbook.com

读者购书热线：010-88379649 机 工 官 博：weibo.com/cmp1952

教育服务网：www.cmpedu.com

封面无防伪标均为盗版 金 书 网：www.golden-book.com

教育部　财政部职业院校教师素质提高计划成果系列丛书

项目牵头单位：吉林工程技术师范学院

项目负责人：刘君义

项目专家指导委员会

主　任：刘来泉

副主任：王宪成　郭春鸣

成　员：（按姓氏笔画排列）

刁哲军　王继平　王乐夫　邓泽民　石伟平　卢双盈

汤生玲　米　靖　刘正安　刘君义　孟庆国　沈希李

仲　阳　李栋学　李梦卿　吴全全　张元利　张建荣

周泽扬　姜大源　郭杰忠　夏金星　徐　流　徐　朔

曹　晔　崔世钢　韩亚兰

出 版 说 明

《国家中长期教育改革和发展规划纲要（2010—2020 年）》颁布实施以来，我国职业教育进入了加快构建现代职业教育体系、全面提高技能型人才培养质量的新阶段。加快发展现代职业教育，实现职业教育改革发展新跨越，对职业学校"双师型"教师队伍建设提出了更高的要求。为此，教育部明确提出，要以推动教师专业化为引领，以加强"双师型"教师队伍建设为重点，以创新制度和机制为动力，以完善培养培训体系为保障，以实施素质提高计划为抓手，统筹规划，突出重点，改革创新，狠抓落实，切实提升职业院校教师队伍的整体素质和建设水平，加快建成一支师德高尚、素质优良、技艺精湛、结构合理、专兼结合的高素质、专业化的"双师型"教师队伍，为建设具有中国特色、世界水平的现代职业教育体系提供强有力的师资保障。

目前，我国共有 60 余所高校正在开展职教师资培养，但由于教师培养标准的缺失和培养课程资源的匮乏，制约了"双师型"教师培养质量的提高。为完善教师培养标准和课程体系，教育部、财政部在"职业院校教师素质提高计划"框架内专门设置了职教师资培养资源开发项目，中央财政划拨 1.5 亿元，系统地开发用于本科专业的职教师资培养标准、培养方案、核心课程和特色教材等系列资源。其中，包括 88 个专业项目、12 个资格考试制度开发等公共项目。这些项目由 42 所开设职业技术师范专业的高校牵头，组织近千家科研院所、职业学校、行业企业共同研发，号召一大批专家学者、优秀校长、一线教师、企业工程技术人员参与其中。

经过三年的努力，培养资源开发项目取得了丰硕成果。一是开发了中等职业学校 88 个专业（类）职教师资本科培养资源项目，内容包括专业教师标准、专业教师培养标准、评价方案，以及一系列专业课程大纲、主干课程教材及数字化资源；二是取得了 6 项公共基础研究成果，内容包括职教师资培养模式、国际职教师资培养、教育理论课程、质量保障体系、教学资源中心建设和学习平台开发等；三是完成了 18 个专业大类职教师资资格标准及认证考试标准的开发。基于上述成果，完成了共计 800 多本正式出版物。总体来说，培养资源开发项目实现了高效益：形成了一大批资源，填补了相关标准和资源的空白；凝聚了一支研发队伍，强化了教师培养的"校—企—校"协同；引领了一批高校的教学改革，带动了"双师型"教师的专业化培养。职教师资培养资源开发项目是支撑专业化培养的一项系统化、基础性工程，是加强职教教师培养培训一体化建设的关键环节，也是对职教师资培养培训基地教师专业化培养实践、教师教育研究能力的系统检阅。

自 2013 年项目立项开题以来，各项目承担单位、项目负责人及全体开发人员做了大量深入细致的工作，结合职教教师培养实践，研发出很多填补空白、体现科学性和前瞻性的成果，有力地推进了"双师型"教师专门化培养向更深层次发展。同时，专家指导委员会的各位专家以及项目管理办公室的各位同志，克服了许多困难，按照两部对项目开发工作的总体要求，为实施项目管理、研发、检查等投入了大量时间和心血，也为各个项目提供了专业的咨询和指导，有力地保障了项目实施和成果质量。在此，我们一并表示衷心的感谢。

编写委员会

前　言

传感器技术是一种综合技术，涉及微电子技术、微机械技术、信号处理技术和计算机技术等，是测控技术及仪器、自动化、电子信息及机电一体化等专业的一门专业基础课程。

本书以实际工作任务为主题，引导学生在传感器应用电路设计与制作过程中，加深对理论基础知识的理解，掌握相关专业知识的综合运用，不断提高理论设计水平和实践动手能力，逐步实现"懂理论、会设计、能制作、勇创新"这一教学目标。

全书共6章，第1章介绍了传感器的基础知识和常用测量电路，并制作了一台数字电压表，供后续章节使用；第2~4章介绍了温度传感器、压力传感器、环境传感器的工作原理、特性参数及其实用电路的设计与制作；第5章介绍了工业常用温度变送器、压力变送器、液位变送器、流量变送器的工作原理、选型方法及应用场合，作为传感器技术向实际工程应用的延伸。第6章介绍了大量传感器工程应用实例，供学生了解传感器在实际工程中的应用，教师可根据各自的教学条件和要求，选用适当的实例作为工作任务。

本书每章中至少涉及一个"理实一体化"教学任务，内容编排上基于工作过程系统化的基本环节：工作目标、工作内容、工作方案、工作过程和工作评价，其目的不是让学生教条地学、教条地做，而是通过指导教师各自的理念，结合本书提供的阅读资料、工程实例帮学生创新地学、兴趣地做，不断提高理论应用设计水平和实践动手能力，培养学生的综合专业知识运用能力、独立分析解决问题能力和创新创造能力。

"理实一体化"教学的基本要求：教学场所应满足理论教学和实践教学，授课教师具备相关理论知识、实践经验丰富，实验设备、器材比较齐全。同时建议将学生分成若干小组，成绩考核采用师生共同评定的形式，每次课时以4学时为宜。

本书由张立新任主编，负责策划、内容编排和最终统稿。编写分工如下：张立新编写第2、5章，冯璐编写第3、4章，罗忠宝编写第1、6章。在此谨向本书所列参考文献作者和给予帮助支持的同事表示诚挚的谢意。

由于本书所涉及的知识领域广泛且应用实例较多，加上水平有限，书中难免存在缺陷和疏漏之处，恳请读者提出建议和批评指正。

编　者

目　录

第 1 章

传感器与检测技术概述

在实际生产生活中，测量的目的是要获得关于研究对象或工艺过程的物理或化学性质的信息，以便根据所得到的信息来控制研究对象，能够完成这一功能的测量器件就是传感器。从某种意义上讲，传感器性能的优劣，决定着整个控制系统的性能。

1.1 传感器简介

在当今的信息化时代，传感器作为信息感知、采集、转换、传输和处理的功能器件，已经成为各个应用领域，特别是自动检测、自动控制系统中不可缺少的重要技术工具，而能够获取各种信息的传感器无疑也控制着这些系统的命脉。

1. 传感器的定义

关于传感器，至今尚无一个比较全面的定义。传感器（Transducer 或 Sensor）有时也被称为换能器、变换器、变送器或探测器，其主要特征是能感知和检测某种形态的信息，并将其转换成另一种形态的信息。因此，传感器是指那些对被测对象的某一确定信息具有感受与检测功能，并使之按照一定规律转换成与其对应的有用输出信号的器件或装置。在不少场合，人们将传感器定义为敏感于待测非电量并可将它转换成与之对应的电信号的元件、器件或装置的总称。当然，将非电量转换为电信号并不是唯一的形式，也可将一种形式的非电量转换成另一种形式的非电量，例如将力转换成位移等。如果从技术发展的角度而言，将非电量转换成光信号或许更为有利。

传感器一般由敏感元件和转换元件组成，其原理框图如图 1-1 所示。图中的敏感元件是指传感器中能直接感应或响应被测量的部分；转换元件是指传感器中能将被测量转换成适于传输或测量的电信号部分。由于传感器的输出信号一般都很微弱，需要有信号调理电路输出易于传输的电量，调理电路主要包括信号转换、放大、运算及调制等。当然，信号调理电路和传感器的工作还必须有辅助电源供电。

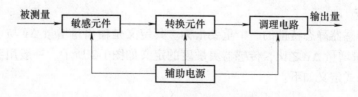

图 1-1　传感器原理框图

2. 传感器的分类

传感器的工作原理各种各样，它与许多学科相关，其种类繁多，分类方法也很多，至今尚无统一的规定。归纳起来，传感器有如下几种当前比较认可的分类方法。

（1）按工作原理分类

这种分类方法是按其工作原理不同而划分，是将物理、化学和生物等学科的原理、规律、效应作为分类的依据，可分为结构型传感器、物性型传感器和复合型传感器三大类。结构型传感器是利用物理学的定律等构成的，其性能与构成材料关系不大。物性型传感器是利用物质的某种客观属性构成的，其性能与构成材料密切相关。复合型传感器是指将中间转换环节与物性型敏感元件复合而成的传感器。

（2）按被测量性质分类

这种分类方法是按被测量的性质不同而划分，可划分为物理量传感器、化学量传感器和生物量传感器三大类。

（3）按敏感材料分类

这种分类方法是按制造传感器的材料不同而分类，种类相对较多，如半导体传感器、陶瓷传感器、光导纤维传感器、高分子材料传感器和金属传感器等。

（4）按能量关系分类

这种分类方法可将传感器分为有源传感器和无源传感器两大类。前者一般是将非电能量转换为电能量，属于能量转换型传感器，也称为换能器。通常配有电压测量和放大电路，如压电式、热电式和压阻式等。无源传感器又称为能量控制型传感器。它本身不是一个换能装置，被测非电量仅对传感器中的能量起控制或调节作用，因此必须具有辅助能源（电源），这类传感器有电阻式、电容式和电感式等，无源传感器通常采用电桥电路或谐振电路将非电量转化成电量。

（5）按实际用途分类

这种分类方法是按照传感器的测量用途不同而分类，如温度传感器、湿度传感器、压力传感器、液位传感器和流量传感器等。

（6）其他分类方法

除了以上几种常用的分类方法以外，传感器的分类还有按科目分类、按功能分类以及按输出信号的性质分类等方法。

本书所采用的分类方式是按传感器用途进行分类的。特别说明：我们所关注的并不是传感器的制造，而是传感器应用电路的设计与制作。

3. 传感器的静态特性

传感器的静态特性可以用一组性能指标来描述，如用灵敏度、线性度、迟滞、重复性和漂移等性能来描述。

（1）灵敏度

灵敏度是传感器静态特性的一个重要指标。其定义是输出量增量 Δy 与引起输出量增量 Δy 的相应输入量增量 Δx 之比，传感器灵敏度的定义如图 1-2 所示。一般用字母 S 表示传感器的灵敏度，公式定义如下：

$$S = \frac{\Delta y}{\Delta x} \tag{1-1}$$

图1-2a 所示为线性传感器的灵敏度，该直线的斜率就是传感器的灵敏度，它是一个常数；图1-2b 所示为非线性传感器的灵敏度，在不同的曲线段灵敏度 S 有所变化，它是一个变量。无论线性和非线性传感器，灵敏度 S 值越大，就表示该传感器的分辨率越高。

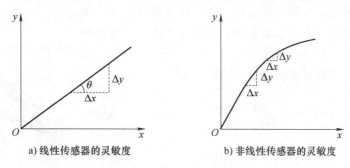

a) 线性传感器的灵敏度   b) 非线性传感器的灵敏度

图 1-2　传感器的灵敏度

（2）线性度

传感器的线性度是指传感器的输出与输入之间数量关系的线性程度。输出与输入关系可分为线性特性和非线性特性，如图 1-3 所示。从传感器的性能看，我们希望传感器具有线性关系，但实际遇到的传感器大多为非线性关系。如果传感器的非线性程度不严重，在输入量变化范围较小时，可用一段直线近似地代表实际曲线的一段，使传感器输入、输出特性线性化，这里所采用的直线一般称为拟合直线。

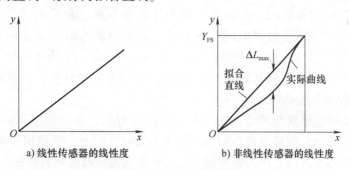

a) 线性传感器的线性度   b) 非线性传感器的线性度

图 1-3　传感器的线性度

因此，传感器的线性度是指在全量程范围内实际特性曲线与拟合直线之间的最大偏差值 ΔL_{max} 与满量程输出值 Y_{FS} 之比，一般用 γ_L 表示，公式定义如下：

$$\gamma_L = \pm \frac{\Delta L_{max}}{Y_{FS}} \times 100\% \tag{1-2}$$

（3）迟滞

传感器在输入量由小到大（正行程）及输入量由大到小（反行程）变化期间其输入、输出特性曲线不重合的现象称为迟滞。传感器的迟滞特性如图 1-4 所示，对于同一大小的输入信号，传感器的正反行程输出信号大小不相等，这个差值称为迟滞差值。传感器在全量程范围内最大的迟滞差值 ΔH_{max} 与满量程输出值 Y_{FS} 之比称为迟滞误差，用 γ_H 表示，迟滞误差又称为回差或变差，公式定义如下：

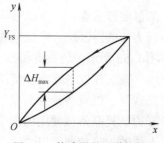

图 1-4　传感器的迟滞特性

$$\gamma_{\mathrm{H}} = \frac{\Delta H_{\max}}{Y_{\mathrm{FS}}} \times 100\% \tag{1-3}$$

（4）重复性

重复性是指传感器在输入量按同一方向做全量程连续多次变化时，所得特性曲线不一致的程度，如图1-5所示。重复性误差属于随机误差，常用标准差 σ 计算，公式见式（1-4），也可用正反行程中最大重复差值 $\Delta R_{\max}$ 计算，公式见式（1-5）。

$$\gamma_{\mathrm{R}} = \pm \frac{(2 \sim 3)\sigma}{Y_{\mathrm{FS}}} \times 100\% \tag{1-4}$$

$$\gamma_{\mathrm{R}} = \pm \frac{\Delta R_{\max}}{Y_{\mathrm{FS}}} \times 100\% \tag{1-5}$$

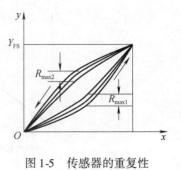

图1-5　传感器的重复性

（5）漂移

传感器的漂移是指在输入量不变的情况下，传感器的输出量随着时间的变化而变化。产生漂移的原因主要有两个：一是传感器自身的结构参数；二是周围环境（如温度、湿度等）。最常见的漂移是温度漂移，即周围环境温度变化而引起输出的变化。

4. 传感器的动态特性

传感器的动态特性是指输入量随时间变化时传感器的响应特性。由于传感器的惯性和滞后，当被测量随时间变化时，传感器的输出往往来不及达到平衡状态，处于动态过程之中，所以传感器的输出量也是时间的函数，此时输出量与输入量之间的关系要用动态特性来表示。一个动态特性好的传感器，其输出将再现输入量的变化规律，即具有相同的时间函数。而实际的传感器其输出信号将不会与输入信号具有相同的时间函数，这种输出与输入的差异就是动态误差。

传感器的动态特性不仅与传感器的"固有因素"有关，还与传感器输入量的变化形式有关。也就是说，同一个传感器在不同形式的输入信号作用下，其输出量的变化是不同的，通常采用阶跃信号和正弦信号作为标准输入信号来研究传感器的响应特性。

5. 传感器的主要应用

由于传感器能够把自然界中的各种物理量、化学量、生物量转化为可测量的电信号装置与元件，感知被检测对象的各种性能参数和工作状态，因此其应用相当广泛，凡是具有检测和控制功能的场所一般都离不开传感器。目前传感器最重要的应用领域主要是工程机械行业、医疗设备产业、汽车电子产业、航天航空产业和物联网等。

在工程机械方面，传感器比较典型的应用是挖掘机的液压控制系统，主要有控制液压油的温度传感器、压力传感器、流量传感器和液位传感器等。此外，还有用于装载机械超载的压力传感器以及工程机械驾驶室的温度、湿度、光照等传感器。工程机械常用的挖掘机如图1-6a所示，装载机如图1-6b所示。

在医疗设备方面，传感器广泛应用于各种医疗器械，如呼吸机、麻醉机、输液泵、胰岛素泵，以及各种检测仪和监护仪等。传感器的应用能使患者在治疗过程中感觉到更加舒适，提高器械使用的安全性、可靠性和稳定性。医疗器械常用的呼吸机如图1-7a所示，人体监护仪如图1-7b所示。目前医疗领域是传感器销售量巨大、利润可观的新兴市场。

a) 挖掘机　　　　　　　　　　b) 装载机

图 1-6　传感器在工程机械上的应用

　　在汽车电子产业方面，现代高级轿车的电子化控制系统水平的关键就在于采用传感器的数量和水平，目前一辆普通家用轿车上大约安装几十到近百只传感器。如汽车发动机控制系统，它就离不开温度传感器、压力传感器、流量传感器、位置传感器、转速传感器、气体浓度传感器和爆燃传感器等。这些传感器可使发动机的动力性能发挥极致、降低油耗、减少废气排放及进行发动机故障检测等。

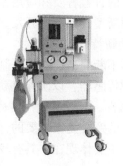

a) 呼吸机　　　　　　　b) 人体监护仪

图 1-7　传感器在医疗设备上的应用

　　物联网也称传感网，物联网的定义是：通过射频识别、红外感应器、全球定位系统、激光扫描器等信息传感设备，按约定的协议，把任何物品与互联网连接起来，进行信息交换和通信，以实现智能化识别、定位、跟踪、监控和管理的一种网络，如图 1-8 所示。

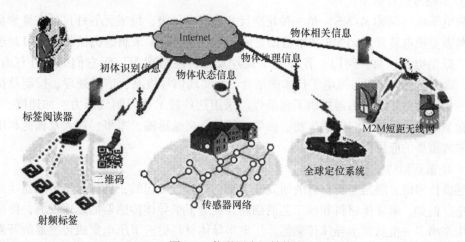

图 1-8　物联网应用结构图

　　物联网传感器早已渗透到诸如工业生产、智能家居、宇宙开发、海洋探测、环境保护、资源调查、医学诊断、生物工程甚至文物保护等领域。我们可以毫不夸张地说，从茫茫的太空到浩瀚的海洋，以至各种复杂的工程控制系统，几乎每一个现代化项目，都离不开各种各样的传感器。

以上几个方面是传感器应用最多的行业，也是传感器的主要销售市场，但是随着传感器的发展，很多行业也在积极对其进行开发和利用，比如在鞋子上安装跑步传感器，在护腕上安装脉搏传感器等。总之，很多新型的传感器都在广泛地被开发与利用。

6. 传感器的发展趋势

近年来，随着我国传感技术的蓬勃发展，其应用领域也在迅速扩大，由于传感技术涉及面比较广泛，几乎渗透到了各个学科领域，因此对传感器新理论的探讨、新技术的应用、新材料的使用和新工艺的研究，将成为传感器未来的发展方向。

随着微机和微电子技术的日益普及和应用，对传感器的性能、数量及用途提出了新的要求，这就使人们更加重视对新型传感器的开发。对于传感器的发展，应注意以下几个方面。

（1）努力实现传感器的新特性

由于自动化生产程度的不断提高，必须研制出一批检测范围宽、灵敏度高、精度好、响应速度快及互换性强的新型传感器，以确保自动化生产检测和控制的准确性。

（2）确保传感器的可靠性，延长其使用寿命

确保传感器工作可靠性的意义是很重要的，因为它直接关系到电子设备的抗干扰和误动作的问题。传感器的可靠性主要体现在：具有较长的使用寿命，能在恶劣环境下工作及具有失效保险功能等。

（3）提高传感器集成化及功能化的程度

传感器集成化是实现传感器小型化、智能化和多功能的前提。现在已能将敏感元件、温度补偿电路、信号放大电路、电压调制电路和基准电压等单元电路集成在同一芯片上，根据工程实际需要，今后将会把超大规模集成电路、执行机构与多种传感器集成在单个芯片上，以实现传感器检测功能与信息处理功能的一体化。

（4）实现传感器微型化

微机电系统（又称 MEMS）是一种轮廓尺寸在毫米量级，组成元器件尺寸在微米量级的可运动的微型机电装置。MEMS 技术借助集成电路的制造技术来制造机械装置，可制造出微型齿轮、微型电机、泵、阀门、各种光学镜片及各种悬臂梁等，而它们的尺寸仅有 30 ~ 100μm。微机电系统技术与微电子技术的结合，为实现信号检测、信号处理、控制及执行机构集于一体的微型集成传感器提供了可能性。采用这种技术可以制成压力、加速度、光学、化学等微型集成传感器，它们在生物、医学、通信、交通运输、军事、航天及核能利用等领域有着非常重要的应用价值。

（5）注重新型功能材料的开发

传感器技术的发展是与新材料的研究开发密切结合在一起的，各种新型传感器孕育在新材料之中。例如，半导体材料和新工艺的创新，促进了半导体传感器的迅速发展，促使人们研制和生产出了一批新型半导体传感器；压电半导体材料促进了压电集成传感器的开发；高分子压电薄膜的出现，将使机器人的触觉系统更加接近人的皮肤功能。我们可以预料在不久的将来，高分子材料、金属互化物、超导体与半导体的结合材料、非晶半导体、超微粒陶瓷、记忆合金、功能性薄膜等新型材料，将会促进一批新型传感器的出现。

1.2　常用传感器测量电路

传感器测量电路对于传感器和检测系统是一个非常重要的环节，其性能直接影响到整个系统的测量精度和灵敏度。在实际应用中，传感器测量电路位于传感器和检测电路之间，起着信号预处理和连接的作用。不同的传感器具有不同的输出信号，因此传感器测量电路的选择是根据传感器的输出信号特点及用途确定的，传感器测量电路可以是一个放大器，也可以是一个信号转换电路或者其他类型的处理电路。

1. 传感器输出信号的特点及处理方法

传感器输出信号通常可以分为两类：一类为模拟量，如压力、温度、加速度等物理量的测量值；另一类为数字量，如用光电或电磁传感器测量转速等的测量值。不同的传感器输出信号具有不同的特点，但总体上来说，传感器输出信号具有如下共同特点。

1）传感器的输出会受温度的影响，其材料温度系数是变化的。

2）传感器的输出随着输入物理量的强弱变化而变化，它们之间不一定是线性关系。

3）由于传感器的动态特性的存在，其输出动态范围很宽。传感器的输出阻抗都比较高，这样传感器输出信号传输到测量电路时会产生较大的信号衰减。

4）传感器的输出信号一般比较微弱，有的传感器输出的电压为 $0.1\mu V$ 量级。

根据传感器输出信号的特点，可采取不同的信号处理方法来提高测量系统的测量精度和线性度。而且，传感器的信号处理与传感器测量电路是相互关联的，往往要将传感器测量电路设计成具有一定信号预处理的功能，经预处理后的信号就会变成便于向控制器传输的信号形式。传感器测量电路对不同的传感器是有所差异的，其典型测量电路的功能见表 1-1。

表 1-1　传感器测量电路的功能

测量电路类型	主要功能
阻抗变换电路	将传感器的输出高阻抗转换为低阻抗，最大获取传感器的输出信号
信号放大电路	将微弱的传感器输出信号进行放大，易于信号处理
电流电压转换电路	将传感器的输出电流转换成电压信号，易于信号传输
交直流电桥电路	将传感器的电阻、电容、电感变化转换为易于传输的电流或电压信号
频率电压转换电路	将传感器输出的频率信号转换为易于传输的电流或电压信号
电荷放大器电路	将电场型传感器产生的输出电荷转换为易于传输的电压信号
信号滤波电路	通过低通、高通及带通滤波器消除传感器的噪声部分

2. 传感器的典型测量电路

（1）电桥电路

当敏感元件是电阻、电容、电感时，检测量改变的是传感器测量器件的电阻值、电容值或电感值。将传感器的电阻值、电容值或电感值变化量转换为易于传输的电流或电压，通常要用到电桥电路。桥式电路在传感器技术中的应用非常广泛，根据电桥供电电源类型的不同，电桥可以分为直流电桥和交流电桥。直流电桥主要用于电阻值变化的量，如热敏电阻、应变电阻、压敏电阻等；交流电桥主要用于测量电容值变化或电感值变化的传感器。

1）直流电桥。

如图 1-9 所示为直流电桥的基本电路，它由直流电流电源供电，加在电桥的对角线 AC 上，4 个电阻构成桥式电路的桥臂，桥路的另一对角线 BD 是电桥的输出端，对于有高输入阻抗的放大器，可以将电桥的输出端视为开路，电路不受负载阻抗的影响。

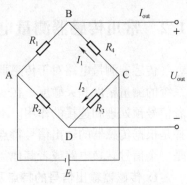

电桥的输出电压可由下式给出：

$$U_{out} = \frac{E(R_2 R_4 - R_1 R_3)}{(R_1 + R_4)(R_2 + R_3)} \tag{1-6}$$

电桥平衡的条件为 $R_2 R_4 = R_1 R_3$，当电桥平衡时，公式（1-6）的输出电压为零。

图 1-9　直流电桥的基本电路

当电桥 4 个臂的电阻发生变化而产生增量 ΔR_1、ΔR_2、ΔR_3 和 ΔR_4 时，电桥的平衡被破坏，电桥此时的输出电压为

$$U_{out} = \frac{ER_1 R_4}{(R_1 + R_4)^2}\left(\frac{\Delta R_4}{R_4} - \frac{\Delta R_3}{R_3} + \frac{\Delta R_2}{R_2} - \frac{\Delta R_1}{R_1}\right) \tag{1-7}$$

若取 $K = \dfrac{R_4}{R_1} = \dfrac{R_3}{R_2}$，则有

$$U_{out} = \frac{Ek}{(1+k)^2}\left(\frac{\Delta R_4}{R_4} - \frac{\Delta R_3}{R_3} + \frac{\Delta R_2}{R_2} - \frac{\Delta R_1}{R_1}\right) \tag{1-8}$$

当 $k=1$ 时，此时 $R_1 = R_2 = R_3 = R_4$，电桥输出灵敏度最大，即

$$U_{out} = \frac{E}{4}\left(\frac{\Delta R_4}{R_4} - \frac{\Delta R_3}{R_3} + \frac{\Delta R_2}{R_2} - \frac{\Delta R_1}{R_1}\right) \tag{1-9}$$

该电桥电路称为四等臂电桥，此时输出灵敏度最高，其非线性误差最小，因此当条件具备时，在传感器的实际应用电路中采用四等臂电桥效果最佳。

2）交流电桥。

如图 1-10 所示为适用于电容变化的交流电桥测量电路。

其中，C_1、C_2、C_4 和 C_x 为电桥的 4 个桥臂，C_x 为电容式传感器的电容值。交流电源经变压器 T 接到交流电桥的一对角线上，从交流电桥的另一对角线输出电压。当电容式传感器输入的被测物理量为 0 时，$C_x = C_0$（电容初始值），通过合理选择电容参数值，满足 $\dfrac{C_1}{C_2} = \dfrac{C_0}{C_4}$，此时交流电桥平衡，电桥输出电压 $U_{out} = 0$。

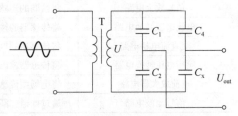

图 1-10　适合测量电容值改变的交流电桥

当被测物理量不为 0 时，传感器输出为 $C_x = C_0 + \Delta C$，交流电桥失去平衡，$U_{out} \neq 0$，因此可根据电桥输出电压的大小来测量被测物理量。

如图 1-11 所示为适用于电感变化的交流电桥测量电路。其中，Z_1 和 Z_2 为螺管式差动传感器的两个线圈阻抗，电桥的另两个桥臂为变压器二次绕组。因

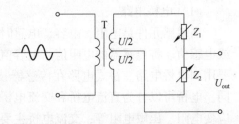

图 1-11　适合测量电感值改变的交流电桥

为该电桥的两个桥臂为相同的电感传感器，所以又称为差动交流电桥，常用于电感变化传感器的测量电路。

当差动式电感在初始状态时，两个线圈电感相等，阻抗 $Z_1 = Z_2$（设阻抗初始值为 Z_0），此时电桥处于平衡状态，输出电压为 $U_{out} = 0$；当用差动式电感进行测量时，有一个线圈的阻抗增加，另一个线圈的阻抗减小，即 $Z_1 = Z_0 + \Delta Z$，$Z_2 = Z_0 - \Delta Z$，此时交流电桥的输出电压为

$$U_{out} = \frac{\Delta Z}{2Z_0}U \tag{1-10}$$

如果 $Z_1 = Z_0 - \Delta Z$，$Z_2 = Z_0 + \Delta Z$，则交流电桥的输出电压为

$$U_{out} = -\frac{\Delta Z}{2Z_0}U \tag{1-11}$$

（2）信号放大电路

传感器的输出信号大多数比较微弱，因此在一般情况下都需要放大电路进行信号放大。信号放大电路主要用来将传感器输出的直流信号或交流信号进行放大处理，为检测系统提供高精度的模拟输入信号，它对检测系统的精度有重大影响。目前检测系统中的放大电路，除特殊情况外，基本上均采用运算放大器构成的放大电路。它的工作特性非常接近于理想情况，实际工作性能也非常接近于理论计算值。这表明利用集成运算放大器可以使电路设计变得非常简单，可广泛地应用于模拟信号处理的各个领域。

运算放大器有两个输入端和一个输出端。运算放大器的电路符号如图 1-12 所示，其中端口 1 和端口 2 为输入端，端口 3 为输出端，端口 4 连接一个正电源 V_{CC}，端口 5 连接一个负电源 V_{EE}。通常情况下，这两个直流电源为对称电源，即 $V_{CC} = V_{EE}$。

运算放大器的输入与输出的关系为：若加在其两个输入端的信号电压差值为 $V_2 - V_1$，则将该值乘以运算放大器的增益（放大量）A，在端口 3 输出的结果为：$V_3 = A(V_2 - V_1)$。

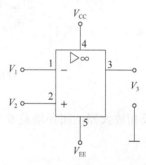

图 1-12　运算放大器的电路符号及端口

随着技术的不断发展和成熟，实际生活中使用的运算放大器已经接近于理想放大器。实际运算放大器的理想化条件如下：

① 端口输入电阻 R_i 趋于无穷大，即 $R_i \to \infty$；

② 端口输出电阻 R_o 趋于零，即 $R_o \to 0$；

③ 运放增益 A 趋于无穷大，即 $A \to \infty$；

④ 共模抑制比 CMR 趋于无穷大，即 $CMR \to \infty$。

另外，理想运算放大器还应有无限大的频带宽度、趋于零的失调和漂移等。依据上述情况，理想运算放大器的等效电路模型如图 1-13 所示。

图中输出电压 V_3 与 V_2 同相，而与 V_1 反相。因此输入端口 1 称为反相输入端，并用"$-$"标注，一般用 V_- 表示该端电位；而输入端口 2 称为同相输

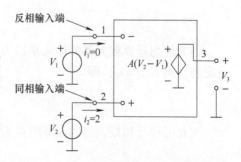

图 1-13　理想运算放大器的等效电路模型

入端，用"＋"标注，一般用 V_+ 表示该端电位。

运算放大器的输出信号为 $V_3 = A(V_2 - V_1)$，仅对输入信号的差值（$V_2 - V_1$）有响应，因此数值 A 称为差模增益，也称为开环增益。依据上述情况，当运算放大器工作在线性状态时，只要运算放大器的输出电压 V_3 为有限值时，输入信号的差量（$V_2 - V_1$）就必趋于零。

$$V_2 - V_1 = \frac{V_3}{A} \rightarrow 0 \tag{1-12}$$

由于端口 1 与端口 2 之间的电压值为零，可视为短路现象，但实际上又不是真正的短路，因此该现象一般称为"虚短路"（简称"虚短"）。

另外，由于运算放大器输入端口的输入阻抗 R_i 为无穷大，因此输入端口的输入电流为零，即 $i_2 = i_1 = 0$。由此可见端口 1、端口 2 可视为开路现象，但实际上又不是真正的开路，因此该现象一般称为"虚开路"（简称"虚断"）。

1）反相放大器。

反相放大器是指信号仅从反相输入端输入，它的基本电路如图 1-14a 所示。它是由一个运算放大器与两个电阻 R_1 和 R_2 组成的。电阻 R_2 从运算放大器的输出端连接到反相输入端，构成闭环负反馈电路。

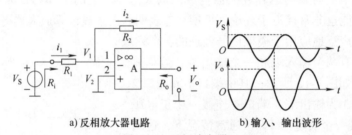

a) 反相放大器电路　　　　　b) 输入、输出波形

图 1-14　反相放大器

反相放大器的闭环增益 G 定义为输出电压与输入电压之比，即闭环增益为

$$G = \frac{V_o}{V_S} \tag{1-13}$$

假设运算放大器是理想的，利用其虚短路的特性，则有 $V_2 = V_1$，因为 $V_2 = 0$，则 $V_1 = 0$，此时端口 1 也称为"虚地"，即它的电压为零，但不是真正接地。利用欧姆定律可以分别求得通过电阻 R_1 的电流 i_1 和通过电阻 R_2 的电流 i_2，即有

$$i_1 = \frac{V_S - V_1}{R_1} = \frac{V_S - 0}{R_1} = \frac{V_S}{R_1} \tag{1-14}$$

$$i_2 = \frac{V_1 - V_o}{R_2} = \frac{0 - V_o}{R_2} = \frac{-V_o}{R_2} \tag{1-15}$$

因为理想运算放大器的输入端口为"虚开路"，即端口输入电流为零。利用基尔霍夫电流定理，则有 $i_1 = i_2$，即

$$\frac{V_S}{R_1} = -\frac{V_o}{R_2} \tag{1-16}$$

因此可得反相放大器的闭环增益为

$$G = \frac{V_o}{V_S} = -\frac{R_2}{R_1} \tag{1-17}$$

可见理想运算放大器的闭环增益是由两个电阻 R_1 和 R_2 的比值决定的，负号表示闭环放大器将输入信号与输出信号反相，即输入、输出信号的相位差为 $180°$，因此称为反相放大器。如果信号源为正弦波输入时，其输入、输出波形如图 1-14b 所示。

2）同相放大器。

运算放大器的同相输入工作方式也称为同相放大器，即输入信号直接从同相端输入，它的基本电路如图 1-15a 所示。

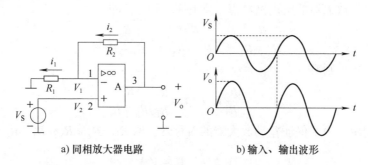

a）同相放大器电路　　　　　　b）输入、输出波形

图 1-15　同相放大器

假设运算放大器是理想的，利用其虚短路的特性，则有 $V_2 = V_1$，而 $V_2 = V_S$，则 $V_1 = V_S$。利用欧姆定律可以分别求得通过电阻 R_1 的电流 i_1 和通过电阻 R_2 的电流 i_2，即有

$$i_1 = \frac{V_1}{R_1} = \frac{V_S}{R_1} \tag{1-18}$$

$$i_2 = \frac{V_o - V_1}{R_2} = \frac{V_o - V_S}{R_2} \tag{1-19}$$

又因为理想运算放大器的输入端口为虚开路，即端口输入电流为零。利用基尔霍夫电流定理，则有 $i_1 = i_2$，即

$$\frac{V_S}{R_1} = \frac{V_o - V_S}{R_2} \tag{1-20}$$

整理式（1-20）得

$$\frac{V_S}{R_1} + \frac{V_S}{R_2} = \frac{V_o}{R_2} \tag{1-21}$$

因此可得同相放大器的闭环增益为

$$G = \frac{V_o}{V_S} = 1 + \frac{R_2}{R_1} \tag{1-22}$$

可见，同相放大器的闭环增益为正值，即表示输入、输出信号的相位差为 0，因此称为同相放大器。对于正弦波输入时，其输入、输出波形如图 1-15b 所示。

3）差动放大器。

由同相放大器与反相放大器的组合可以构成一些复杂的放大器，其典型的电路为差分输入方式，差动放大器电路如图 1-16 所示。该电路与同相放大器和反相放大器的区别在于：两个输入端口都没有直接接地，同时有两个输入

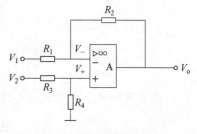

图 1-16　差动放大器电路

信号 V_1 和 V_2，放大器的输出是对同相端和反相端的输入电压差值进行放大。

由理想运算放大器的虚断路特点分析可知

$$V_+ = \frac{R_4}{R_3 + R_4} V_2 \tag{1-23}$$

$$V_- = \frac{R_1}{R_1 + R_2} V_o + \frac{R_2}{R_1 + R_2} V_1 \tag{1-24}$$

依据理想运算放大器的虚短路特点，则有 $V_+ = V_-$，即

$$\frac{R_4}{R_3 + R_4} V_2 = \frac{R_1}{R_1 + R_2} V_o + \frac{R_2}{R_1 + R_2} V_1 \tag{1-25}$$

整理式（1-25）则有

$$V_o = -\frac{R_2}{R_1} V_1 + \left(1 + \frac{R_2}{R_1}\right) \frac{R_4}{R_3 + R_4} V_2 \tag{1-26}$$

在实际应用中，为了保证差动放大器的对称性，取 $R_1 // R_2 = R_3 // R_4$，$R_1 = R_3$，则有

$$V_o = \frac{R_2}{R_1} (V_2 - V_1) \tag{1-27}$$

由式（1-26）可知，放大器的输出是对同相端和反相端的输入电压差值进行放大。

4）通用测量放大器。

在精密测量和控制系统中，需要将来自传感器的电信号进行放大，这种电信号往往是一种微弱的差值信号。图 1-17 所示的通用测量放大器也称为数据放大器，是专门用来放大这种差值信号的，它具有极高的输入阻抗、很大的共模抑制比，并且其增益能在较大的范围内连续可调。该电路在实际应用中便于测试与调整，应用范围较广。

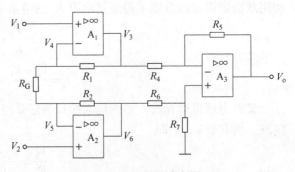

图 1-17　通用测量放大器电路

通用测量放大器由 3 个运算放大器 A_1、A_2、A_3 组成。其中，A_1 和 A_2 组成具有对称结构的差动输入/输出级，A_3 将 A_1、A_2 的差动输出信号转换为单端输出信号。该放大电路的差模增益大于 1，而共模增益仅为 1。A_3 的共模抑制精度取决于 4 个电阻 R_4、R_5、R_6 和 R_7 的匹配精度。为了提高电路的抗共模干扰能力和抑制漂移的影响，该电路上下对称，即取 $R_1 = R_2$，$R_4 = R_6$，$R_5 = R_7$。

若 A_1、A_2、A_3 都是理想运算放大器，则 $V_1 = V_4$，$V_2 = V_5$，故有

$$V_3 = V_1 + \frac{V_1 - V_2}{R_G} R_1 \tag{1-28}$$

$$V_6 = V_2 - \frac{V_1 - V_2}{R_G} R_2 \tag{1-29}$$

由于 $R_1 = R_2$，整理式（1-28）和式（1-29）得

$$V_3 - V_6 = V_1 - V_2 + 2R_1 \left(\frac{V_1 - V_2}{R_G}\right) \tag{1-30}$$

$$\frac{V_3 - V_6}{V_1 - V_2} = 1 + \frac{2R_1}{R_G} \tag{1-31}$$

因此，整个放大器的闭环放大倍数为

$$A_f = \frac{V_o}{V_1 - V_2} = -\left(1 + \frac{2R_1}{R_G}\right)\frac{R_5}{R_4} \tag{1-32}$$

该电路在实际使用中，一般将 R_G 改为可变电阻，便于调整电路的差模增益。

（3）A-D 转换电路

A-D 转换器是一种能把输入模拟电压转换成与它成正比的数字量的器件，信号通过 A-D 转换器即能把被控对象的各种模拟信息转换成计算机可以识别的数字信息，模拟量可以是电压、电流等信号，也可以是声、光、压力、温度等随时间连续变化的非电物理量。非电的模拟量可以通过适当的传感器（如光电传感器、压力传感器、温度传感器）转换成电信号。

1）A-D 转换器的类型。

A-D 转换器种类很多，根据其工作原理通常可以分成以下 4 种：计数器式 A-D 转换器、双积分式 A-D 转换器、逐次逼近式 A-D 转换器、并行 A-D 转换器和串并行比较 A-D 转换器。

计数器式 A-D 转换器结构很简单，但转换速度较慢。双积分式 A-D 转换器抗干扰能力强，转换精度也很高，但速度不够理想，常用于数字式测量仪表中。计算机中广泛采用逐次逼近式 A-D 转换器作为接口电路，它的结构不太复杂，转换速度也很高。并行 A-D 转换器的转换速度最快，但因结构复杂而造价较高，故只用于某些对转换速度要求极高的场合。串并行比较 A-D 转换器介于并行 A-D 转换器和逐次逼近式 A-D 转换器之间，其速度比逐次逼近式 A-D 转换器高，电路规模比并行 A-D 转换器小。

2）主要技术指标。

① 分辨率：又称转换精度，是指数字量变化一个最小量时模拟信号的变化量，一般将分辨率定义为满刻度与 2 的 n 次方的比值，通常以数字信号的位数来表示，如 8 位、10 位、12 位、16 位和 24 位等。

② 转换速度：是指完成一次从模拟转换到数字的 A-D 转换所需的时间的倒数。积分型 A-D 转换器的转换时间是毫秒级，属于低速 A-D 转换器；逐次逼近式 A-D 转换器是微秒级，属于中速 A-D 转换器，并行/串并行 A-D 转换器可达到纳秒级，属于高速 A-D 转换器。

③ 量化误差：因 A-D 转换器的有限分辨率而引起的误差，即有限分辨率 A-D 转换器的阶梯状转移特性曲线与无限分辨率 A-D 转换器的转移特性曲线（直线）之间的最大偏差，通常是 1 个或 1/2 个最小数字量的模拟变化量，表示为 1LSB、1/2LSB。

④ 满刻度误差：满度输出时对应的输入信号与理想输入信号值之差。

⑤ 线性度：实际转换器的转移函数与理想直线的最大偏移。

3）基本工作原理。

这里只介绍双积分式 A-D 转换器和逐次逼近式 A-D 转换器的工作原理，以便使读者对 A-D 转换器的工作原理有一个初步的认识。

① 采用双积分法原理的 A-D 转换器一般由模拟开关、积分器、比较器和逻辑控制部件等组成，其基本工作原理是将输入电压变换成与其平均值成正比的时间间隔，再把此时间间隔转换成数字量，它属于间接 A-D 转换，如图 1-18 所示。

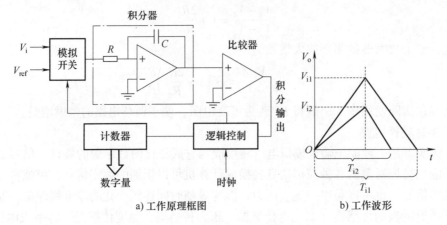

a) 工作原理框图　　　　　　　b) 工作波形

图 1-18　双积分式 A-D 转换器原理图

双积分法的转换过程是：先将开关接通待转换的模拟量 V_i，V_i 采样输入到积分器，积分器从零开始进行固定时间 T 的正向积分，时间 T 到后，开关再接通与 V_i 极性相反的基准电压 V_{ref}，将 V_{ref} 输入到积分器，进行反向积分，直到输出为 0V 时停止积分。V_i 越大，积分器的输出电压越大，反向积分时间也越长。计数器在反向积分时间内所计的数值，就是输入模拟电压 V_i 所对应的数字量，从而实现了 A-D 转换。

② 采用逐次逼近法原理的 A-D 转换器是由比较器、D-A 转换器、缓冲寄存器、逐次逼近寄存器及逻辑控制电路组成，其基本原理是从高位到低位逐位进行比较，如同用天平称物体，从重到轻逐级减砝码进行试探，如图 1-19 所示。

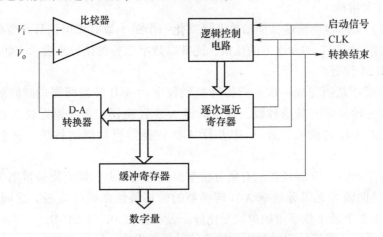

图 1-19　逐次逼近式 A-D 转换器原理图

逐次逼近法的转换过程是：初始化时将逐次逼近寄存器各位清零，转换开始时，先将逐次逼近寄存器最高位置 1，送入 D-A 转换器，经 D-A 转换后生成的模拟量送入比较器，称为 V_o，与送入比较器的待转换的模拟量 V_i 进行比较，若 $V_o < V_i$，则该位 1 被保留，否则被清 0。然后再令逐次逼近寄存器次高位为 1，送入 D-A 转换器，输出的电压 V_o 再与 V_i 比较，若 $V_o < V_i$，则该位 1 被保留，否则被清 0。重复此过程，直至逐次逼近寄存器最低位。转换结束后，将逐次逼近寄存器中的数字量送入缓冲寄存器，得到经过 A-D 转换的数字量输出。

逐次逼近 A-D 转换的操作过程是在一个时序电路的控制下进行的。

4）A-D 转换器的发展趋势

随着数字处理系统的飞速发展，视频领域的高清晰度数字电视系统、高精度测量领域的智能仪器仪表、音频领域的专业音频处理设备等，对 A-D 转换器的性能要求也不断提高，市场的需求决定了 A-D 转换器将来会向以下几个方向发展。

① 高转换速度。现代数字系统的数据处理速度越来越快，要求获取数据的速度也在不断提高。比如在软件无线电系统中，A-D 转换器的速度是非常关键的，它要求 A-D 转换器的最大输入信号频率在 1～5GHz 之间，以目前的技术水平还很难实现，因此超高速的 A-D 转换器是发展的必然趋势。

② 高分辨率。高精度现代数字系统对分辨率的要求也越来越高，比如高级仪表的最小可测值在不断地减小，因此 A-D 转换器的分辨率也必须随之提高；在专业音频处理系统中，为了能获得更加逼真的声音效果，需要高精度的 A-D 转换器。目前，最高精度为 24 位的 A-D 转换器已不能满足要求，人们正致力于研制更高精度的 A-D 转换器。

③ 低功耗。片上系统（SOC）已经成为集成电路发展的趋势，在同一块芯片上既有模拟电路又有数字电路。为了完成复杂的系统功能，各系统中每个子模块的功耗应尽可能地低，因此，低功耗 A-D 转换器是必不可少的，也是 A-D 转换器的一个必然的发展趋势。

总之，各种技术和工艺的相互渗透、扬长避短，开发出适合各种应用场合、能满足不同需求的 A-D 转换器，将是 A-D 转换技术的未来发展趋势，而高速、高精度、低功耗 A-D 转换器则将是今后数据转换器的发展方向。

1.3　数显直流电压表

本次设计与制作的数显电压表装置，主要用途是用来检测和显示被测直流信号，当然通过一些附加电路也可变换成为交流电压表、直流电流表和欧姆表等，该装置会在以后的传感器测量电路制作与调试中应用，希望学生能认真对待此次设计与制作，保证装置调试成功，否则会影响以后的学习进度。

每次进行设计与制作时，教师应提前布置工作任务，让学生仔细认真阅读背景知识，并查阅相关技术资料与文献，掌握相关理论基础知识，确定初步设计方案。

由于本节是第一次执行工作任务，因此整个内容讲解会比较详细，主要目的是让学生熟悉整个工作过程的工艺流程。当然这样给予各小组发挥想象的创造空间相对较小，但在以后的章节还会有很多机会，一定让每位学生大显身手。

1. 工作目标

1）初步掌握直流 A-D 转换器的工作原理。

2）熟悉直流 A-D 转换器的主要技术指标。

3）了解 ICL7107 集成电路 A-D 转换器的工作原理及其应用。

4）掌握应用 ICL7107 显示模块设计直流电压表的工作原理。

5）掌握数显直流电压表电路的设计方法和参数计算。

6）掌握数显直流电压表的制作工艺流程和电路调试方法。

7）熟悉数显直流电压表的技术指标测试与计算方法。

8）掌握编写数显直流电压表实训报告书的方法。

2. 工作内容

数字显示模块如图 1-20 所示。电路板上含有一片集成电路 ICL7107 和 4 个 LED 数码管，现将其改制成直流电压表，完成后的直流电压表各项指标要求如下。

1）测量范围 DC 0 ~ 12V。

2）精度等级 ≤1% FS。

3）供电电源 DC ±5V。

图 1-20 ICL7107 数字显示模块

3. 工作方案

全班同学按实际工作环境和条件分成若干小组，每组人数 2 ~ 4 人为宜。采用组长负责制，组长负责分工和协调各项任务，确定小组最终技术方案、全面管理整个工作过程。

本次实验每组所需的实验器材：ICL7107 数显电路板一块、直流稳压电源一台、高精度万用表一块、常用电工工具一套、电子元器件一套、电路板和所需耗材等。

各小组成员各自查阅相关资料，确定各自的技术实施方案，组长负责综合全组的技术方案，经讨论与总结，确定本组的最终技术实施方案。

数显直流电压表的设计与制作主要是利用现有的数字显示电路板，完成直流数字电压表的辅助电路设计和成品制作，技术方案应包括以下关键环节：集成电路 ICL7107 输入电压范围确定、A-D 转换电路参考电压确定、电压输入取样电路的设计和参数计算、电路板的设计制作与安装调试、整机性能指标测试等。

4. 工作过程

根据工作内容和工作方案要求，整个工作过程应包括以下几个工艺流程。

（1）集成电路 ICL7107 的输入电压范围调整

由 ICL7107 A-D 转换器原理可知，集成模块 ICL7107 的 A-D 转换电路参考电压决定其输入量程。通常 ICL7107 A-D 转换器的参考电压有两种标准：DC100mV 和 DC1000mV，若外部基准电压 $V_{REF} = 100mV$，则内部基准电压是外部基准电压的两倍，此时模拟电压输入范围为 ±199.9mV；同理，当 $V_{REF} = 1000mV$ 时，对应的模拟电压输入范围为 ±1999mV。

根据本节工作内容设计要求，数显直流电压表的电压输入范围为 DC 0 ~ 12V，因此选取集成电路 ICL7107 的参考电压 $V_{REF} = 1V$，此时对应的电压信号输入值范围为 0 ~ ±1999mV。因此我们需要设计一个附加电压转换电路，把输入电压 DC12V 转换成 DC2V，电压取样电路如图 1-21 所示，其中 U_1 为数显电压表的输入电压，U_2 为集成电路 ICL7107 的输入电压。

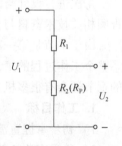

图 1-21 电压取样电路

（2）电压测量输入取样电路的设计和元器件参数计算

为了减小取样电路对输入电压的影响，应尽量将电阻 R_1 和 R_2 的值取得大一些，保证通过的电流不应超过毫安级。若取电阻 $R_1 = 10k\Omega$，根据分压公式不难计算出电阻 $R_2 = 2k\Omega$，考虑到电阻值的误差和实际调整的方便，将电阻 R_2 换成可调电阻 RP 更为理想，不妨取可调电阻 $R_w = 5.1k\Omega$。

（3）ICL7107 的电路板制作、元器件焊接和电路检查

该取样电路非常简单，其对应的电路板比较容易制作，此处不再介绍，只要按电路原理图将元器件焊接到电路板即可。

（4）ICL7107 测量显示电路的下限（0V）和上限（2V）电路调试校验

集成电路 ICL7107 显示模块的测量显示电路如图 1-22 所示。

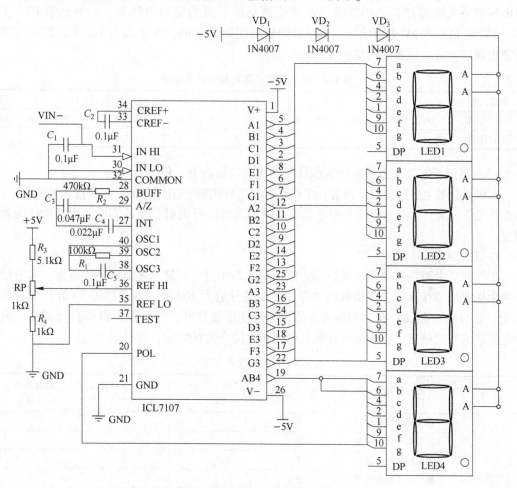

图 1-22　ICL7107 测量显示电路

首先将直流电源输出端接到显示模块的电压输入端 IN HI（31 脚）和 IN LO（30 脚），调节参考电压电路电位器 RP 使外部参考电压 $V_{REF}=1000\text{mV}$，将输入端的直流电源输出调至 0V（或用导线短接），此时显示器的数码管应显示"0000"；再将稳压电源输出调至 2V，此时显示器的 4 个数码管应显示"1999"，若显示值不是此值，应该调节电位器 RP 使数码管的显示值为"1999"。

（5）数字直流电压表的量程和精度调试

用电压取样电路替代直流电压源，在电压取样电路输入端 U_1 接入标准电压 DC12V，观察显示器数码管的显示值是否为"1200"，若显示值不是此值，应该调节取样电压电路图 1-21 中的可调电阻 RP，使数码管的显示值为"1200"。根据输入信号的单位，确定 4 个

数码管中哪位小数点应被点亮，若以伏（V）为显示单位，第二位数码管的小数点应被点亮；若以毫伏（mV）为显示单位，就不必考虑小数点问题了。

（6）数字直流电压表的性能指标测试

数字直流电压表的性能指标测试内容主要包括测量精度和线性度两个重要指标，测试工具是高精度万用表和直流稳压电源。测试步骤应该遵循如下工艺流程：将直流稳压电源与数显电压表输入端连接后，用数字万用表监测稳压电源的输出电压值，分别选取 0V、1V、2V、3V … 11V、12V 电压输出，记录数码管的实际显示值，并填入表 1-2 中，即可方便地计算出数字直流电压表的测量精度和线性度。

表 1-2 数字直流电压表测试结果记录

测试内容	1	2	3	4	5	6	7	8	9	10	11	12	13
万用表读数	0.00	1.00	2.00	3.00	4.00	5.00	6.00	7.00	8.00	9.00	10.00	11.00	12.00
数码管读数													

（7）每组编写数显直流电压表设计与制作实训报告书一份

实训报告书主要包含以下内容：工作目标、工作内容、工作方案、工作过程和工作总结，重点是工作方案、工作过程和工作总结这几项。当然也可根据学校的实际状况，由任课教师拟定。

5. 工作评价

工作评价主要是对每位学生进行成绩评定，各小组分别展示各自的制作成果，本书给出一种学生成绩考核标准，仅供教师参考。总成绩分值为 100 分，专业能力 70 分，综合能力 30 分，加分项（附加）包含创新思维能力和最佳作品奖励，分数值由教师自行拟定。成绩评定方法采取成员自评、小组互评和教师评价的综合方法评定，详见表 1-3。

表 1-3 学生成绩评定标准

评价体系	评价内容	分值	学生自评分（20%）	小组互评分（30%）	教师评分（50%）
专业能力（70分）	查找阅读整理材料	5			
	技术实施计划方案	10			
	电压取样电路设计	5			
	参考电压电路设计	5			
	印制电路板的设计	5			
	整机电路安装调试	15			
	焊接安装工艺质量	10			
	性能指标测试等级	15			
	创新思维能力（附加）				
	最佳作品奖励（附加）				
综合能力（30分）	工作学习态度	10			
	实训报告书质量	15			
	团队合作精神	5			

6. 思考与拓展

1）简要说明 ICL7107 显示模块还可以制作哪些常见数显仪表。

2) 设计一个电压输入范围为 AC 0 ~ 500V 的数显交流电压表。

3) 每组编写数显电压表设计与制作实训报告书一份。

7. 背景知识

（1）集成电路 ICL7107

集成电路 ICL7107 是一块用途广泛的双积分 A-D 转换集成电路。它内部包含 3 位半数字 A-D 转换器，可直接驱动七段 LED 数码管，内部设有参考电压、独立模拟开关、逻辑控制、显示驱动和自动调零电路等。

1）集成电路 ICL7107 的引脚功能。

集成电路 ICL7107 是一片 40 引脚的双列直插式芯片，其引脚排布及满量程 200mV 测试电路图如图 1-23 所示，其供电电源一般采用直流 ±5V。

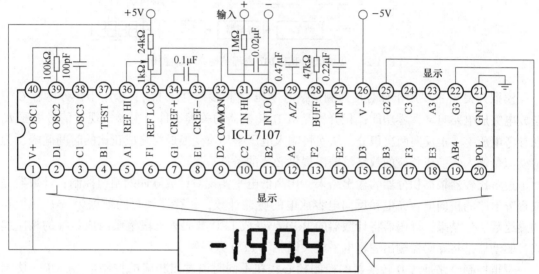

图 1-23 ICL7107 引脚排布及测试电路图

ICL7107 引脚说明如下。

① 供电电源：正极 V + 、负极 V − 和电源地 GND。

② 信号输入：正端 IN HI、负端 IN LO，满量程电压输入范围为 ±199.9mV。

③ 外部基准电压输入：REF HI 和 REF LO，REF HI 电压基准值（V_{REF}）为 ±199mV。

④ 内部时钟振荡器：OSC1、OSC2 和 OSC3 引脚外接电阻和电容。

⑤ 基准电容：CREF + 和 CREF − 端子外接一个 0.1μF 的电容。

⑥ 积分电路：INT 外接一个电容，BUFF 外接一个电阻，参数与基准电压有关。

⑦ 内部积分器和比较器的反相输入端：A/Z 一般接自动调零电容。

⑧ 测试端：TEST 经过 500Ω 电阻接至数字电路的公共地，故也称数字地。

⑨ 数码管驱动端：外接 4 个 LED 数码管，分别显示个位、十位、百位和千位数值，个位为 A1 ~ G1，十位为 A2 ~ G2，百位为 A3 ~ G3，千位比较特殊，只有两个输出端 AB4 和 POL，其中 AB4 输出端同时接数码管 b 段和 c 段，显示千位数 1，POL 显示负数或溢出。

2）集成电路 ICL7107 的工作原理。

双积分型 A-D 转换器 ICL7107 是一种间接 A-D 转换器，其内部电路比较复杂，主要包括模拟开关、积分器、过零比较器、计数器、锁存器、译码器、驱动器及逻辑门电路和控制电路等部件，现结合其内部结构示意图1-24，阐明其工作原理。

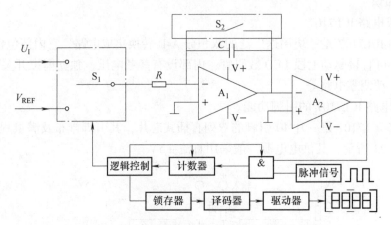

图1-24　集成电路ICL7107内部结构原理示意图

模拟开关 S_1 主要用于分时接通测量信号电压 U_I 和参考电压 V_{REF}；S_2 用于积分电容 C 完全放电完成电路自动调零功能；积分器是 A-D 转换器的关键部件，主要实现对信号电压 U_I 和参考电压 V_{REF} 正反向两次积分，从而将输入电压平均值变换成与之成正比的时间间隔，为把模拟量输入转换成相应的数字量输出提供必要的条件。

过零比较器根据积分器的输出结果，用高低电平实现对计数脉冲的闸门控制；计数器完成积分电路的正向电容充电和反向电容放电的脉冲计数，锁存器锁存的数据为 A-D 转换器的最终数字量结果，译码器将计数器的 BCD 码译成 LED 数码管七段笔画组成数字的相应编码，驱动器是将译码器输出逻辑电平放大以驱动 LED 数码管。

逻辑控制电路是 A-D 转换器的控制核心，在不同时段发出相应的控制信号，统一协调并控制 A-D 转换的全过程：如识别积分器的工作状态控制模拟开关通断、识别输入电压极性和量程、控制 LED 数码管的负号与溢出显示。

3）集成电路 ICL7107 的工作过程。

双积分型 A-D 转换器 ICL7107 的工作过程分成 3 个阶段：自动调零阶段、测量信号正向积分和参考电压反向积分，其工作波形如图1-25所示。

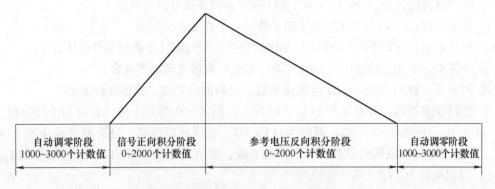

图1-25　ICL7107 积分放大电路典型输出波形

① 自动调零阶段。转换开始前，先由逻辑控制电路发出控制信号将计数器清零，并接通模拟开关 S_2，待积分电容 C 完全放电后，再断开模拟开关 S_2 为测量信号积分做准备。若时钟脉冲信号周期为 T_c，自动调零阶段所需要的时间为 $1000 \sim 3000T_c$，相应的计数值个数是 $1000 \sim 3000$ 个。

② 测量信号正向积分阶段。逻辑控制电路发出控制信号开关 S_1 接到输入测量信号 U_1 一端，积分器通过积分电容 C 对 U_1 进行正向积分，在固定时间 T_1 内积分器的电压 U_0 为

$$U_0 = \frac{1}{C} \int_0^{T_1} -\frac{U_1}{R} dt = -\frac{T_1}{RC} U_1 \qquad (1\text{-}33)$$

由式（1-33）可知，在固定时间为 T_1 的条件下，积分器输出电压 U_0 与输入测量信号 U_1 成正比，若设时钟脉冲信号周期为 T_c，一般取 $T_1 = 1000T_c$。

③ 参考电压反向积分阶段。逻辑控制电路发出控制信号，开关 S_1 接到参考电压 V_{REF} 端，积分器通过积分电容 C 对 V_{REF} 进行反向积分，设输出电压 U_0 上升至零的时间为 T_2，则有

$$U_0 = \frac{1}{C} \int_0^{T_2} \frac{V_{REF}}{R} dt - \frac{T_1}{RC} U_1 = 0 \qquad (1\text{-}34)$$

$$\frac{T_1}{RC} U_1 = \frac{T_2}{RC} V_{REF} \qquad (1\text{-}35)$$

$$T_2 = \frac{T_1}{V_{REF}} U_1 \qquad (1\text{-}36)$$

由式（1-36）可知，在 T_1 和 V_{REF} 为常量的条件下，反向积分时间 T_2 与输入测量信号 U_1 成正比。若计数器在 T_2 时间内的计数值为 N，则有 $T_2 = NT_c$，将该结果代入式（1-35）整理得

$$N = \frac{T_1}{T_c V_{REF}} U_1 \qquad (1\text{-}37)$$

由式（1-37）可知，在 T_1、T_c 和 V_{REF} 为常量的条件下，计数器的计数值 N 与模拟输入电压 U_1 成正比，从而实现了从模拟量到数字量的转换。

4）集成电路 ICL7107 的典型应用电路

① 数显直流电压表电源电路。该数显直流电压表测量范围为直流电压 $0 \sim 2V$，主要由直流稳压电源、双积分型 A-D 转换器 ICL7107、共阳极数码管及小数点驱动电路等元器件组成。

② 数显直流电压表测量电路。数显直流电压表测量电路如图 1-26 所示。

该电路以双积分型 A-D 转换器 ICL7107 为核心，配置附加电路即可完成直流电压的测量和显示。附加电路包括测量输入电路、基准电压电路、数字显示电路及振荡电路与积分电路外接的阻容元件等。

测量电路输入端并联电容 C_5 构成滤波器，主要滤除高频干扰交流信号，提高电压表的抗干扰性和稳定性；参考电压电路为集成电路 ICL7107 内部提供正向积分的基准电压，该电压值 V_{REF} 应调整为 $1V$；数字显示电路由 4 个 LED 共阳极数码管组成，分别显示个位、十位、百位和千位数值，LED4 只接了 3 个引脚，分别显示 3 种状态：千位数值 1、负号和测量值溢出，数码管供电电源采用 3 个二极管 $VD_1 \sim VD_3$ 降压。

③ 集成电路 ICL7107 的使用要点。

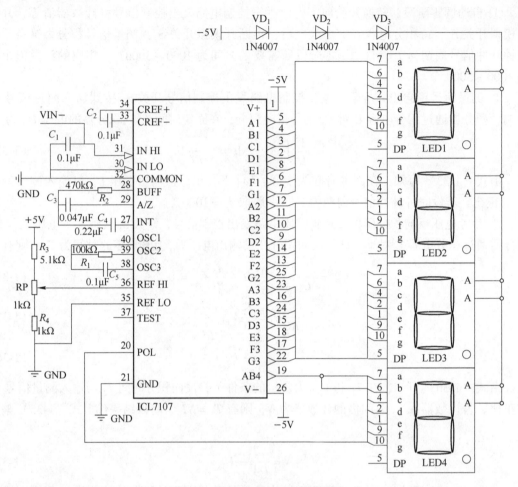

图 1-26　数显直流电压表测量电路

模拟电压输入量程：集成电路 ICL7107 输入端为 30 和 31 引脚，对应符号为 IN HI（IN＋）和 IN LO（IN－），其中 IN LO（IN－）为输入信号负极，IN HI（IN＋）为输入信号正极，通常 IN LO（IN－）端接模拟地 GND。模拟电压输入量程为 ±1999mV。

外部基准电压选择：外部基准电压输入端为 35 和 36 引脚，对应符号为 REF LO 和 REF HI，其中 REF LO 为参考电压负极，REF HI 为参考电压正极，通常 REF LO 接电源地。基准电压是一个很重要的参数，要求该电压值精确稳定，否则会影响转换精度。当模拟信号输入范围为 ±1999mV 时，$V_{REF} = 1000mV$。

阻容网络参数选择：积分网络外接电容和电阻参数值与模拟信号输入范围密切相关，当输入电压为 ±1999mV 时，集成电路 ICL7107 引脚 27、28、29 的元件 C_4、R_2、C_3 参数值分别为 0.22μF、470kΩ、0.047μF。

数码管小数点设置：双积分型 A-D 转换器 ICL7107 是内部译码器输出的信号端，它只有七段，只驱动数码管的数字位，小数点并没有驱动信号，因此在实际使用时应根据输入范围确定哪位数码管的小数点被点亮。

（2）LED 数码管

LED 数码管是一种由 8 个 LED 发光二极管组成的数字显示器件，可在电路中用于显示数字或字符，是仪器仪表常用的数字显示器。按 LED 数码管的发光颜色有红色、绿色、蓝色和橙色之分，按 LED 数码管的供电电源可分为共阴极和共阳极，如图 1-27 所示。

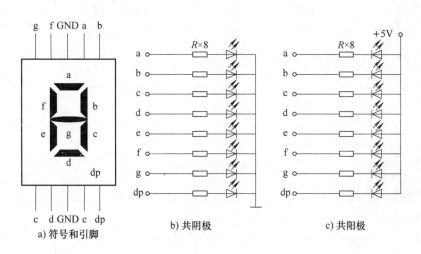

图 1-27　LED 数码管的结构原理

1）LED 数码管的工作原理。

LED 数码管利用发光二极管的单向导电性原理显示数字或字符，发光二极管的阳极连接在一起接到电源正极的称为共阳极数码管，发光二极管的阴极连接在一起接到电源负极的称为共阴极数码管。对于共阴极段码 a～dp 端，若加高电平，则相应的发光二极管导通发光；若加低电平，则相应的发光二极管截止不发光。对于共阳极段码 a～dp 端，若加低电平，则相应的发光二极管导通发光；若加高电平，则相应的发光二极管截止不发光。常用 LED 数码管显示的数字和字符是 0、1、2、3、4、5、6、7、8、9、A、B、C、D、E、F。

2）LED 显示器编码表。

共阳极和共阴极 LED 数码管的驱动显示代码有所不同，二进制和十六进制驱动代码见表 1-4。

表 1-4　LED 数码管的显示字符与代码

显 示 字 符	a 段	b 段	c 段	d 段	e 段	f 段	g 段	dp 段	代　　码	类　　型
0	0	0	0	0	0	0	1	1	03H	共阳极
	1	1	1	1	1	1	0	0	FCH	共阴极
1	1	0	0	1	1	1	1	1	9FH	共阳极
	0	1	1	0	0	0	0	0	60H	共阴极
2	0	0	1	0	0	1	0	1	25H	共阳极
	1	1	0	1	1	0	1	0	DAH	共阴极
3	0	0	0	0	1	1	0	1	0DH	共阳极
	1	1	1	1	0	0	1	0	F2H	共阴极
4	1	0	0	1	1	0	0	1	99H	共阳极
	0	1	1	0	0	1	1	0	66H	共阴极

（续）

显示字符	a段	b段	c段	d段	e段	f段	g段	dp段	代码	类型
5	0	1	0	0	1	0	0	1	49H	共阳极
	1	0	1	1	0	1	1	0	B6H	共阴极
6	0	1	0	0	0	0	0	1	41H	共阳极
	1	0	1	1	1	1	1	0	BEH	共阴极
7	0	0	0	1	1	1	1	1	1FH	共阳极
	1	1	1	0	0	0	0	0	E0H	共阴极
8	0	0	0	0	0	0	0	1	01H	共阳极
	1	1	1	1	1	1	1	0	FEH	共阴极
9	0	0	0	0	1	0	0	1	09H	共阳极
	1	1	1	1	0	1	1	0	F6H	共阴极
A	0	0	0	1	0	0	0	1	11H	共阳极
	1	1	1	0	1	1	1	0	EEH	共阴极
B	1	1	0	0	0	0	0	1	C1H	共阳极
	0	0	1	1	1	1	1	0	3EH	共阴极
C	0	1	1	0	0	0	1	1	63H	共阳极
	1	0	0	1	1	1	0	0	9CH	共阴极
D	1	0	0	0	0	1	0	1	85H	共阳极
	0	1	1	1	1	0	1	0	7AH	共阴极
E	0	1	1	0	0	0	0	1	61H	共阳极
	1	0	0	1	1	1	1	0	9EH	共阴极
F	0	1	1	1	0	0	0	1	71H	共阳极
	1	0	0	0	1	1	1	0	8EH	共阴极

3）LED 数码管的特点与应用。

LED 数码管使用寿命长（10 万小时）、成本低、易于控制。它被广泛用作数字仪器仪表、数控装置、计算机等设备的数显器件。

LED 数码管的主要特点如下。

① 可在低电压、小电流条件下驱动发光，能与 CMOS、TTL 等电路兼容。

② 发光响应时间极短、高频特性好、单色性好、亮度高。

LED 数码管每笔画工作电流一般在 5～10mA 之间，若电流过大会损坏数码管，因此使用时必须加限流电阻，发光时的工作电压约为 2V。

（3）集成电路 ICL7106

集成电路 ICL7106 是一种应用广泛的 3 位半 A-D 转换器，其功能和原理与 ICL7107 基本相似，外加辅助电路都可以构成 $3\frac{1}{2}$ 位数字显示仪表。主要区别是 ICL7106 配用液晶显示板（LCD），整机功耗特别低，一般用 9V 单电源供电；而 ICL7107 配用具有 4 个发光数码管（LED）的显示板，用正负 5V 双电源供电。

1）集成电路 ICL7106 的引脚功能。

集成电路 ICL7106 是一片 40 引脚的双列直插式芯片，引脚排布如图 1-28 所示，一般采用 7～15V 单电源供电，可选 9V 叠层电池。

2）集成电路 ICL7106 的工作原理

集成电路 ICL7106 内部包括模拟电路和数字电路两大部分，一方面由控制逻辑产生控制信号，按规定时序将多路模拟开关接通或断开，保证 A-D 转换正常进行；另一方面模拟电路中的比较器输出信号又控制着数字电路的工作状态和显示结果。下面简单介绍各部分的工作原理。

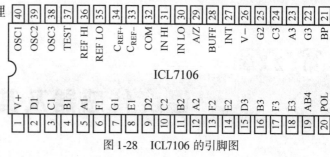

图 1-28　ICL7106 的引脚图

① 模拟电路由双积分式 A-D 转换器构成。主要由 2.8V 基准电压源、缓冲器、积分器、比较器和模拟开关等组成。这种转换器具有转换精度高、抗串模干扰能力强、电路简单、成本低等优点，适合做低速 A-D 转换。每个转换周期分 3 个阶段进行：自动调零（AZ）、正向积分（INT）、反向积分（DE），并按照 AZ→INT→DE→AZ…的顺序循环。

② 数字电路主要包括 8 个单元：时钟振荡器、分频器、计数器、锁存器、译码器、异或门相位驱动器、控制逻辑和 LCD 显示器。LCD 须采用交流驱动方式，当段电极 a～g 与背电极 BP 呈等电位时不显示，当二者存在一定的相位差时液晶才显示。因此，可将两个频率与幅度相同而相位相反的方波电压，分别加至某个段引出端与 BP 端之间，利用二者电位差来驱动该段显示。

3）集成电路 ICL7106 的典型应用电路。

利用集成电路 ICL7106 和外加辅助电路可构成各种常用数字显示仪表，如交直流电压表、交直流电流表和欧姆表等，我们常用的数字万用表就是最典型的一种。如图 1-29 所示是数显直流电压表电路图，测量范围为 ±199.9mV。

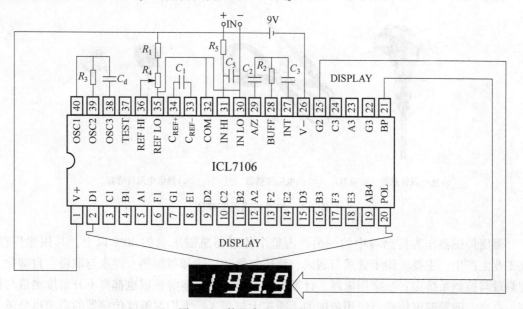

图 1-29　数显直流电压表电路图

由集成电路 ICL7106 构成的数字显示仪表与 ICL7107 相比，其突出特点是整机功耗低，单电源供电，特别适合制作一些便携式显示仪表，如电压表、电流表和温度表等。

第 2 章
温度传感器及其应用

温度是表征物体冷热程度的一个物理量，它是国际单位制中 7 个基本物理量之一，温度与人类生活、社会生产和科学实验有着密切关系，因此研究温度的测量具有重要的意义。温度传感器是利用物质各种物理性质随温度变化的规律，把温度变化转换为电量输出的传感器，也称温度敏感器。

温度测量方法繁多，分类复杂。若按测量时传感器中有无电信号可以划分为非电测量和电测量两大类，如膨胀式、压力式、双金属和玻璃液体温度计等都属于非电测温；而热电偶、热电阻、微波式、光纤式、红外式和微波法测温计则属于电测温。若按测量时传感器与被测对象有无接触可以划分为接触式和非接触式，接触测温法在测量时需要与被测物体或介质充分接触，测量的是被测对象和传感器的平衡温度；非接触测温法不需要与被测对象接触，一般不干扰测试温度场，动态响应特性好，但有时会受到被测对象表面状态或测量介质物性参数的影响。

图 2-1 给出了 3 种不同类型的温度传感器实物图。

a) 热电偶传感器（防爆型）　　b) 热电阻传感器　　　　c) 热敏电阻传感器

图 2-1　温度传感器实物图

温度传感器作为传感器中的一员，占整个传感器总需求量的 40% 以上，其用途广泛。在工业生产中，主要应用于管道与通风、液压与气动、冷却与加热、供水与取暖、自动化温度测量与控制系统中；在家用电器、计算机、汽车、航天器等领域也都离不开温度测量与控制。总之，随着温度传感器应用范围的不断扩大与深入，人们对温度传感器的需求也会越来越大，性能指标要求也会越来越高。

本章需要学习的主要内容是温度传感器的工作原理、结构特性和应用电路，需重点掌握温度传感器应用电路的设计与制作，突出内容为热电阻、热电偶和热敏电阻传感器应用电路的设计与制作，同时应结合实际产品了解数字温度传感器和红外测温传感器的工作原理和工程应用。

2.1　热电阻温度传感器应用电路的设计与制作

本节的工作任务是应用热电阻温度传感器 Pt100，完成一个热水器温度测量与控制应用电路的设计与制作。

1. 工作目标

1）掌握热电阻温度传感器的工作原理、技术参数、功能特点及其应用。
2）提高实践动手制作能力、基本技能技巧和工程应用设计水平。
3）掌握热电阻温度传感器应用电路的初步设计方法和步骤。
4）掌握热电阻温度传感器应用电路的原理设计和参数计算。
5）掌握热电阻温度传感器应用电路的实际制作和调试方法。
6）熟悉电子电路制作的工艺流程和操作规范。

2. 工作内容

设计制作一个热水器温度测量与控制应用电路，该电路的主要功能和技术指标如下。

（1）主要功能

1）温度测量电路能自动测量和显示热水器的水温值。
2）当温度低于 100℃时启动加热，但温度达到 100℃时停止加热。
3）热水器的加热器工作时绿灯亮，热水器停止加热时红灯亮。

（2）技术指标

1）适配传感器 Pt100。
2）温度测量范围为 0～120℃。
3）温度测量精度为 2%FS。
4）温度显示方式为 4 位 LED。
5）继电器触点容量为 DC12V/5A。

3. 工作方案

（1）工作调研

各小组成员通过各种方式查阅热水器温度测量与控制应用电路的相关文献，仔细阅读本节背景资料，了解国内外相关技术的发展现状和技术水平，初步掌握热电阻温度传感器及其应用电路设计与制作的基础理论。

（2）工作讨论

各小组根据成员所掌握的调研资料，提出各自的技术方案，组长负责全组的技术方案讨论与总结，确定本组最终实施技术方案。

（3）技术方案

主要包括热水器温度测量与控制电路的设计方案和制作方案。电路设计方案应包括以下技术关键环节：如何把温度传感器的电阻参数变化转换成电压信号，如何把电压信号转换成数字温度显示，如何实现温度上限的继电器控制输出；制作方案主要涉及电路板的设计制作与元器件的安装调试。

（4）工作条件

1）电工工具：万用表、剥线钳、平口钳、尖嘴钳、螺钉旋具、电烙铁等。

2）电子器材：温度传感器、电阻、二极管、集成电路、小型继电器、±5V 直流稳压电源模块和 ICL7107 数字显示模块等。

3）主要耗材：焊锡、导线、覆铜板及三氯化铁等。

4）实验仪器：直流稳压电源、数字示波器、水银温度计和电热水壶等。

4. 工作过程

根据工作内容和工作方案要求，整个工作过程应包括以下几个工艺流程。

（1）热电阻温度传感器的基本性能测试

使用数字万用表测试温度传感器 Pt100 的电阻值 – 温度特性，了解温度传感器输出阻值随温度变化的实验现象。

1）环境温度测试：将温度传感器置于实验室环境中，选用数字万用表 200Ω 档测量传感器的阻值（假设为 109.7Ω），对照背景资料表 2-2 给出的 Pt100 分度表，即可计算出室内环境温度值（25℃），并将此值与水银温度计比对。

2）零点温度测试：将温度传感器和水银温度计置于冰水混合物中，当万用表测量电阻值逐渐接近 100Ω 时即为零点温度，此时水银温度计的温度值为 0℃。

3）沸点温度测试：将温度传感器和水银温度计置于电热水壶内，通电加热时观察万用表测得的电阻值的变化，当壶内热水沸腾时电阻值接近 138.5Ω，此时温度值即为水的沸点温度 100℃，水银温度计的显示值也应该是 100℃。

（2）温度传感器转换电路的设计与参数计算

温度传感器转换电路的功能是将热电阻参数转换成电压信号输出，常用电路有直流电桥电阻/电压转换电路、恒流源电阻/电压转换电路和恒压源电阻/电压转换电路等。这 3 种转换电路的基本功能都相同，只是电阻值与转换电压的线性关系有所不同，传感器的接线方式有三线制和两线制两种，输出电压信号有单端输出和差动输出之别。转换电路的具体应用实例可参阅相关背景资料。

（3）信号放大和调零电路的设计与参数计算

由于转换电路输出的信号比较微弱，一般需要通过运算放大电路放大信号，以满足下级处理电路的要求。信号放大电路可选用单端输入放大电路、双端输入放大电路和仪表用精密放大电路等。调零电路一般采用减法运算放大电路，其主要功能是实现转换电路输出信号的调零，同时该电路也具有信号放大作用。放大电路和调零电路的具体应用实例可参阅相关背景资料。

（4）继电器控制输出电路的设计与参数计算

控制输出电路一般采用功率放大电路，主要是提高电路带负载驱动能力，常用的负载有小型继电器、各种指示灯和音响蜂鸣器等。驱动电路的具体应用实例可参阅相关背景资料。

（5）热水器温度测量与控制电路印制电路板的设计与制作

根据电路原理图设计印制电路板，设计方法有人工设计和计算机辅助设计两种，简单电路可直接采用人工方法设计和制作，而复杂电路则必须采用计算机辅助设计，应用 Protel 软件绘制电路原理图和 PCB 图并交由印制电路板厂家制作。

（6）电路板上元器件的安装、焊接与整机电路的装配、检查

热水器温度测量与控制电路板装配前，根据电路原理图检查 PCB 和元器件的型号、数

量及质量，确认无误后方可装配电路板。整机装配时应遵循元器件焊接、导线连接和机械安装等的工艺流程和规范。

（7）热水器温度测量与控制电路板通电试验、电路调试和功能验证

在整机装配和检查等所有工作完成之后，经指导教师允许后方可通电试验。一般情况下，在电路原理图、印制电路板、工艺装配正确的条件下，电路可正常工作。但是在多数情况下，由于各种原因电路不能正常工作也不足为奇，此时应仔细分析工作原理、检查电路板、找出故障点，并排除故障使电路恢复正常。

热水器温度测量与控制电路板应根据设计功能要求进行功能验证，主要包括温度值数字显示、温度区间控制和系统工作状态显示。

（8）热水器温度测量与控制电路板主要指标测试与校验

指标测试应根据设计主要技术指标逐条测试，主要包括温度测量范围和测量精度等。

5. 工作评价

各小组分别展示各自的制作成果，采取成员自评、小组互评和教师评价的综合方法评定每个同学的工作成绩，参考评定标准见表 2-1。

表 2-1　热水器温度测量与控制应用电路设计与制作评分标准

评价体系	评价内容	分　值	学生自评分（20%）	小组互评分（30%）	教师评分（50%）
专业能力（70 分）	查找阅读整理材料	5			
	技术实施计划方案	10			
	信号处理电路设计	5			
	控制输出电路设计	5			
	印制电路板的设计	5			
	整机电路安装调试	15			
	焊接安装工艺质量	10			
	性能指标测试等级	15			
	创新思维能力（附加）				
	最佳作品奖励（附加）				
综合能力（30 分）	工作学习态度	10			
	实训报告书质量	15			
	团队合作精神	5			

6. 工作总结

每组各成员编写一份热水器温度测量与控制电路设计与制作总结报告书，内容要求如下。

1）简述热水器温度测量与控制板的工作原理及其应用场所。

2）结合设计电路原理图简述温控器的制作与调试工艺流程。

3）报告书结构合理、图文并茂、字数在 800 ~ 1200 字。

7. 背景资料

（1）热电阻传感器简介

1）热电阻传感器。

热电阻传感器主要是利用物质的电阻值随温度变化而变化这一特性来测量温度及与温度有关的参数。在温度检测精度要求比较高的场合，这种传感器比较适用。目前较为广泛的热

电阻材料为铂、铜、镍等，它们具有电阻温度系数大、线性好、性能稳定、使用温度范围宽、加工容易等特点。一般主要用于测量 $-200 \sim 500℃$ 范围内的温度。随着科技的发展，热电阻传感器的测温范围也随着扩大，低温方面已成功地应用于 $-272 \sim -270℃$ 的温度测量中，高温方面也出现了多种用于 $1000 \sim 1300℃$ 的热电阻传感器。

2）热电阻传感器的分类。

热电阻传感器按温度系数分为正温度系数和负温度系数两种类型，正温度系数（PTC）热电阻传感器是指传感器阻值随温度的升高而增大；负温度系数（NTC）热电阻传感器是指传感器阻值随温度的升高而减小。

热电阻传感器按温度敏感材料又分为铂热电阻和铜热电阻两种类型，铂热电阻有 Pt10、Pt100 和 Pt1000，铜热电阻有 Cu50 和 Cu100。

3）热电阻的工作原理。

热电阻是利用物质在温度变化时，其电阻也随着发生变化的特征来测量温度的。当阻值变化时，工作仪表便显示出阻值所对应的温度值。热电阻传感器是利用导体或半导体的电阻率随温度的变化而变化的原理制成的。

在金属中载流子为自由电子，当温度升高时虽然自由电子数目基本不变，但每个自由电子的动能将增加，因而在一定的电场作用下，要使这些杂乱无章的电子做定向运动就会遇到更大的阻力，导致金属电阻值随温度的升高而增加，热电阻就是利用金属的电阻随温度升高而增大这一特性来测量温度的。

4）热电阻的结构。

普通型热电阻由感温元件（金属电阻丝）、支架、引出线、保护套管及接线盒等基本部分组成，热电阻丝常采用双线并绕，制成无感电阻。

① 感温元件。由于金属铂的电阻率较大，而且相对机械强度较大，通常铂丝的直径在 $0.03 \sim 0.07mm$ 之间。而铜的机械强度较低，因此铜丝一般由 0.1mm 的漆包铜线或丝包线分层绕在骨架上，并涂上绝缘漆制成。由于铜热电阻的使用温度低，故可以重叠多层绕制，一般多用双绕法，即两根金属丝平行绕制，在末端把两个头焊接起来，这样工作电流从一根热电阻丝进入，从另一根热电阻丝反向出来，形成两个电流方向相反的线圈，其磁场方向相反，产生的电感就互相抵消，故又称无感绕法。这种双绕法也有利于引线的引出。

② 支撑骨架。热电阻是绕制在骨架上的，骨架是用来支持和固定电阻丝的。骨架应使用电绝缘性能好、高温下机械强度高、体膨胀系数小、物理化学性能稳定、对热电阻丝无污染的材料制造，常用的是云母、石英、陶瓷、玻璃及塑料等。

③ 外接引线。引线的直径应当比热电阻丝大几倍，应尽量减少引线的电阻，增加引线的机械强度和连接的可靠性。对于工业用的铂热电阻，一般采用 1mm 的银丝作为引线；对于铜热电阻则常用 0.5mm 的铜线。热电阻实物结构图如图 2-2 所示。

a）热电阻实物外形图

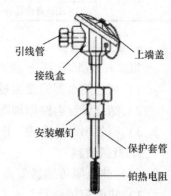

引线管　上端盖
接线盒
安装螺钉
保护套管
铂热电阻

b）热电阻结构示意图

图 2-2　热电阻实物结构图

5）铂热电阻。

目前最常用的金属热电阻有铂热电阻和铜热电阻，铂热电阻优点是精度高、稳定性好、性能可靠，易于制成极细的铂丝或极薄的铂箔；缺点是电阻温度系数较小，在还原介质中工作时易被沾污变脆，产品价格较高。按 IEC 标准，铂热电阻的使用温度范围为 $-200 \sim 850℃$，我国规定工业用铂热电阻有 $R_0 = 10\Omega$ 和 $R_0 = 100\Omega$ 两种，它们的分度号分别为 Pt10 和 Pt100，其中以 Pt100 最为常用。金属铂热电阻 Pt100 的阻值与温度的关系近似线性，其特性方程如下：

当 $-200℃ \leqslant t \leqslant 0℃$ 时

$$R_t = R_0 \left[1 + At + Bt^2 + C(t - 100)t^3 \right] \tag{2-1}$$

当 $0℃ \leqslant t \leqslant 960℃$ 时

$$R_t = R_0 (1 + At + Bt^2) \tag{2-2}$$

式中　R_t——温度为 $t℃$ 时的阻值，单位为 Ω。

　　　R_0——温度为 $0℃$ 时的阻值，单位为 Ω。

A、B、C——温度系数，它们的数值分别为

$A = 3.90802 \times 10^{-3}(1/℃^2)$；

$B = -5.802 \times 10^{-7}(1/℃)$；

$C = -4.27350 \times 10^{-12}(1/℃^4)$。

Pt100 传感器的阻值与温度特性可采用表格表示，一般称之为分度表，通过分度表可直接查找传感器在不同温度值时对应的电阻值，具有数据直观、查找方便等特点。金属铂热电阻 Pt100 的分度表见表 2-2，该表所对应的温度测量范围为 $-100 \sim 300℃$，如温度为 $-20℃$ 时所对应的电阻值为 92.16Ω，温度为 $0℃$ 时所对应的电阻值为 100Ω，温度为 $25℃$ 时所对应的电阻值为 109.73Ω，温度为 $100℃$ 时所对应的电阻值为 138.51Ω。

由此可知，即使没有温度显示仪表，通过测量温度传感器的电阻值，对照 Pt100 传感器的分度表也能方便地查找出对应的温度值，这也是工程上常用的一种方法。

表 2-2　Pt100 分度表

温度/℃	0	-1	-2	-3	-4	-5	-6	-7	-8	-9
	电阻值/Ω									
-100	60.26									
-90	64.30	63.90	63.49	63.09	62.68	62.28	61.88	61.47	61.07	60.66
-80	68.33	67.92	67.52	67.12	66.72	66.31	65.91	65.51	65.11	64.70
-70	72.33	71.93	71.53	71.13	70.73	70.33	69.93	69.53	69.13	68.73
-60	76.33	75.93	75.53	75.13	74.73	74.33	73.93	73.53	73.13	72.73
-50	80.31	79.91	79.51	79.11	78.72	78.32	77.92	77.52	77.12	76.73
-40	84.27	83.87	83.48	83.08	82.69	82.29	81.89	81.50	81.10	80.70
-30	88.22	87.83	87.43	87.04	86.64	86.25	85.85	85.46	85.06	84.67
-20	92.16	91.77	91.37	90.98	90.59	90.19	89.80	89.40	89.01	88.62
-10	96.09	95.69	95.30	94.91	94.52	94.12	93.73	93.34	92.95	92.55
0	100.00	99.61	99.22	98.83	98.44	98.04	97.65	97.26	96.87	96.48

（续）

温度/℃	0	1	2	3	4	5	6	7	8	9
	电阻值/Ω									
0	100.00	100.39	100.78	101.17	101.56	101.95	102.34	102.73	103.12	103.51
10	103.90	104.29	104.68	105.07	105.46	105.85	106.24	106.63	107.02	107.40
20	107.79	108.18	108.57	108.96	109.35	109.73	110.12	110.51	110.90	111.29
30	111.67	112.06	112.45	112.83	113.22	113.61	114.00	114.38	114.77	115.15
40	115.54	115.93	116.31	116.70	117.08	117.47	117.86	118.24	118.63	119.01
50	119.40	119.78	120.17	120.55	120.94	121.32	121.71	122.09	122.47	122.86
60	123.24	123.63	124.01	124.39	124.78	125.16	125.54	125.93	126.31	126.69
70	127.08	127.46	127.84	128.22	128.61	128.99	129.37	129.75	130.13	130.52
80	130.90	131.28	131.66	132.04	132.42	132.80	133.18	133.57	133.95	134.33
90	134.71	135.09	135.47	135.85	136.23	136.61	136.99	137.37	137.75	138.13
100	138.51	138.88	139.26	139.64	140.02	140.40	140.78	141.16	141.54	141.91
110	142.29	142.67	143.05	143.43	143.80	144.18	144.56	144.94	145.31	145.69
120	146.07	146.44	146.82	147.20	147.57	147.95	148.33	148.70	149.08	149.46
130	149.83	150.21	150.58	150.96	151.33	151.71	152.08	152.46	152.83	153.21
140	153.58	153.96	154.33	154.71	155.08	155.46	155.83	156.20	156.58	156.95
150	157.33	157.70	158.07	158.45	158.82	159.19	159.56	159.94	160.31	160.68
160	161.05	161.43	161.80	162.17	162.54	162.91	163.29	163.66	164.03	164.40
170	164.77	165.14	165.51	165.89	166.26	166.63	167.00	167.37	167.74	168.11
180	168.48	168.85	169.22	169.59	169.96	170.33	170.70	171.07	171.43	171.80
190	172.17	172.54	172.91	173.28	173.65	174.02	174.38	174.75	175.12	175.49
200	175.86	176.22	176.59	176.96	177.33	177.69	178.06	178.43	178.79	179.16
210	179.53	179.89	180.26	180.63	180.99	181.36	181.72	182.09	182.46	182.82
220	183.19	183.55	183.92	184.28	184.65	185.01	185.38	185.74	186.11	186.47
230	186.84	187.20	187.56	187.93	188.29	188.66	189.02	189.38	189.75	190.11
240	190.47	190.84	191.20	191.56	191.92	192.29	192.65	193.01	193.37	193.74
250	194.10	194.46	194.82	195.18	195.55	195.91	196.27	196.63	196.99	197.35
260	197.71	198.07	198.43	198.79	199.15	199.51	199.87	200.23	200.59	200.95
270	201.31	201.67	202.03	202.39	202.75	203.11	203.47	203.83	204.19	204.55
280	204.90	205.26	205.62	205.98	206.34	206.70	207.05	207.41	207.77	208.13
290	208.48	208.84	209.20	209.56	209.91	210.27	210.63	210.98	211.34	211.70
300	212.05									

6）铜热电阻。

铂金属温度传感器相对价格贵重，因此在一些测量精度要求不高且温度较低的场合，普遍地采用铜热电阻来测量 $-50 \sim 150$℃的温度。铜热电阻有如下特点：在上述使用的温度范围内，阻值与温度的关系几乎呈线性关系，即可近似表示为

$$R_t = R_0(1 + \alpha t) \tag{2-3}$$

式中　α——电阻温度系数，$\alpha = (4.25 \sim 4.28) \times 10^{-3}$/℃。

表 2-3 是热电阻 Cu50 的分度表，表示温度和铜热电阻值之间的关系。

表 2-3 Cu50 分度表

温度 /℃	0	-1	-2	-3	-4	-5	-6	-7	-8	-9
	电阻值/Ω									
-50	39. 242									
-40	41. 400	41. 184	40. 969	40. 753	40. 537	40. 322	40. 106	39. 890	39. 674	39. 458
-30	43. 555	43. 349	43. 124	42. 909	42. 693	42. 478	42. 262	42. 047	41. 831	41. 616
-20	45. 706	45. 491	45. 276	45. 061	44. 846	44. 631	44. 416	44. 200	43. 985	43. 770
-10	47. 854	47. 639	47. 425	47. 210	46. 995	46. 780	46. 566	46. 351	46. 136	45. 921
0	50. 000	49. 786	49. 571	49. 356	49. 142	48. 927	48. 713	48. 498	48. 284	48. 069

温度 /℃	0	1	2	3	4	5	6	7	8	9
0	50. 000	50. 214	50. 429	50. 643	50. 858	51. 072	51. 286	51. 501	51. 715	51. 929
10	52. 144	52. 358	52. 572	52. 786	53. 000	53. 215	53. 429	53. 643	53. 857	54. 071
20	54. 285	54. 500	54. 714	54. 928	55. 142	55. 356	55. 570	55. 784	55. 998	56. 212
30	56. 426	56. 640	56. 854	57. 068	57. 282	57. 496	57. 710	57. 924	58. 137	58. 351
40	58. 565	58. 779	58. 993	59. 207	59. 421	59. 635	59. 848	60. 062	60. 276	60. 490
50	60. 704	60. 918	61. 132	61. 345	61. 559	61. 773	61. 987	62. 201	62. 415	62. 628
60	62. 842	63. 056	63. 270	63. 484	63. 698	63. 911	64. 125	64. 339	64. 553	64. 767
70	64. 981	65. 194	65. 408	65. 622	65. 836	66. 050	66. 264	66. 478	66. 692	66. 906
80	67. 120	67. 333	67. 547	67. 761	67. 975	68. 189	68. 403	68. 617	68. 831	69. 045
90	69. 259	69. 473	69. 687	69. 901	70. 115	70. 329	70. 544	70. 762	70. 972	71. 186
100	71. 400	71. 614	71. 828	72. 042	72. 257	72. 471	72. 685	72. 899	73. 114	73. 328
110	73. 542	73. 751	73. 971	74. 185	74. 400	74. 614	74. 828	75. 043	75. 258	75. 477
120	75. 686	75. 901	76. 115	76. 330	76. 545	76. 759	76. 974	77. 189	77. 404	77. 618
130	77. 833	78. 048	78. 263	78. 477	78. 692	78. 907	79. 122	79. 337	79. 552	79. 767
140	79. 982	80. 197	80. 412	80. 627	80. 843	81. 058	81. 272	81. 488	81. 704	81. 919
150	82. 134									

铜热电阻与铂热电阻相比的主要优点是：铜热电阻的温度系数要比铂热电阻的温度系数高、易于加工、价格便宜。缺点是易氧化，不宜在腐蚀性介质或高温下工作。鉴于上述特点，在介质温度不高、腐蚀性不强、测温元器件体积不受限制的条件下大都采用铜热电阻，铂热电阻和铜热电阻的主要技术性能对比见表 2-4。

表 2-4 热电阻的主要技术性能对比

材 料	铂 （WZP）	铜 （WZC）
使用温度范围	-200 ~ 850℃	-50 ~ 150℃
电阻率	$(9.81 ~ 10.6) \times 10^{-8} \Omega \cdot m$	$1.75 \times 10^{-8} \Omega \cdot m$
电阻温度系数	$3.85 \times 10^{-3}/℃$	$4.28 \times 10^{-3}/℃$
化学稳定性	在氧化性介质中较稳定，不能在还原性介质中使用（尤其在高温情况下）	超过 100℃ 易氧化
主要特性	特性近于线性、性能稳定、精度高	线性较好、价格低廉、体积大
主要应用	适用于较高温度的测量，可作为标准测温装置	适用于测量低温、无水分、无腐蚀性介质的温度

（2）基于热电阻的温度传感器电路设计与制作实例

现以铂热电阻 Pt100 为例，介绍设计和制作温度传感器应用电路的流程与方法。工作任务是测量加热器内 0 ~ 100℃的水温值，并通过集成电路 ICL7107 数显模块显示温度值。

1）温度传感器处理电路设计思路。

本次温度测量电路设计的目标是把 0 ~ 100℃的温度值经过转换电路、调零与放大电路处理后，得到直流输出电压信号 0 ~ 100mV，再送入 ICL7107 数字显示模块还原成温度值 0 ~ 100℃。

温度传感器 Pt100 是把待测参数温度的变化转化成电阻值的变化，因此必须经过转换电路变成电压信号，常见的转换电路有恒流源电阻－电压转换电路、恒压源电阻－电压转换电路、直流电桥电阻－电压转换电路等。对于热电阻 Pt100 而言，当温度是 0℃时，热电阻值为 100Ω；当温度是 100℃时，热电阻值为 138.5Ω；当温度是 200℃时，热电阻值为 175.9Ω。由此可知，热电阻温度系数（灵敏度）接近 0.38Ω/℃，基本是呈线性增长，若忽略非线性因素，可采用恒流源实现电阻－电压变换。

由于温度测量范围是 0 ~ 100℃，对应的铂热电阻值为 100 ~ 138.5Ω，采用恒流源变换得到的信号下限值必然大于零，不满足数字显示模块输入值 0 ~ 100mV 的要求，因此必须经过调零电路和放大电路才能得到符合要求的电压信号。信号调零与放大一般使用同一个放大电路，调零的方法既可以采用加法运算电路，也可以采用减法运算电路，这两种运算电路只是调零端的输入信号极性有所区别。

由 ICL7107 构成的数字显示模块本质是电压显示器，本次设计的处理方法是：把 0 ~ 100℃的温度值所对应的电压值 0 ~ 100mV，直接送入数字显示模块输入端，它的显示值也必然是 000 ~ 100，但此时的示数只是变成了温度值，这种方法是很多测量仪表经常采用的。数字显示模块测量信号输入有 100mV 和 1V 两种量程，若选用 100mV 要注意小数点的处理方法。

2）电路原理分析与参数计算。

Pt100 温度传感器处理电路原理图如图 2-3 所示，转换电路的功能是通过恒流源把热电阻的阻值变化转换成电压的变化，恒流源电路由稳压管 VS_1（2.5V）、晶体管 VT_1 和电阻（含 Pt100）等元器件构成。

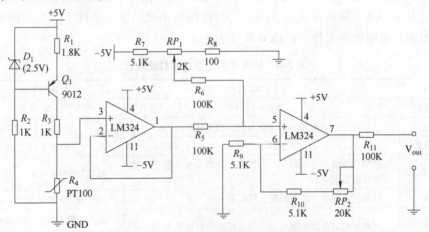

图 2-3　Pt100 温度传感器处理电路原理图

为了分析计算方便，设定恒流源的电流值为 1mA，由其工作原理可知，稳压管 VS_1 稳定晶体管基极电压，晶体管始终处于放大区，决定恒流源电流值的关键是计算出电阻 R_1 的参数值，保证晶体管处于放大区的关键是计算出电阻 R_3 的参数值。

① 电阻 R_1 参数值计算过程如下（假设 $U_{be} = 0.7V$）：

$$I_c = I_e = (U_{d1} - U_{be})/R_1 = (2.5V - 0.7V)/R_1 = 1mA$$

$$R_1 = 1.8k\Omega$$

② 电阻 R_2 参数值计算过程如下（忽略 R_4 阻值）：

$$U_e - U_c \geq 0.3V$$

$$U_e = V_{cc} - R_1 \times I_e = 5V - 1.8 \times 1V = 3.2V$$

$$U_c = R_3 \times I_c = R_3 \times 1mA$$

$$R_3 \leq 2.9k\Omega，取 R_3 = 1k\Omega。$$

由此可见，当温度为 0℃时 Pt100 阻值为 100Ω，其端电压为 100mV；当温度为 100℃时 Pt100 阻值为 138.5Ω，电压为 138.5mV，即完成了温度→电阻→电压的转换过程。

电路设计中使用了集成运放 LM324 中的两级。第一级将 Pt100 的电压信号进行跟随，因集成运放的输入电阻高达 $10^7\Omega$ 以上（$R_i \to \infty$），可将 Pt100 上的电压信号几乎毫无衰减地全部传输到下一级放大电路。第二级的作用是：其一，由电源（-5V）、R_7（5.1kΩ）、R_8（100Ω）、可调电阻 RP_1（2kΩ）等构成加法器的调零电路，目的是实现电平移动，当输入信号为 100mV 时，运放输出电压 $V_{out} = 0mV$；其二，进行电压放大，通过调整 RP_2（20kΩ）电阻，使温度为 100℃时，运放输出电压 $V_{out} = 100mV$。

③ 调零电路参数计算过程如下：

调零电路可设置一个电位器，调节范围为 0 ~ -5V，电位器固定端分别接 GND 和电源 -5V。考虑到运放电路的失调电流和电位器的调整精度，采用电阻 R_7、R_8 和 RP_1 构成的调零电路，该调零点对地电位最高值为 -65mV，最低值为 -1458mV，满足电平移动 100mV 的要求。

④ 放大电路参数计算过程如下：

测量温度从 0℃变为 100℃时，净增量为 100℃，而跟随器的输出电压从 100mV 变为 138.5mV，净增量为 38.5mV，需要放大 2.7 倍左右才能达到 $V_{out} = 100mV$。考虑到调节范围宽一些，采用 R_{10} 和 RP_2 构成的反馈支路，该运放电路的放大倍数为 2 ~ 6 倍，符合要求。

由 ICL7107 组成 A-D 转换与驱动显示电路，基准参考电压 $U_{REFH} = 1V$，数字电压表头用来显示温度。将图 2-3 的信号输出 V_{out} 接至 ICL7107 的输入端 31 脚（IN HI）和 30 脚（IN LO），电路如图 2-4 所示。

集成电路 ICL7107 的供电电源为 ±5V，4 个 LED 为共阳极数码管，通过 3 个二极管 1N4007 串联降压后，提供 3V 左右的电压为数码管供电。由于基准参考电压 $U_{REFH} = 1V$，当输入电压为 0 ~ 2V 时，4 个数码管对应的显示值为 0 ~ 1999，因此 1mV 就代表 1℃。基准电压调节电路由 R_3（5.1kΩ）、R_4（1kΩ）和 RP（1kΩ）串联电阻支路组成，其对地电位变化范围为 0.7 ~ 1.4V，满足 $U_{REFH} = 1V$ 的要求。

3）电路板安装工艺流程。

电路板安装工艺流程主要包括以下步骤。

① 准备工作：熟悉电气原理图、检查电路板等。

② 检查元器件：检查所有装配件的数量、规格、型号及质量。

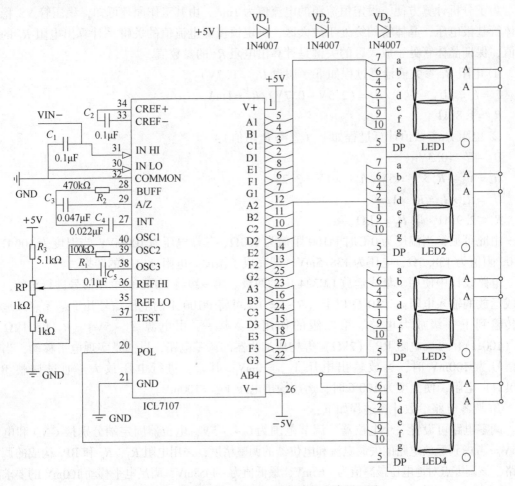

图 2-4 集成电路 ICL7107 温度显示电路原理图

③ 元器件安装：主要包括元器件安装、焊接、接线及清理。

④ 整机装配：电路板、接线板、面板等部件组合及接线。

⑤ 检查测试：通电前应对照图纸仔细检查电路，测试是否有短路。

4）电路板调试工艺流程。

电路板调试工艺流程主要包括以下步骤。

① 电源供电：测试直流电源电压 +5V、−5V 和各电路供电是否正常。

② 显示电路：观察 ICL7107 数字显示模块有无数字值显示。

③ 显示模块调整：切断 LM324 运放电路和 ICL7107 显示模块的连接通道（断开电阻 R_{11}），通过调整显示模块中的 RP 电阻，使参考电压 $U_{REFH} = 1V$，在输入端 31 脚和 30 脚接上直流稳压电源，缓慢调节输出电压使其变化范围在 0~2V，此时显示模块对应显示值为 0~1999。移除外加直流电源，恢复电阻 R_{11}，接通运放电路和显示模块的连接通道。

④ 恒流源电流调整：用标准电阻箱的输出值 100Ω 替代电路中的温度传感器 Pt100，用电流表测试恒流源输出电流，测试电流应为 1mA，如若偏离此值可调整电阻 R_1 阻值。

⑤ 下限零点调整：调节 LM324 运放电路的零点电位器 RP_1，观察显示模块数码管的显

示值，当数码管显示值为 0 时，零点调整完毕。

⑥ 上限满量程调整：调节标准电阻箱的输出值为 138.5Ω，调节 LM324 运放的反馈电阻 RP_2 值改变放大倍数，当数码管显示值为 100 时调整完毕。

⑦ 全量程调整：下限零点和上限满量程调试过程中会导致相互影响，此时可能要往复调整多次 RP_1 和 RP_2 电阻，直至满意为止。

⑧ 温度测试校正：用温度传感器 Pt100 替代变阻箱，此时数码管显示器的数值应为室温；将温度传感器 Pt100 置于冰水混合物中，等待几分钟后温度显示值应为 0℃，若不为零应再次调节零点电位器 RP_1；将温度传感器 Pt100 置于电热水壶中，通电加热后温度显示值应从 0℃逐渐上升，热水壶内水沸腾时，温度显示值应为 100℃，若不是此值应再次调节反馈电阻 RP_2。此外，温度校正还可以使用水银温度计或高精度温度表校验。

5）性能指标测试。

主要包括温度测量范围、测量精度、线性度和整机功耗技术指标。

（3）恒流源电路

有很多场合不仅需要输出阻抗为零的恒流源，也需要输入阻抗为无限大的恒流源，恒流源是能够向负载提供恒定电流的电源，因此恒流源的应用范围非常广泛，并且在许多情况下是必不可少的。

例如，在用通常的充电器对蓄电池充电时，随着蓄电池端电压的逐渐升高，充电电流就会相应减少。为了保证恒流充电，必须随时提高充电器的输出电压，但采用恒流源充电后就可以不必调整其输出电压。恒流源还被广泛用于测量电路中，例如电阻器阻值的测量和分级、电缆电阻的测量等，且电流越稳定，测量就越准确。

恒流源的设计方法有多种，最简单的恒流电路是 FET 或恒流二极管，但其电流值有限且稳定度也较差。一般而言，按照恒流源电路主要组成器件的不同，可将其分为 3 类：晶体管恒流源、场效应晶体管恒流源、集成运放恒流源。

1）集成运放恒流源电路如图 2-5 所示。该类型恒流源的特征是使用运放和晶体管构成恒流源电路，其输出恒定电流为 $I_{out} = V_{ref}/R_s$。

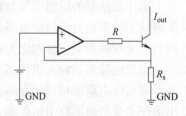

图 2-5　集成运放恒流源电路

2）晶体管恒流源电路如图 2-6 所示。这是使用稳压管与晶体管构成的恒流源电路，由于稳压管的稳压值 V_{ref} 为 2.5V，所以电源利用范围较窄。该类型恒流源电路的输出电流为 $I_{out} = V_{ref}/R_s$。

3）场效应晶体管恒流源电路如图 2-7 所示。场效应晶体管恒流源电路采用结型场效应晶体管构成恒流源电路，特点是具有超低噪声输出电流。

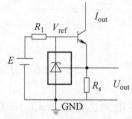

图 2-6　晶体管恒流源电路

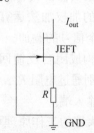

图 2-7　场效应晶体管恒流源电路

各种恒流源的特点如下。

① 由晶体管构成的恒流源广泛地用作差动放大器的射极公共电阻，或作为放大电路的有源负载，或作为偏流使用，也可以作为脉冲产生电路的充放电电流。由于晶体管参数会受温度变化影响，所以这种恒流源大多采用了温度补偿及稳压措施，或增强电流负反馈的深度以进一步稳定输出电流。

② 场效应晶体管恒流源较之晶体管恒流源，其等效内阻较小，如果增大电流负反馈电阻，场效应晶体管恒流源会取得更好的效果。而且这种恒流源不需要辅助电源，这种工作方式十分有用，可以用来代替任意一个欧姆电阻。场效应晶体管和晶体管配合使用，其恒流效果会更佳。

③ 由于温度对集成运放参数的影响不如对晶体管或场效应晶体管参数的影响显著，由集成运放构成的恒流源具有稳定性更好、恒流性能更高的优点，尤其在负载一端需要接地、要求大电流的场合，获得了广泛应用。

④ 恒流源电路既可以实现双极性控制，又可以实现差动控制，增强了其灵活性。

（4）集成运放电路

前面已经简单介绍了集成运放的几种基本电路，本节再介绍一下集成运放电路的其他用法：电压跟随器、加权加法器和电压比较器。

1）电压跟随器。电路如图 2-8 所示。顾名思义，电压跟随器是实现输出电压跟随输入电压变化的一种电子电路，即电压跟随器的电压放大倍数恒小于且接近 1。

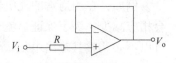

图 2-8　电压跟随器

电压跟随器在电路中起缓冲、隔离、提高带载能力的作用。共集电极电路的输入高阻抗、输出低阻抗的特性，使得它在电路中可以起到前后级阻抗匹配的作用。例如，电吉他的信号输出属于高阻，接入录音设备或者音箱时，在音色处理电路之前加入电压跟随器，会使得阻抗匹配，音色更加完美。

电压跟随器的输出电压与输入电压幅度近似，并对前级电路呈高阻状态，对后级电路呈低阻状态，因而对前后级电路起到"隔离"作用。电压跟随器常用作中间级，可以"隔离"前后级之间的影响，故称之为缓冲级。

电压跟随器的输入阻抗高、输出阻抗低的特点，可以极端一点去理解，当输入阻抗很高时，对前级电路就相当于开路；当输出阻抗很低时，对后级电路就相当于一个恒压源，即输出电压不受后级电路阻抗影响，因此电压跟随器的带载能力强。

2）加权加法器。反相放大器的一个重要应用是实现加权加法电路，如图 2-9 所示。该电路实际是一个单端输入的加法运算放大器，其特点是可实现多个信号源 V_1、V_2、$\cdots$、V_n 的加权加法运算，在信号处理电路中经常用来处理多个信号的叠加。

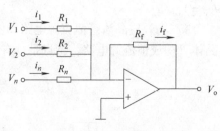

图 2-9　加权加法器电路

图 2-9 中电阻 R_f 构成闭合反馈回路，多个输入信号 V_1、V_2、$\cdots$、V_n 分别通过电阻 R_1、R_2、$\cdots$、R_n 连接到运算放大器的反相输入端。

依据理想运算放大器的工作原理可知，反相输入端为虚短，即 $V_+ = V_- = 0$，相当于接地，因此可以得到各输入电流分别为：$i_1 = \dfrac{V_1}{R_1}$，$i_2 = \dfrac{V_2}{R_2}$，$\cdots$，$i_n = \dfrac{V_n}{R_n}$。

依据理想运算放大器的工作原理可知，反相输入端为虚断，相当于开路，因此有 $i_f = i_1 + i_2 + \cdots + i_n$。

因此，由运算放大电路组成的加法器的输出电压为

$$V_o = -i_f R_f = -\left(\frac{R_f}{R_1}V_1 + \frac{R_f}{R_2}V_2 + \cdots + \frac{R_f}{R_n}V_n\right) \tag{2-4}$$

由式（2-4）可知，输出信号的大小是输入信号的加权和，因此，该电路称为加权加法器。式中的系数 $\dfrac{R_f}{R_i}$ 为对应输入信号的权重，其中 $i \in (1, 2, \cdots, n)$。通过改变电阻 R_1，R_2，$\cdots$，R_n 的取值，可以调整相应的加权系数，并且相互之间互不影响。

3）电压比较器。

电压跟随器和加权加法器的电路是运算放大器处于负反馈闭环状态，作为集成运放的线性应用，若运算放大器开环使用或引入正反馈，即可构成比较器，属于集成运放的非线性应用。电压比较器是一种常用的集成电路，它可广泛用于报警器电路、自动控制电路、测量电路，也可用于 V/F 变换电路、A-D 转换电路、电源电压监测电路及过零检测电路等。

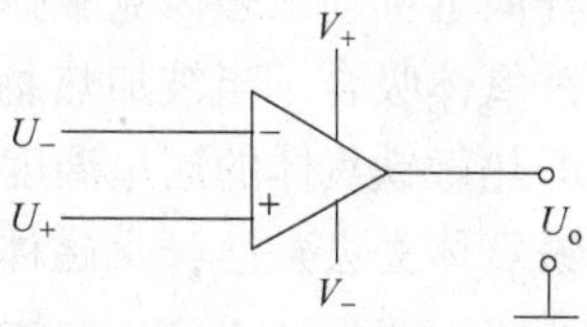

电压比较器的功能是对两个输入电压的大小进行比较，并根据比较结果输出高、低两个电平，电路如图 2-10 所示。

图 2-10　电压比较器电路

当同相端电压大于反相端电压时，即 $U_+ \geqslant U_-$ 时，$U_o \approx V_+$；当同相端电压小于反相端电压时，即 $U_+ \leqslant U_-$ 时，$U_o \approx V_-$，运算放大器工作于非线性区。

温度限位报警电路原理基于电压比较器，如图 2-11 所示。由于温度传感器经过处理电路输出的电压值 0～2V 代表的是温度值，因此采用电压比较器就可以做成温度限位报警器。

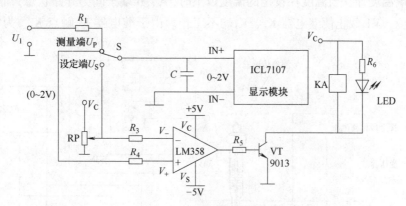

图 2-11　温度限位报警电路

工作原理如下：首先将转换开关 S 打到设定端，此时电压 U_S 接入显示模块，调节电位器 RP 设定电压值 U_S（温度值）；再将转换开关 S 打到测量端，此时电压接入显示模块显示测量温度值。若 $U_P < U_S$，即测量温度值小于温度设定值，比较器 U_P（LM358）输出负值，晶体管 VT（9013）截止，继电器（KA）不动作，发光二极管（LED）不亮；若 $U_P > U_S$，

即测量温度值大于温度设定值，比较器输出正值，晶体管 VT 饱和导通，继电器吸合有输出，同时发光二极管被点亮。

电加热器可选用热水加热棒，功率一般在 300～2000W，当待加热水的温度低于 100℃时，控制继电器 KA 动作吸合，其常开触点变成常闭触点，启动加热器；当水的温度达到 100℃时，控制继电器 KA 失电释放，常闭触点变成常开触点，停止加热器工作。

（5）简易温度传感器应用电路

1）电饭锅限温器。

电饭锅是人们日常生活中常用的一种厨房器具，其主要特点是当米饭做熟后，不需要人工关断电源，电饭锅自动分闸关断电源。实现自动温度控制功能的器件就是限温器，它主要由热敏铁氧体、永磁体、弹簧及连杆等组成，其结构图如图 2-12 所示。

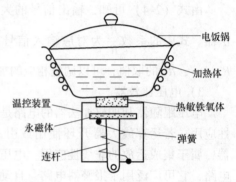

我们使用电饭锅时，在按下电源开关的同时，连杆向上推动永磁体克服弹簧的拉力，使永磁体和热敏铁氧体吸合。当被加热物体的温度超过限定的温度，即热敏铁氧体的居里温度（一般为 105℃）时，热敏铁氧体失去磁性，永磁体不再对热敏铁氧体有吸力，此时在弹簧拉力的作用下，连杆向下运动，自动切断加热电源。

图 2-12　电饭锅限温器结构图

2）压电晶体极化温度控制器。

在压电晶体生产工艺中，压电晶体只有经过极化处理，才会使晶体内的小电畴取向一致，而使其具有压电特性。为保证极化效果，通常把晶体加热到接近居里温度（如电饭锅温控开关的磁性材料为 105℃）的条件下进行极化。

如图 2-13 所示为一实用的压电晶体极化温度控制器电路原理图。温度传感器采用可调式电接点玻璃温度计，当温度在设定的温度以下时，A、B 端子间为开路状态，晶体管 VT 的基极为低电位，VT 截止使继电器 K_1、K_2 均不工作。由于继电器 K_2 触点 K_{2-1} 为常闭，加热

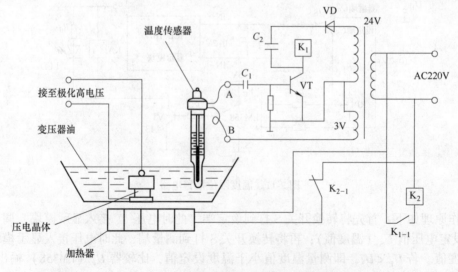

图 2-13　压电晶体极化温度控制器电路原理图

器加热。当温度达到设定温度值时，A、B 端子间为导通状态，VT 导通，继电器 K$_1$ 和 K$_2$ 均工作，K$_2$ 触点 K$_{2-1}$ 断开，加热器停止加热。

3）晶闸管无触点简易温控器。

晶闸管恒温控制器电路如图 2-14 所示，该电路采用两只单向晶闸管代替常规继电器，实现加热器无触点温度控制，具有电路简单、无电磁火花干扰等特点。

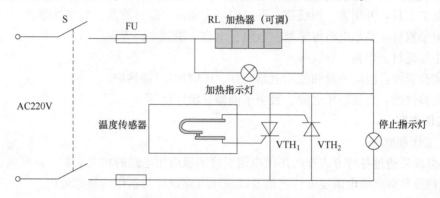

图 2-14　无触点恒温控制器电路原理图

温度传感器采用双金属温度传感器，晶闸管 VTH$_1$ 和 VTH$_2$ 的门极分别接传感器两个输出触点。当自动控温时，把控制双金属温度传感器的温度调节旋钮调到所需的温度刻度上。在设定温度的下限，双金属温度传感器的两个触点闭合，使晶闸管 VTH$_1$ 和 VTH$_2$ 在交流电正负半周内分别导通，于是给电热丝 RL 通电，使烘箱内温度升高。当温度升到设定的温度值时，双金属温度传感器触点断开，晶闸管 VTH$_1$ 和 VTH$_2$ 均处于截止状态，停止给电热丝 RL 通电，温度下降，当温度降低到规定温度的下限时，两个触点又闭合，重复上述工作过程。

该电路可作为温度控制开关控制交流负载的工作状态。

2.2　热敏电阻温度传感器应用电路的设计与制作

1. 工作目标

1）掌握热敏电阻温度传感器的工作原理、功能特点及其应用。

2）提高实践动手能力、基本技能技巧和工程应用设计水平。

3）掌握热敏电阻温度传感器应用电路的初步设计方法和步骤。

4）掌握热敏电阻温度传感器应用电路的原理设计和参数计算。

5）掌握热敏电阻温度传感器应用电路的实际制作和调试方法。

6）熟悉电路制作的工艺流程、操作规范和计算机辅助设计方法。

2. 工作内容

设计一个温度测量显示应用电路，该电路的主要功能和技术指标如下。

（1）主要功能

1）温度测量应用电路能测量和显示人体温度（35 ~ 42℃）。

2）当人体温度高于 38℃ 时红色 LED 指示灯亮。

（2）技术指标

1）适配传感器：热敏电阻；

2）温度测量范围：35~42℃；

3）温度测量精度：0.5℃；

4）温度显示方式：4位LED；

（3）实验条件

1）电工工具：万用表、剥线钳、平口钳、尖嘴钳、螺钉旋具、电烙铁等。

2）电子器材：热敏电阻传感器、电阻、电容、集成电路等。

3）主要耗材：焊锡、导线等。

4）实验套件：温度测量和控制电路套件、ICL7107、加热炉。

5）实验仪器：直流稳压电源、数字示波器、温度计等。

3. 工作方案

（1）工作调研

各小组成员通过各种方式查阅热敏电阻温度测量应用电路的相关文献，仔细阅读本节背景资料，初步掌握热敏电阻温度传感器及其应用电路设计与制作的基础理论。

（2）工作讨论

各小组根据成员所掌握的调研资料，提出各自的技术方案，组长负责全组的技术方案讨论与总结，确定本组最终实施技术方案。

（3）技术方案

电路设计方案应包括以下技术关键环节：如何把热敏电阻的参数变化转换成电压信号；如何把电压信号转换成A-D转换器ICL7107适合的范围，以便进行数字显示；如何控制温度阈值的LED指示灯的亮灭；如何进行热敏电阻传感器的灵敏度测试。制作方案主要涉及电路板的设计制作与元器件的安装调试。

4. 工作过程

根据工作内容和工作方案要求，整个工作过程应包括以下工艺流程。

1）热敏电阻温度传感器基本性能测试。

2）热敏电阻温度传感器转换和控制电路设计与参数计算。

3）热敏电阻温度传感器测量电路板制作、元器件焊接和电路检查等。

4）热敏电阻温度传感器温度测量电路板试验、电路调试和功能验证。

5）热敏电阻温度传感器温度测量电路板主要指标测试与校验。

5. 工作评价

各小组分别展示各自的制作成果，采取成员自评、小组互评和教师评价的综合方法评定每个同学的工作成绩，参考评定标准见表2-5。

表2-5　人体温度传感器测量应用电路设计与制作评分标准

评价体系	评价内容	分　值	学生自评分（20%）	小组互评分（30%）	教师评分（50%）
专业能力（70分）	查找阅读整理材料	5			
	技术实施计划方案	10			
	信号处理电路设计	5			

（续）

评价体系	评价内容	分　值	学生自评分（20%）	小组互评分（30%）	教师评分（50%）
专业能力（70分）	控制输出电路设计	5			
	印制电路板的设计	5			
	整机电路安装调试	15			
	焊接安装工艺质量	10			
	性能指标测试等级	15			
	创新思维能力（附加）				
	最佳作品奖励（附加）				
综合能力（30分）	工作学习态度	10			
	实训报告书质量	15			
	团队合作精神	5			

6. 工作总结

每组各成员编写一份热敏电阻温度测量应用电路设计与制作总结报告书，内容具体要求如下。

1）阐述各种热敏电阻温度传感器的特点、发展趋势、工作原理和应用场合。

2）论述热敏电阻传感器应用电路设计制作过程，主要包括电路设计、测量精度及测量范围。

3）报告书结构合理、文字通顺、字数在 800～1200 字。

7. 背景资料

热敏电阻是一种新型的半导体测温元件。半导体中参加导电的是载流子，由于半导体中载流子的数目远比金属中的自由电子数目少得多，所以它的电阻率大。随着温度的升高，半导体中更多的价电子受热激发跃迁到较高能级而产生新的电子空穴对，因而参加导电的载流子的数目增加了，半导体的电阻率也就降低了（电导率增加）。因为载流子的数目随温度上升按指数规律增加，所以半导体的电阻率也就随温度上升按指数规律下降。热敏电阻正是利用半导体这种载流子数随温度变化而变化的特性制成的一种温度敏感元件。当温度变化1℃时，某些半导体热敏电阻的阻值变化将达到（3～6）%。在一定条件下，根据测量热敏电阻值的变化得到温度的变化。热敏电阻的优点：温度系数比金属大（4～9 倍），电阻率大，体积小，热惯性小，适于测量点、表面温度及快速变化的温度，结构简单，机械性能好。

热敏电阻按照其温度系数可分为负温度系数热敏电阻（NTC）和正温度系数热敏电阻（PTC）两类。所谓正温度系数是指电阻的变化趋势与温度的变化趋势相同；所谓负温度系数是指温度上升时，电阻值反而下降的变化特性。

（1）NTC 热敏电阻

NTC 热敏电阻研制较早，也较成熟。最常见的是由金属氧化物组成的。如锰、钴、铁、镍、铜等多种氧化物混合烧结而成，其标称阻值（25℃）按照氧化物的比例，可以从 0.1Ω 至几兆欧范围内选择。

根据不同的用途，NTC 又可分为两大类：第一类用于测量温度，它的阻值与温度之间有严格的负指数关系，见图 2-15 中的曲线 2。指数型 NTC 的灵敏度由制造工艺、氧化物含量决定，用户可根据需要选择，其精度和一致性可达 0.1%。因此，NTC 的离散性较小，测量精度较高。例如，在 25℃时的标称阻值为 10.0Ω 的 NTC，在 -30℃时阻值高达 130kΩ；

而在 100℃ 时只有 850Ω，相差两个数量级，灵敏度很高，多用于空调、电热水器等，在 0～100℃ 范围内作测温元件。

第二类为突变型，又称临界温度型（CTR）。当温度上升到某临界点时，其电阻值突然下降，多用于各种电子电路中抑制浪涌电流。例如，在显像管的灯丝回路中串联一只突变型 NTC，可减小上电时的冲击电流。负突变型热敏电阻的温度—电阻特性见图 2-15 中的曲线 1。

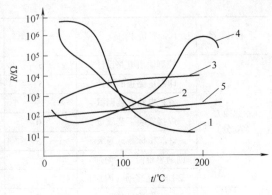

图 2-15　各种热敏电阻的特性曲线

（2）PTC 热敏电阻

典型的 PTC 热敏电阻通常是在钛酸钡中掺入其他金属离子，以改变其温度系数和临界点温度。它的温度—电阻特性呈非线性，见图 2-15 中的曲线 4。它在电子电路中多起限流、保护作用。当流过 PTC 的电流超过一定限度或 PTC 感受到的温度超过一定限度时，其电阻值突然增大。例如，电视机显像管的消磁线圈上就串联了一只 PTC 热敏电阻，大功率的 PTC 型陶瓷热敏电阻还可以用于电热暖风机。当 PTC 的温度达到设定值（例如 210℃）时，PTC 的阻值急剧上升，流过 PTC 的电流减小，使暖风机的温度基本恒定于设定值上，提高了安全性。

在铂热电阻的测温范围内，其阻值与温度之间近似呈线性关系，见图 2-15 中的曲线 5。近年来还研制出掺有大量杂质的 Si 单晶 PTC。它的电阻变化接近线性，见图 2-15 中的曲线 3，其最高工作温度上限约为 140℃。

（3）结构与应用

热敏电阻结构简单，可根据使用要求封装加工成各种形状的探头，如圆片形、柱形、珠形、铠装型、薄膜型、厚膜型等，如图 2-16 所示。

　a）圆片形热敏电阻　　b）柱形热敏电阻　　c）珠形热敏电阻　　d）厚膜型热敏电阻　　e）图形符号

图 2-16　热敏电阻的外形结构及图形符号

由于热敏电阻结构简单，价格低廉，因此广泛应用于各个领域。

1）用于测温

没有外面保护层的热敏电阻只能应用在干燥的地方；密封的热敏电阻不怕湿气的侵蚀，可以使用在较恶劣的环境下。由于热敏电阻的阻值较大，故其连接导线的电阻和接触电阻可以忽略，因此可应用于远距离温度测量。

2）用于温度补偿

热敏电阻可在一定的温度范围内对某些元器件温度进行补偿。例如，动圈式仪表表头中的动圈由铜线绕制而成，温度升高，电阻增大，引起温度的误差。因而可以在动圈的回路中将负温度系数的热敏电阻与锰铜丝电阻并联后再与被补偿元器件串联,从而抵消由于温度变化所产生的误差。在晶体管电路中,也常用热敏电阻组成温度补偿电路,补偿由于温度变化引起的漂移误差。

3）用于过热保护

过热保护分为直接保护和间接保护。对小电流场合,可把热敏电阻直接串入负载中,防止过热损坏以保护元器件;对大电流场合,可用于继电器、晶体管电路等的保护。不论哪种情况,热敏电阻都与被保护元器件紧密结合在一起,从而使二者之间充分进行热交换,一旦过热,热敏电阻就会起保护作用。

给 NTC 热敏电阻施加一定的加热电流,它的表面温度将高于周围的空气温度,此时它的阻值较小。当液面高于它的安装高度时,液体将带走它的热量,使之温度下降、阻值升高。判断它的阻值变化,就可以知道液面是否低于设定值,汽车油箱中的油位报警传感器就是利用以上原理制作的。热敏电阻在汽车中还用于测量油温、冷却水温等。

（4）常用测量电路

1）直流电桥电路。

热敏电阻电桥测量电路如图 2-17 所示。图中 R_1、R_2、R_3 和 RP_1 的阻值要根据热敏电阻 R_T 的阻值进行选择,其中可调电阻 RP_1 用于电桥调零。

2）直接测量电路。

热敏电阻直接测量电路如图 2-18 所示。该电路结构简单,但测量精度低,特点是当 RP_1 的阻值与 R_T 静态阻值相等时测量精度最高。

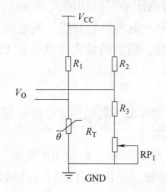

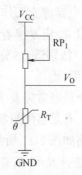

图 2-17　热敏电阻电桥测量电路　　　　图 2-18　热敏电阻直接测量电路

3）频率法测量电路。

热敏电阻频率法测量电路如图 2-19 所示。它是应用 NE555 集成电路芯片构成无稳态电路,即多谐振荡电路,通过测量 V_O 产生方波的周期来测量电阻值的变化量,该方法要求有一定的数字信号处理的技能。

由 NE555 集成电路构成的多谐振荡电路,其振荡周期为:$T = 0.722/R_T C$。

以上几种方法只是具有代表性,并不是测量电路的全部方法。具体采用什么样的方法要根据测量对象和测量精度进行选择,同时要考虑可行性和经济性。

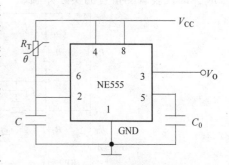

图 2-19　热敏电阻频率法测量电路

（5）基于热敏电阻的应用电路

1）电热杯恒温器。

电热杯恒温器电路如图 2-20 所示。由 C_1、C_2、$VD_1 \sim VD_4$ 组成简易的电容降压稳压电路，供恒温器作为电源使用。由集成电路 IC、$R_2 \sim R_4$、RP_1 及热敏电阻 R_T 组成温度检测电路，由 VT_1 及继电器 K 组成控制电路，通过继电器 K 的常开触点控制电热杯热丝的加热。

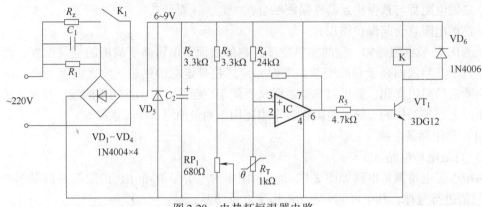

图 2-20　电热杯恒温器电路

当电热杯水温低于由电位器 RP_1 设定的温度时，IC 同相输入端电压大于反相输入端电压，IC 输出高电平，VT_1 导通，继电器 K 吸合，电热杯通电加热；当水温加热到设定的温度时，由于热敏电阻 R_T 阻值减小，使 IC 同相输入端电压小于反相输入端电压，IC 输出低电平，VT_1 截止，使继电器停止工作，K_1 触点释放，停止电热杯的加热，使电热杯的水温基本保持恒定。热敏电阻 R_T 应紧挨着电热杯的板壁设置，温度的设定由电位器 RP_1 完成，其设定范围为 $40 \sim 55℃$，特别适合奶液的加热。

2）人体电子体温计。

在医学中，一个最经常需要了解的数据就是人的体温。利用热敏电阻温度传感器和运算放大器便可组成一个有足够测量精度的医用电子体温计。

电子体温计电路如图 2-21 所示。热敏电阻 R_T 和 R_1、R_2、R_3 及 RP 组成一个测温电桥。在温度为 $20℃$ 时，选择 R_1 和 R_3 并调节 RP 使电桥平衡。当温度升高时，热敏电阻的阻值变小，电桥处于不平衡状态，电桥输出的不平衡电压由运算放大器放大，放大后的不平衡电压引起接在运算放大器反馈电路中的微安表产生相应偏转，该偏转角度的大小与人体温度相对应，即代表着测量者的实际体温。

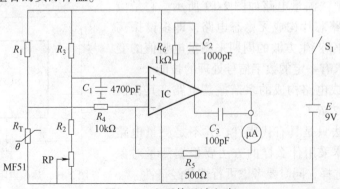

图 2-21　电子体温计电路

MF51 系列热敏电阻是一种采用新工艺、新材料生产的小芯片玻璃封装球形 NTC 热敏电阻，具有体积小、测试精度高、速度快、稳定可靠、互换性和一致性好等特点，已广泛应用于空调、暖气设备、电子体温计、汽车电子、电子台历等领域。

3）设备过载保护器。

如果在热敏铁氧体磁环中绕上线圈，其一次线圈串入设备供电的电源电路中，二次线圈产生的感应电压用于控制继电器，这就可以组成一个设备过载保护器，如图 2-22 所示。

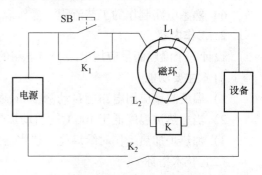

当设备正常工作时，通过线圈的电流值处于正常的使用范围，线圈 L_1 产生的热量不会使热敏铁氧体磁环失去磁性，线圈 L_2 产生的感应电压可保证控制继电器 K 正常工作。当设备电流超出正常使用范围发生过载现象时，线圈 L_1 产生的热量

图 2-22　设备过载保护器原理图

超过热敏铁氧体磁环的居里温度 T_c，磁环失去磁性，二次线圈 L_2 上将无感应电压输出，控制继电器 K 失电后使继电器触点 K_1 断开，从而切断设备供电电源，起到过载保护作用。

4）谷物温度测量仪。

在粮食存储和运输过程中，常常把谷物装在麻袋中，为检查谷物的情况，需要对袋内谷物的温度进行测量。该测量仪是一个专门用于袋内谷物温度测量的简单仪器，其温度测量范围为 $-10 \sim 70℃$，精度为 $\pm 2℃$。测量仪由探针、电桥及电源等组成，测温传感器热敏电阻装在探针的头部，由铜保护帽将被测谷物的温度传给热敏电阻。

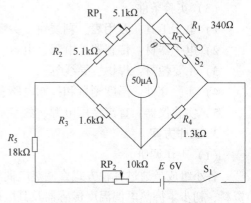

测量仪的基本工作原理是，在温度改变时，接在电桥一个臂中的热敏电阻的阻值将会发生变化，使电桥失去平衡，接于电桥一对角线上的直流微安表即指示出相应的温度。谷物温度测量仪的电路如图 2-23 所示。

图 2-23　谷物温度测量仪电路

热敏电阻 R_T 构成测量电桥的一个臂（开关置于测量位置），在其他桥臂中接入电阻 R_3、R_4、R_2 和 RP_1。电桥的一对角线接入电流表，另一对角线经电阻 R_5、RP_2 和开关 S_1 接入电源。可变电阻 RP_1 的作用是在 $-10℃$ 时调整电桥的平衡。电阻 R_1 的阻值等于 $+70℃$ 时热敏电阻 R_T 的阻值，用于校准仪器。校准时将开关 S_2 放置在校准档位（电阻 R_1 端位置），调节电位器 RP_1，使表头指针对准 $+70℃$ 的刻度。

2.3　热电偶温度传感器应用电路的设计与制作

1. 工作目标

1）掌握热电偶温度传感器的工作原理、技术参数、功能特点及其应用。

2）提高实践动手能力、基本技能技巧和工程应用设计水平。

3）掌握热电偶温度传感器应用电路的初步设计方法和步骤。

4）掌握热电偶温度传感器应用电路的原理设计和参数计算。

5）掌握热电偶温度传感器应用电路的实际制作和调试方法。

6）熟悉电路制作的工艺流程、操作规范和计算机辅助设计方法。

2. 工作内容

设计一个温度测量应用电路，该电路的主要功能和技术指标如下。

（1）主要功能

1）温度测量应用电路能自动测量和显示加热炉的温度值（室温至200℃）。

2）当加热炉温度低于100℃时启动加热，温度达到100℃时停止加热。

3）加热炉加热工作时绿灯亮，热水器停止加热时红灯亮。

（2）技术指标

1）适配传感器：热电偶K。

2）温度测量范围：室温至200℃。

3）温度测量精度：1℃。

4）温度显示方式：4位LED。

5）继电器触点容量：DC12V/5A。

6）电源供电方式：AC220V/50Hz。

（3）实验条件

1）电工工具：万用表、剥线钳、尖嘴钳、螺钉旋具、电烙铁等。

2）电子器材：传感器、电阻、电容、集成电路、继电器等。

3）主要耗材：焊锡、导线等。

4）实验套件：温度测量和控制电路套件、ICL7107、加热炉。

5）实验仪器：直流稳压电源、数字示波器、温度计等。

3. 工作方案

（1）工作调研

各小组成员通过各种方式查阅热电偶温度测量应用电路的相关文献，仔细阅读本节背景资料，初步掌握热电偶温度传感器及其应用电路设计与制作的基础理论。

（2）工作讨论

各小组根据成员所掌握的调研资料，提出各自的技术方案，组长负责全组的技术方案讨论与总结，确定本组最终实施技术方案。

（3）技术方案

主要包括加热炉温度测量应用电路的设计方案和制作方案。电路设计方案应包括以下技术关键环节：如何把热电偶的参数变化转换成电压信号；如何把电压信号转换成A-D转换器ICL7107适合的范围，以便进行数字显示；如何实现温度上限的继电器控制输出和LED指示灯的亮灭；热电偶传感器的灵敏度测试。制作方案主要涉及电路板的设计制作与元器件的安装调试。

4. 工作过程

根据工作内容和工作方案要求，整个工作过程应包括以下工艺流程。

1）热电偶温度传感器基本性能测试。

2）热电偶温度传感器转换电路设计与参数计算。

3）信号放大和调零电路设计与参数计算。

4）继电器控制输出电路设计与参数计算。

5）热电偶温度传感器测量电路板制作、元器件焊接和电路检查等。

6）热电偶温度传感器温度测量电路板通电试验、电路调试和功能验证。

7）热电偶温度传感器温度测量电路板主要指标测试与校验。

5. 工作评价

各小组分别展示各自的制作成果，采取成员自评、小组互评和教师评价的综合方法评定每个同学的工作成绩，参考评定标准见表2-6。

表 2-6　加热炉温度传感器测量应用电路设计与制作评分标准

评价体系	评价内容	分　值	学生自评分 （20%）	小组互评分 （30%）	教师评分 （50%）
专业能力 （70分）	查找阅读整理材料	5			
	技术实施计划方案	10			
	处理电路设计	5			
	控制输出电路设计	5			
	印制电路板的设计	5			
	整机电路安装调试	15			
	焊接安装工艺质量	10			
	性能指标测试等级	15			
	创新思维能力（附加）				
	最佳作品奖励（附加）				
综合能力 （30分）	工作学习态度	10			
	实训报告书质量	15			
	团队合作精神	5			

6. 工作总结

每组各成员编写一份热电偶温度测量应用电路总结报告书，要求如下。

1）阐述各种热电偶温度传感器的特点、工作原理和应用场合。

2）论述热电偶温度传感器应用电路的设计制作过程。

3）如何实现测量温度上限和下限的区间控制。

7. 背景资料

（1）热电偶简介

1）工作原理。

热电偶温度传感器是一种感温元件，也是一种仪表。它直接测量温度，并把温度信号转换成热电动势信号，通过电气仪表（二次仪表）转换成被测介质的温度。热电偶测温的基本原理是两种不同材质导体组成闭合回路，当两端存在温度梯度时，回路中就会有电流通过，此时两端之间就存在电动势——热电动势，这就是所谓的塞贝克效应。

热电偶实际上是一种能量转换器，它将热能转换为电能，用所产生的热电动势测量温度。两种不同成分的均质导体为热电极，温度较高的一端为工作端，一般用作测量介质温度，也称为测量端；温度较低的一端为自由端，通常处于某个恒定的温度下。热电偶的测温范围较宽，一般在 – 200 ~ 1300℃，特殊情况下为 – 270 ~ 2800℃。

当热电偶的两个热电偶丝材料确定后，热电偶所能产生的电动势的大小只与热电偶的温度差有关；若热电偶冷端的温度保持一定，热电偶的热电动势仅是工作端温度的单值函数。将两种不同材料的导体或半导体 A 和 B 焊接起来，构成一个闭合回路，如图 2-24 所示。当导体 A 和 B 的两个接合点之间存在温差时，两者之间便产生与温差成比例的热电动势，因而在回路中形成热电流，该电流可直接驱动二次仪表显示被测介质温度值。

a）热电偶   b）连接导线   c）显示仪表

图 2-24   热电偶回路及测温示意图
1—热电偶   2—传输导线   3—显示仪表

热电偶测量温度时要求其冷端的温度保持不变，其热电动势大小才与测量温度呈一定的比例关系。若测量时，冷端的（环境）温度变化，将严重影响测量的准确性，因此应在冷端采取一定措施补偿由于冷端温度变化造成的影响。

2）结构特点。

工业热电偶作为测量温度的传感器，通常和显示仪表、记录仪表和电子调节器配套使用，它可以直接测量各种生产过程中 0 ~ 1800℃ 范围的液体、蒸汽和气体介质以及固体表面的温度。

装配式热电偶是由感温元件（热电偶芯）、不锈钢保护管、接线盒以及各种用途的固定装置组成的。

铠装式热电偶比装配式热电偶具有外径小、可任意弯曲、抗震性强等特点，适宜安装在装配式热电偶无法安装的场合，它的外保护管采用不同材料的不锈钢管，内充满高密度氧化物质绝缘体，非常适合安装在环境恶劣的场所。

隔爆式热电偶通常用于生产现场伴有各种易燃、易爆等化学气体的场所。

热电偶的主要种类区别在其热电偶芯（两根偶丝）的材质不同，它所输出的电动势也不同。热电偶的主要种类及性能参数见表 2-7。

表 2-7   热电偶的主要种类及性能参数

名　　称	型号（代号）	分　度　号	测温范围/℃	允许偏差/℃
镍铬-镍硅	WRN	K	0 ~ 1200	±2.5
镍铬-铜镍	WRE	E	0 ~ 900	±2.5
铂铑 10-铂	WRP	S	0 ~ 1600	±1.5
铂铑 30-铂铑 6	WRR	B	600 ~ 1700	±1.5
铜-铜镍	WRC	T	– 40 ~ 350	±1.0
铁-铜镍	WRF	J	– 40 ~ 750	±2.5

　　根据热电动势与温度的函数关系可制成热电偶分度表，分度表是自由端温度在 0℃ 时的条件下得到的，不同的热电偶具有不同的分度表。表 2-8 为 K 型镍铬分度表。

表 2-8　K 型镍铬 – 镍硅（镍铬 – 镍铝）分度表

温度/℃	0	− 1	− 2	− 3	− 4	− 5	− 6	− 7	− 8	− 9
− 50	− 1.889	− 1.925	− 1.961	− 1.996	− 2.032	− 2.067	− 2.102	− 2.137	− 2.173	− 2.208
− 40	− 1.527	− 1.563	− 1.6	− 1.636	− 1.673	− 1.709	− 1.745	− 1.781	− 1.817	− 1.853
− 30	− 1.156	− 1.193	− 1.231	− 1.268	− 1.305	− 1.342	− 1.379	− 1.416	− 1.453	− 1.49
− 20	− 0.777	− 0.816	− 0.854	− 0.892	− 0.93	− 0.968	− 1.005	− 1.043	− 1.081	− 1.118
− 10	− 0.392	− 0.431	− 0.469	− 0.508	− 0.547	− 0.585	− 0.624	− 0.662	− 0.701	− 0.739
0	0	− 0.039	− 0.079	0.118	− 0.157	− 0.197	0.236	− 0.275	− 0.314	− 0.353

	0	1	2	3	4	5	6	7	8	9
0	0	0.039	0.079	0.119	0.158	0.198	0.238	0.277	0.317	0.357
10	0.397	0.437	0.477	0.517	0.557	0.597	0.637	0.677	0.718	0.758
20	0.798	0.838	0.879	0.919	0.96	1	1.041	1.081	1.122	1.162
30	1.203	1.244	1.285	1.325	1.366	1.407	1.448	1.489	1.529	1.57
40	1.611	1.652	1.693	1.734	1.776	1.817	1.858	1.899	1.94	1.981
50	2.022	2.064	2.105	2.146	2.188	2.229	2.27	2.312	2.353	2.394
60	2.436	2.477	2.519	2.56	2.601	2.643	2.684	2.726	2.767	2.809
70	2.85	2.892	2.933	2.875	3.016	3.058	3.1	3.141	3.183	3.224
80	3.266	3.307	3.349	3.39	3.432	3.473	3.515	3.556	3.598	3.639
90	3.681	3.722	3.764	3.805	3.847	3.888	3.93	3.971	4.012	4.054
100	4.095	4.137	4.178	4.219	4.261	4.302	4.343	4.384	4.426	4.467
110	4.508	4.549	4.59	4.632	4.673	4.714	4.755	4.796	4.837	4.878
120	4.919	4.96	5.001	5.042	5.083	5.124	5.164	5.205	5.246	5.287
130	5.327	5.368	5.409	5.45	5.49	5.531	5.571	5.612	5.652	5.693
140	5.733	5.774	5.814	5.855	5.895	5.936	5.976	6.016	6.057	6.097
150	6.137	6.177	6.218	6.258	6.298	6.338	6.378	6.419	6.459	6.499
160	6.539	6.579	6.619	6.659	6.699	6.739	6.779	6.819	6.859	6.899
170	6.939	6.979	7.019	7.059	7.099	7.139	7.179	7.219	7.259	7.299

温度/℃	0	1	2	3	4	5	6	7	8	9
180	7.338	7.378	7.418	7.458	7.498	7.538	7.578	7.618	7.658	7.697
190	7.737	7.777	7.817	7.857	7.897	7.937	7.977	8.017	8.057	8.097
200	8.137	8.177	8.216	8.256	8.296	8.336	8.376	8.416	8.456	8.497
210	8.537	8.577	8.617	8.657	8.697	8.737	8.777	8.817	8.857	8.898
220	8.938	8.978	9.018	9.058	9.099	9.139	9.179	9.22	9.26	9.3
230	9.341	9.381	9.421	9.462	9.502	9.543	9.583	9.624	9.664	9.705
240	9.745	9.786	9.826	9.867	9.907	9.948	9.989	10.029	10.07	10.111
250	10.151	10.192	10.233	10.274	10.315	10.355	10.396	10.437	10.478	10.519
260	10.56	10.6	10.641	10.882	10.723	10.764	10.805	10.848	10.887	10.928
270	10.969	11.01	11.051	11.093	11.134	11.175	11.216	11.257	11.298	11.339
280	11.381	11.422	11.463	11.504	11.545	11.587	11.628	11.669	11.711	11.752
290	11.793	11.835	11.876	11.918	11.959	12	12.042	12.083	12.125	12.166
300	12.207	12.249	12.29	12.332	12.373	12.415	12.456	12.498	12.539	12.581

（2）热电偶冷端补偿

为了维持热电偶传感器系统的精度，参考接点必须处于严格限定的温度。在实际应用中，当环境参考温度发生变化时，必须引入冷端补偿技术。

实际应用时，由于热电偶参比端的接线盒通常暴露在空气中，温度变化较大，如不采取措施，接线盒内的温度既不可能为零，也不可能保持某个温度恒定不变，因此会引起测量误差。由此可见，关键在于如何对热电偶的参比端温度进行补偿。目前有多种参比端补偿方法，如恒温法、补偿电桥法、补偿热电偶法、补偿导线法等，但最常用的就是补偿导线法。

在一定温度范围内，热电性能与热电偶热电性能很相近的导线称为热电偶的补偿导线。按热电偶中间温度定则，热电偶测温回路的总电动势值只与热端和参比端的温度有关，而不受中间温度变化的影响，所以可用与热电偶材料相匹配的补偿导线来代替需要延伸的贵重热电偶材料，将参比端由热电偶接线盒延伸到仪表接线端，由补偿导线对原参比端温度进行补偿。

另一种是冷端恒温法，一般热电偶定标时冷端温度以 0℃ 为标准。因此，常常将冷端置于冰水混合物中，使其温度保持为恒定的 0℃。在实验室条件下，通常把冷端放在盛有绝缘油的试管中，然后再将其放入装满冰水混合物的保温容器中，使冷端温度保持 0℃。

（3）热电偶接口电路

由于热电偶只产生毫伏级输出，信号比较微弱，因此要对输出信号采取线性放大。一般采用高精度集成运放电路，可将输出信号放大至满足下级电路要求。如图 2-25 所示，采用的放大电路可将输出信号放大 100 倍。

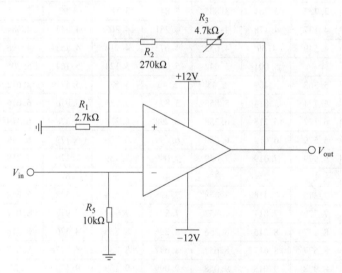

图 2-25　热电偶接口电路

采用电子冷端补偿是非常有效的做法。如图 2-26 所示，R_1 为上拉电阻，一方面产生了偏置，有效改善运放的输入失调；另一方面起"断偶报警"作用，因为热电偶长期使用老化开裂后会呈开路形式，由 R_1 将输入拉高，超越了正常输入范围，同时为防止对电动势的影响，通常 R_1 不小于 20MΩ。R_2、C_1 组成一阶低通滤波器。VR_1 用于调整 0 输入时的静态偏差，而 R_4、VR_2 与 R_3 决定同相放大器的环路放大倍数。输出电压的比例因子取决于电路中 R_5、VR_3、R_6 的分压比。对照热电偶的温度系数，适当调整 VR_3，便可实现冷端受环境温度变化的完全补偿。

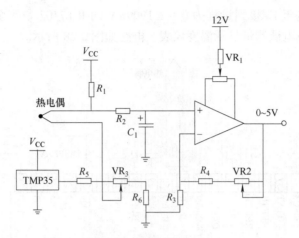

图 2-26　热电偶补偿电路

（4）基于热电偶的温度测量应用电路

实际热电偶测量电路如图 2-27 所示，主要由分度号 K 型热电偶、运算放大器和 ICL7107 数字显示器组成。该仪表测温范围为 0 ~ 300℃，线性度较好，测量精度较高。

由于热电偶温度传感器输出信号比较微弱，因此一般采用高输入阻抗放大器放大信号，输出信号接入 ICL7107 数字显示模块，直接显示出被测量温度值。

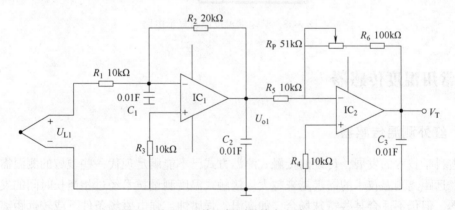

图 2-27　热电偶测量放大电路

第一级 LM324 反相放大电路的增益公式为

$$U_{o1} = -R_2 \frac{U_{L1}}{R_1} = -2U_{L1} \tag{2-5}$$

第二级 LM324 反相放大电路的增益公式为

$$V_T = U_o = -(R_P + R_6)\frac{U_{o1}}{R_5} = -\frac{R_P + 100}{10}U_{o1} \tag{2-6}$$

根据两级放大电路增益公式，代入电路元件参数计算，放大电路总增益为 20 ~ 30，其中可调电阻 RP 用于调节增益。由于选用的热电偶（K）测温范围为 0 ~ 300℃，对应的热电动势变化范围是 0 ~ 12.2mV，因此经过两级放大电路的输出电压可以调整为 0 ~ 300mV，基本上每 1mV 代表着 1℃。

将热电偶输出电压 V_T 接到量程为 0 ~ ±1999mV 的 ICL7107 数字显示器输入端 U_{IN}，即可构成一个完整的热电偶测量显示温度仪表，电路如图 2-28 所示。

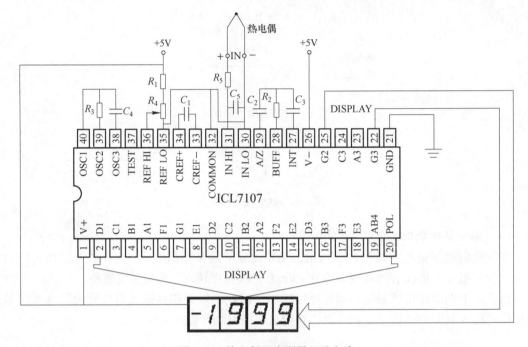

图 2-28　热电偶温度测量显示电路

2.4　常用温度传感器

2.4.1　红外测温传感器

随着科学技术的发展，传统的接触式测温方式已不能满足现代一些领域的测温需求，对非接触、远距离测温技术的需求越来越大。接触式温度测量技术经过相当长时间的发展已接近于成熟，但仍不适合某些特殊场合，如高温、强腐蚀、强电磁场条件下或较远距离的温度测量。

非接触式红外测温也叫辐射测温，一般使用热电型或光电探测器作为检测元件。此温度测量系统比较简单，可以实现大面积的测温，也可以是被测物体上某一点的温度测量；可以是便携式，也可以是固定式，并且使用方便；它的制造工艺简单，成本较低，测温时不接触被测物体，具有响应时间短、不干扰被测温度分布场、使用寿命长、操作方便等一系列优点，但利用红外辐射测量温度也必然受到物体发射率、测温距离、烟尘和水蒸气等外界因素的影响，其测量误差较大。

在这种温度测量技术中红外温度传感器的选择是非常重要的，采用红外温度传感器的温度测量技术，具有温度分辨率高、响应速度快、不扰动被测目标温度分布场、测量精度高和稳定性好等优点。另外，红外温度传感器的种类较多，发展非常快，技术比较成熟。

红外温度传感器按照测量原理可以分为两类：光电红外温度传感器和热电红外温度传感器。热电红外温度传感器是利用红外辐射的热效应，通过温差电效应、热释电效应和热敏电阻等来测量所吸收的红外辐射，间接地测量辐射红外光物体的温度。红外测温仪的测温原理是黑体辐射定律，众所周知，自然界中一切高于绝对零度的物体都在不停地向外辐射能量，物体向外辐射能量的大小及其按波长的分布与它的表面温度有着十分密切的联系，物体的温度越高，所发出的红外辐射能力越强。黑体的光谱辐射度由普朗克公式确定，如图 2-29 所示是不同温度下的黑体光谱辐射度图。

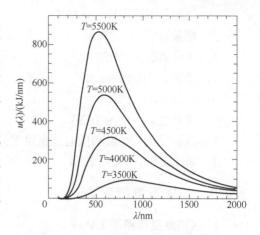

图 2-29　不同温度下的黑体光谱辐射度图

从图 2-29 中曲线可以看出，黑体辐射具有以下几个特征。

1）在任何温度下，黑体的光谱辐射度都随着波长连续变化，每条曲线只有一个极大值。

2）随着温度的升高，与光谱辐射度极大值对应的波长减小。这表明随着温度的升高，黑体辐射中的短波长辐射所占比例增加。

3）随着温度的升高，黑体辐射曲线全面提高，即在任一指定波长处，与较高温度相应的光谱辐射度也较大，反之亦然。

依据测温原理的不同，红外测温仪的设计有 3 种方法：通过测量辐射物体的全波长的热辐射来确定物体的辐射温度的称为全辐射测温法；通过测量物体在一定波长下的单色辐射亮度来确定它的亮度温度的称为亮度测温法；通过被测物体在两个波长下的单色辐射亮度之比随温度变化来定温的称为比色测温法。

全辐射测温法辐射信号很弱，而且结构简单，成本较低，但它的测温精度稍差，受物体辐射率影响大。亮度测温法不需要环境温度补偿，发射率误差较小，测温精度高，但工作于短波区，只适于高温测量。比色测温法的光学系统可局部遮挡，受烟雾灰尘影响小，测温误差小，但必须选择适当波段，使波段的发射率相差不大。

2.4.2　红外测温仪

红外测温仪的测温原理是将物体发射的红外线具有的辐射能转变成电信号，红外线辐射能的大小与物体本身的温度相对应，根据转变成的电信号大小可以确定物体的温度。红外测温仪属于非接触式测温仪，可以从安全的距离测量一个物体的表面温度，广泛应用于不方便或不适宜接触的物体温度测量。

红外测温仪由光学系统、光电探测器、信号放大器及信号处理、显示输出等部分组成。光学系统汇聚其视场内的目标红外辐射能量，视场的大小由测温仪的光学零件及其位置确定。这里介绍一款国内手持便携式红外测温仪，产品外形如图 2-30 所示。

SMART AR882 手持便携式红外测温仪的主要功能和技术指标如下。

图 2-30　手持便携式红外测温仪

1）测温范围：-18～1650℃。

2）测量精度：±2%。

3）测量物距比：50∶1。

4）发射率：0.10～1.00。

5）分辨率：0.1℃。

6）供电电源：电池 DC9V。

7）报警功能：高温和低温键盘设置。

8）通信接口：RS232 接口。

2.4.3 集成温度传感器

1. 模拟温度传感器 LM35

LM35 是由 National Semiconductor 所生产的一种集成温度传感器，其输出电压为模拟信号，并与摄氏温标呈良好的线性关系，温度每升高 1℃，输出电压增加 10mV，测量范围一般在 -40～100℃，适用于低温度、高精度场合使用。LM35 有多种不同封装形式，如图 2-31 所示。

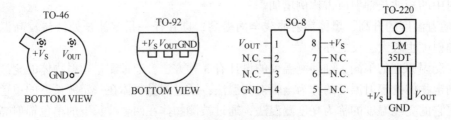

图 2-31　LM35 的不同封装形式

温度传感器 LM35 的电源供应模式有单电源与正负双电源两种，供电电压范围较宽，一般在 4～30V。传感器 LM35 的线性度好、灵敏度高，应用电路设计比较方便。

（1）主要特性

1）线性度系数：+10.0mV/℃。

2）测量精度：0.5℃（在 25℃时）。

3）测温范围：-55～150 ℃。

4）工作电压：DC4～30V。

5）静态电流：小于 60μA。

6）输出阻抗：0.1Ω（通过 1mA 电流时）。

（2）典型应用电路

1）基本温度测量电路。

LM35 应用电路如图 2-32 所示，该电路采用对称双电源供电，测温范围为 -55～150℃。当温度为 -55℃时，输出电压 -550mV；温度为 25℃时，输出电压为 250mV；温度为 150℃时，输出电压为 1500mV。

2）数字表直接读取测量电路。

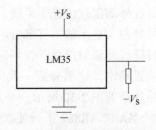

图 2-32　LM35 测量温度基本电路

利用数字电压表可直接测量温度值电路,如图 2-33 所示,该电路可直接测得 2 ~ 150℃ 的温度,如室温 25℃时,数字电压表读数为 0.25V,表示温度值为 25℃。

3)单电源测温电路。

当没有正负双电源时,可采用如图 2-34 所示单电源测量电路。

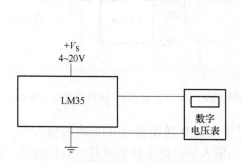

图 2-33 利用数字电压表直接测量电路

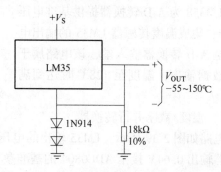

图 2-34 单电源测量正负温度电路

4)远距离温度测量电路。

电路如图 2-35 所示,该电路可实现远距离测温,测温范围为 2 ~ 40℃。电路中传输线应 采用双绞线,电压输出值为:$1(\mathrm{mV/℃}) \times (T_A + 1℃)$,$T_A$ 为环境温度。

5)温度变送器电路

电路如图 2-36 所示,在温度 0℃时调整电位器,使输出电流为 4mA。该电路可实现将温 度变化变换成相应的电流输出,即 0 ~ 100℃的温度变化,对应着 4 ~ 20mA 电流输出,一般 把这种装置称为温度变送器。

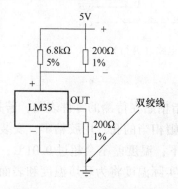

图 2-35 LM35 遥测温度电路

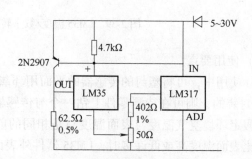

图 2-36 LM35 温度变送器电路

6)温度/频率变换电路。

变换电路如图 2-37 所示,该电路 可以与单片机接口,较 A-D 转换电路 简单。温度传感器的输出电压接 V/F 变换器 LM131 的 7 脚,使温度在 2 ~ 150℃的变化范围内输出相应的频率为 20 ~ 1500Hz。电路调整需要在温度为 150℃时调整 5kΩ 电位器,使得该温度 时对应的输出频率为 1500Hz。

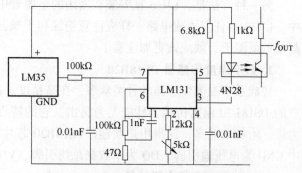

图 2-37 LM35 频率变换及隔离输出电路

7) 温度/数字串行转换器。

集成温度传感器 LM35 与 A-D 转换器 ADC08031 可组成串行温度/数字转换器，电路如图 2-38 所示。电路中可调稳压器 LM358 为 A-D 转换器提供基准电压 1.28V，集成温度传感器 LM35 的输出电压接至 A-D 转换器输入端，该电路属于串行数据输出，温度至 128℃时达到满量程。

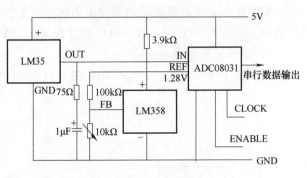

图 2-38 LM35 温度/数字转换器电路（串行）

8) 温度/数字并行转换器。

电路如图 2-39 所示。LM35 输出的电压信号接入 A-D 转换器 ADC0804 的输入端，电压跟随器输出 0.64V 接至 ADC0804 的基准参考电压输入端，该电路属于并行数据输出，温度至 128℃时达到满量程。

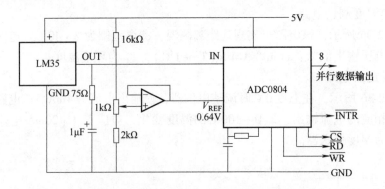

图 2-39 LM35 温度/数字转换器电路（并行）

（3）使用要点

实际使用中，可将塑封的传感器的平面用环氧树脂粘贴在待测的零件表面，若是 TO – 46 金属封装的，则可在待测零件上钻一个与传感器管帽相当的孔，用胶粘牢，安装十分简单。在假定环境空气温度与表面温度总是相同的前提下，温度差不会超过 0.01℃；如果环境温度比表面温度高或低许多时，LM35 器件外表面的实际温度将为环境温度和表面温度之间的温度。

另一种方法是，LM35 被安装在密闭的金属管中，然后浸入一个槽中或拧入槽的螺纹孔中。LM35 与任何集成电路一样应注意绝缘和干燥，以防止漏电和腐蚀，特别是在可能发生凝结的低温下，就应该更加注意了。

2. 数字温度传感器 DS18B20

集成数字温度传感器的种类众多，在高精度、高可靠性的应用场合中，DALLAS 公司生产的 DS18B20 温度传感器性能尤为突出。它的特点是体积小、价格低、精度高、抗干扰能力强、附加功能多，深得用户欢迎。DS18B20 芯片封装结构和实物外形如图 2-40 所示，其中 GND 为电压地引脚、DQ 为单数据总线引脚、VDD 为电源电压正极引脚、NC 为空引脚。

（1）DS18B20 的主要特征

1）全数字温度转换及输出。

2）先进的单总线数据通信。

3）最高 12 位分辨率，精度可达 ±0.5℃。

4）12 位分辨率时的最大工作周期为 750ms。

5）可选择寄生工作方式。

6）检测温度范围为 – 55～125℃。

7）内置 EEPROM，具有限温报警功能。

8）64 位光刻 ROM，内置产品序列号，方便多

机挂接。

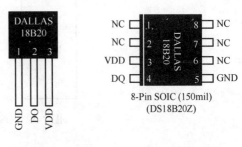

图 2-40　DS18B20 封装结构和实物外形

（2）DS18B20 的主要特点

1）采用单总线的接口方式，具有经济性好、抗干扰能力强和使用方便等优点，仅需要一条接口线即可实现微处理器与 DS18B20 的双向通信，适合于恶劣环境的现场温度测量，用户可轻松地组建传感器网络。

2）DS18B20 测量温度范围宽，一般为 – 55～125℃；测量精度高，测量分辨率可通过程序设定为 9～12 位。

3）供电方式灵活。DS18B20 可以通过内部寄生电路从数据线上获取电源，可以不接外部电源，从而使系统结构更简单，可靠性更高。

4）掉电保护功能。DS18B20 内部含有 EEPROM，在系统掉电以后，它仍可保存分辨率及报警温度的设定值。

（3）DS18B20 的内部结构

DS18B20 主要由 4 部分组成：64 位 ROM、温度传感器、温度报警触发器和配置寄存器。ROM 中的 64 位序列号是出厂前被光刻好的，它可以看作是 DS18B20 的地址序列码，每个 DS18B20 的 64 位序列号均不相同。ROM 的作用是使每一个 DS18B20 都各不相同，实现一根总线上挂接多个 DS18B20 的目的，其内部结构如图 2-41 所示。

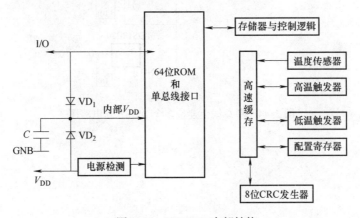

图 2-41　DS18B20 内部结构

数字温度传感器 DS18B20 的供电方式有两种，外接电源和寄生电源。外接供电电源如图 2-42 所示，其中 GND 为电源地，DQ 为数字信号输入/输出端，VDD 为外接供电电源输入端。寄生电源工作方式即电源从 I/O 口线上获得，如图 2-43 所示。

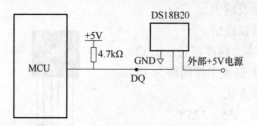

图 2-42　DS18B20 的外接电源工作方式

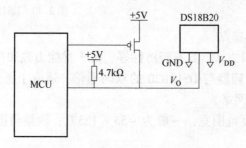

图 2-43　DS18B20 的寄生电源工作方式

（4）DS18B20 的应用电路

粮食温度检测电路如图 2-44 所示，在单总线上连接多个 DS18B20 测温点。

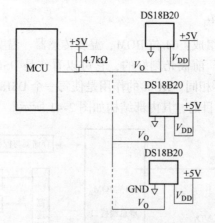

图 2-44　单总线上连接多个 DS18B20 电路图

第 3 章

压力传感器及其应用

压力传感器是工业实践中最为常用的一种传感器，广泛应用于各种工业自控环境，涉及水利水电、铁路交通、智能建筑、航空航天、国防军工、石油化工、船舶、机床、管道等众多行业。传统的压力传感器以机械结构型的器件为主，用弹性元件的形变指示压力，但这种结构尺寸大、重量重，不能提供电量输出。随着半导体技术的迅猛发展，半导体压力传感器也应运而生，其特点是体积小、重量轻、精度高、温度特性好，特别是随着 MEMS 技术的进步，促使半导体传感器不断向微型化发展，而且其功耗小、可靠性高。

3.1 电阻应变片固体压力传感器应用电路的设计与制作

1. 工作目标

1）掌握电阻应变片的固体压力传感器的工作原理、性能特点及其应用。

2）提高实践动手能力、基本技能技巧和工程应用设计水平。

3）熟悉电阻应变片的固体压力传感器应用电路的初步设计方法和步骤。

4）掌握基于电阻应变片的固体压力传感器应用电路设计和参数计算。

5）掌握电阻应变片的固体压力传感器应用电路的实际制作和调试方法。

6）熟悉电路制作的工艺流程、操作规范和计算机辅助设计方法。

2. 工作内容

设计一个基于电阻应变片的固体压力测量应用电路装置——数显电子秤，该应用电路的主要功能和技术指标要求如下。

（1）主要功能

1）该数显电子秤能测量和显示重量（0~2kg）。

2）当固体重量大于 1.5kg 时，红色 LED 指示灯亮、蜂鸣器报警。

（2）技术指标

1）适配传感器：电阻应变片、悬臂梁（与应变片一体）。

2）重量测量范围：0~2kg。

3）重量测量精度：10g。

4）重量显示方式：4 位 LED。

（3）实验条件

1）电工工具：万用表、剥线钳、尖嘴钳、螺钉旋具、电烙铁等。

2）电子器材：应变片传感器、电阻、电容、集成电路等。

3）主要耗材：焊锡、导线等。

4）实验套件：重量测量和控制电路套件、ICL7107 模块。

5）实验仪器：直流稳压电源、数字示波器、天平、砝码等。

3. 工作方案

（1）工作调研

各小组成员通过各种方式查阅基于电阻应变片的数显电子秤电路的相关文献，仔细阅读本节背景资料，初步掌握基于电阻应变片的固体压力传感器及其应用电路设计与制作的基础理论。

（2）工作讨论

各小组根据成员所掌握的调研资料，提出各自的技术方案，组长负责全组的技术方案讨论与总结，确定本组最终实施技术方案。

（3）技术方案

电路设计方案应包括以下技术关键环节：如何把电阻应变片的参数变化转换成电压信号；如何实现电压信号与 A-D 转换器 ICL7107 的输入电压匹配，以便进行数字显示；如何实现压力阈值的 LED 指示灯和蜂鸣器的控制；如何进行电阻应变片传感器的整定。制作方案主要涉及电路板的设计制作与元器件的安装调试。

4. 工作过程

根据工作内容和工作方案要求，整个工作过程应包括以下工艺流程。

1）电阻应变片的固体压力传感器基本性能测试。

2）基于电阻应变片的固体压力传感器转换电路设计与参数计算。

3）控制 LED 指示灯和蜂鸣器电路设计与参数计算。

4）固体压力传感器测量电路板制作、元器件焊接和电路检查等。

5）固体压力传感器测量电路板通电试验、电路调试和功能验证。

6）固体压力传感器测量电路板主要指标测试与校验。

5. 工作评价

各小组分别展示各自的制作成果，采取成员自评、小组互评和教师评价的综合方法评定每个同学的工作成绩，参考评定标准见表 3-1。

表 3-1　基于电阻应变片的数显电子秤电路设计与制作评分标准

评价体系	评价内容	分　值	学生自评分（20%）	小组互评分（30%）	教师评分（50%）
专业能力（70分）	查找阅读整理材料	5			
	技术实施计划方案	10			
	处理电路设计	5			
	控制报警电路设计	5			
	印制电路板的设计	5			
	整机电路安装调试	15			
	焊接安装工艺质量	10			
	性能指标测试等级	15			
	创新思维能力（附加）				
	最佳作品奖励（附加）				

（续）

评价体系	评价内容	分　值	学生自评分 （20%）	小组互评分 （30%）	教师评分 （50%）
综合能力 （30分）	工作学习态度	10			
	实训报告书质量	15			
	团队合作精神	5			

6. 工作总结

每组各成员编写一份基于电阻应变片的数显电子秤电路设计与制作总结报告书，内容要求如下。

1）阐述各种固体压力传感器的特点、发展趋势、工作原理和应用场合。

2）论述基于电阻应变片的数显电子秤设计与制作过程，包括电路的设计、测量精度及范围的测定。

3）总结基于电阻应变片的数显电子秤电路设计还有哪些方法和类型，本次设计与制作过程中还存在哪些不足，应如何改进。

7. 背景资料

（1）电阻应变片的工作原理

电阻应变片的工作原理是基于电阻应变效应，即导体在外界作用下产生机械变形（拉伸或压缩）时，其电阻值相应发生变化，这种现象称为电阻应变效应。

如图 3-1 所示，一根金属电阻丝，在其未受力时，原始电阻值为

$$R = \frac{\rho l}{A} \qquad (3-1)$$

图 3-1　金属电阻丝应变效应

式中　ρ——电阻丝的电阻率；

　　l——电阻丝的长度；

　　A——电阻丝的截面积。

当电阻丝受到拉力 F 作用时，将伸长 Δl，横截面积相应减小 ΔA，电阻率因材料晶格发生变形等因素影响而改变了 $\mathrm{d}\rho$，从而引起电阻值相对变化量为

$$\frac{\mathrm{d}R}{R} = \frac{\mathrm{d}l}{l} - \frac{\mathrm{d}A}{A} + \frac{\mathrm{d}\rho}{\rho} \qquad (3-2)$$

式中　$\dfrac{\mathrm{d}l}{l}$——长度相对变化量，令 $\varepsilon = \dfrac{\mathrm{d}l}{l}$，用 ε 表示应变；

　　$\dfrac{\mathrm{d}A}{A}$——圆形电阻丝的截面积相对变化量。

设 r 为电阻丝的半径，微分后可得 $\mathrm{d}A = 2rA\mathrm{d}r$，则 $\dfrac{\mathrm{d}A}{A} = 2\,\dfrac{\mathrm{d}r}{r}$。

由材料力学可知，在弹性范围内，金属丝受拉力时，沿轴向伸长，沿径向缩短，令 $\varepsilon = \dfrac{\mathrm{d}l}{l}$ 为金属电阻丝的轴向应变，那么轴向应变和径向应变的关系可表示为

$$\frac{\mathrm{d}r}{r} = -\mu\,\frac{\mathrm{d}l}{l} = -\mu\varepsilon \qquad (3-3)$$

式中 μ——电阻丝材料的泊松比，负号表示应变方向相反。

整理式（3-2）和式（3-3）得

$$\frac{\frac{\mathrm{d}R}{R}}{\varepsilon} = (1 + 2\mu) + \frac{\frac{\mathrm{d}\rho}{\rho}}{\varepsilon} \tag{3-4}$$

通常把单位应变能引起的电阻值变化称为电阻丝的灵敏系数。其物理意义是单位应变所引起的电阻相对变化量，其表达式为

$$K = \frac{\frac{\mathrm{d}R}{R}}{\varepsilon} = 1 + 2\mu + \frac{\frac{\mathrm{d}\rho}{\rho}}{\varepsilon} \tag{3-5}$$

灵敏系数 K 受两个因素影响：一个是应变片受力后材料几何尺寸的变化，即 $1 + 2\mu$；另一个是应变片受力后材料的电阻率发生的变化。大量实验证明，在电阻丝拉伸极限内，电阻的相对变化与应变成正比，即 K 为常数。

半导体应变片是用半导体材料制成的，其工作原理是基于半导体材料的压阻效应。半导体材料的电阻率 ρ 随作用应力的变化而发生变化的现象称为压阻效应。

当半导体应变片受轴向力作用时，其电阻相对变化为

$$\frac{\frac{\mathrm{d}R}{R}}{\varepsilon} = (1 + 2\mu) + \frac{\frac{\mathrm{d}\rho}{\rho}}{\varepsilon} \tag{3-6}$$

式中 $\mathrm{d}\rho/\rho$——半导体应变片的电阻率相对变化量，其值与半导体敏感元件在轴向所受的应变力有关，其关系为

$$\frac{\mathrm{d}\rho}{\rho} = \pi \cdot \sigma = \pi \cdot E \cdot \varepsilon \tag{3-7}$$

式中 π——半导体材料的压阻系数；

σ——半导体材料所受的应变力；

E——半导体材料的弹性模量；

ε——半导体材料的应变。

合并式（3-6）和式（3-7）两个式子，则

$$\frac{\mathrm{d}R}{R} = (1 + 2\mu + \pi E) \cdot \varepsilon \tag{3-8}$$

实验证明，πE 比 $1 + 2\mu$ 大上百倍，所以 $1 + 2\mu$ 可以忽略，因而半导体应变片的灵敏系数 K 为

$$K = \frac{\frac{\mathrm{d}R}{R}}{\varepsilon} = 1 + 2\mu + \frac{\frac{\mathrm{d}\rho}{\rho}}{\varepsilon} = \pi E \tag{3-9}$$

半导体应变片的灵敏系数比金属丝式应变片高 $50 \sim 80$ 倍，但是半导体材料的温度系数大，应变时非线性比较严重，使它的应用范围受到一定的限制。

用应变片测量应变或应力时，根据上述特点，在外力作用下，被测对象产生微小机械变形，应变片随着发生相同的变化，同时应变片电阻值也发生相应变化。当测得应变片电阻值变化量为 ΔR 时，便可得到被测对象的应变值，根据应力与应变的关系，得到应力值 σ 为 $\sigma = E\varepsilon$。

（2）金属电阻应变片的种类

金属电阻应变片品种繁多，形式多样。常见的有丝式电阻应变片和箔式电阻应变片。金属电阻应变片的大体结构基本相同，图 3-2 所示是丝式金属电阻应变片的基本结构，由敏感栅、基片、覆盖层和引线等部分组成。敏感栅是应变片的核心部分，它粘贴在绝缘的基片上，其上再粘贴起保护作用的覆盖层，两端焊接引出导线。

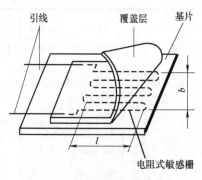

图 3-2　金属电阻应变片的结构

图 3-3 所示是丝式电阻应变片和箔式电阻应变片的结构形式。丝式电阻应变片有回线式和短线式两种形式。回线式应变片是将电阻丝绕制成敏感栅粘贴在绝缘基层上，图 3-3a 为常见的回线式应变片基本形式；短线式应变片如图 3-3b 所示，敏感栅由电阻丝平行排列，两端用比栅丝直径大 5～10 倍的镀银丝短接构成。箔式电阻应变片是利用光刻、腐蚀等工艺制成的一种很薄的金属箔栅，其厚度一般为 0.003～0.01mm，可制成各种形状的敏感栅，其优点是表面积和截面积之比大，散热条件好，允许通过的电流较大，可制成各种所需的形状，便于批量生产，图 3-3c～f 为常见的箔式应变片。

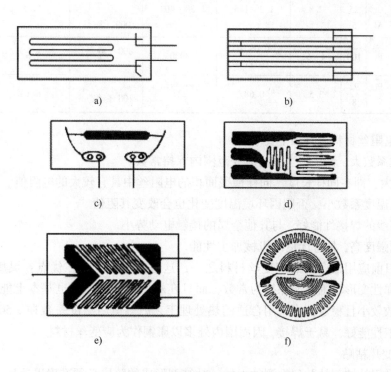

图 3-3　常用应变片的形式

（3）金属电阻应变片的材料

常用金属应变片的材料有康铜、镍铬合金等，见表 3-2。

表 3-2　常用金属电阻丝材料的性能

材料	成分		灵敏系数 K	电阻率/(μΩ·mm)(20℃)	电阻温度系数×10^{-6}/℃ (0~100℃)	最高使用温度/℃	对铜的热电动势/(μV/℃)	线膨胀系数×10^{-6}/℃
	元素	%						
康铜	Ni	45	1.9~2.1	0.45~0.25	±20	300（静态）400（动态）	43	15
	Cu	55						
镍铬合金	Ni	80	2.1~2.3	0.9~1.1	110~130	450（静态）800（动态）	3.8	14
	Cr	20						
镍铬铝合金（6J22，卡马合金）	Ni	74	2.4~2.6	1.24~1.42	±20	450（静态）	3	13.3
	Cr	20						
	Al	3						
	Fe	3				800（动态）		
镍铬铝合金（6J23）	Ni	75	2.4~2.6	1.24~1.42	±20	450（静态）	3	
	Cr	20						
	Al	3						
	Cu	2				800（动态）		
铁镍铝合金	Fe	70	2.8	1.3~1.5	30~40	700（静态）	2~3	14
	Cr	25						
	Al	5				1000（动态）		
铂	Pt	100	4~6	0.09~0.11	3900	800（静态）	7.6	8.9
铂钨合金	Pt	92	3.5	0.68	227	100（动态）	6.1	8.3~9.2
	W	8						

一般对电阻丝材料应有如下要求。

1）灵敏系数大，且在相当大的应变范围内保持常数。

2）ρ 值大，即在同样长度、同样横截面积的电阻丝中具有较大的电阻值。

3）电阻温度系数小，否则因环境温度变化也会改变其阻值。

4）与铜线的焊接性能好，与其他金属的接触电动势小。

5）机械强度高，具有优良的机械加工性能。

康铜是目前应用最广泛的应变丝材料之一，这是由于它有很多优点：灵敏系数稳定性好，不但在弹性变形范围内能保持为常数，而且在塑性变形范围内也基本上能保持为常数；电阻温度系数较小且稳定，当采用合适的热处理工艺时，电阻温度系数在 $\pm 50 \times 10^{-6}/℃$ 的范围内；加工性能好，易于焊接，因而国内外多以康铜作为应变丝材料。

（4）应变片粘贴

应变片是用粘结剂粘贴到被测件上的，粘结剂形成的胶层必须准确迅速地将被测件的应变传递到敏感栅上。选择粘结剂时必须考虑应变片材料和被测件材料的性能，不仅要求粘结力强，粘结后机械性能可靠，而且粘合层要有足够大的剪切弹性模量、良好的电绝缘性，并且要满足蠕变和滞后小、耐湿、耐油、耐老化、动态应力测量时耐疲劳等。还要考虑到应变片的工作条件，如温度、相对湿度、稳定性要求以及贴片固化时加热加压的可能性等。

常用的粘结剂类型有硝化纤维素型、氰基丙烯酸酯型、聚酯树脂型、环氧树脂型和酚醛树脂型等。

粘贴工艺包括被测件粘贴表面处理、贴片位置确定、涂底胶、贴片、干燥固化、贴片质量检查、引线的焊接与固定以及防护与屏蔽等。粘结剂的性能及应变片的粘贴质量直接影响应变片的工作特性，如零漂、蠕变、滞后、灵敏系数、线性以及它们受温度变化影响的程度。可见，选择粘结剂和正确的粘结工艺与应变片的测量精度有着极其重要的关系。

（5）应变片的阻值

应变片的电阻值是指应变片没有粘贴且未受应变时，在室温下测定的电阻值，即初始电阻值。金属电阻应变片的电阻值已标准化，有一定的系列，如 60Ω、120Ω、250Ω、350Ω 和 1000Ω，其中以 120Ω 最为常用。

（6）应变片的最大工作电流

最大工作电流是指已安装的应变片允许通过敏感栅而不影响其工作特性的最大电流 I_{max}。工作电流大，输出信号也大，灵敏度就高。但工作电流过大会使应变片过热，灵敏系数产生变化，零漂及蠕变增加，甚至烧毁应变片。工作电流的选取要根据试件的导热性能及敏感栅的形状和尺寸来决定，通常静态测量时取 25mA 左右，动态测量时可取 75～100mA。箔式应变片散热条件好，电流可取得更大一些。在测量塑料、玻璃、陶瓷等导热性差的材料时，电流可取得小一些。

（7）应变片的温度误差及补偿

1）应变片的温度误差。

由于测量现场环境温度的改变而给测量带来的附加误差，称为应变片的温度误差。产生应变片温度误差的主要因素有下述两个方面。

① 电阻温度系数的影响。

敏感栅的电阻丝阻值随温度变化的关系可用下式表示：

$$R_t = R_0(1 + \alpha_0 \Delta t) \tag{3-10}$$

式中　R_t——温度为 t 时的电阻值；

　　　R_0——温度为 t_0 时的电阻值；

　　　α_0——温度为 t_0 时金属丝的电阻温度系数；

　　　Δt——温度变化值，$\Delta t = t - t_0$。

当温度变化 Δt 时，电阻丝电阻的变化值为：

$$\Delta R_\alpha = R_t - R_0 = R_0 \alpha_0 \Delta t \tag{3-11}$$

② 试件材料和电阻丝材料的线膨胀系数的影响。

当试件与电阻丝材料的线膨胀系数相同时，不论环境温度如何变化，电阻丝的变形仍和自由状态一样，不会产生附加变形。

当试件与电阻丝材料的线膨胀系数不同时，由于环境温度的变化，电阻丝会产生附加变形，从而产生附加电阻变化。

设电阻丝和试件在温度为 0℃时的长度均为 l_0，它们的线膨胀系数分别为 β_g 和 β_s，若两者不粘贴，则它们的长度分别为

$$l_s = l_0(1 + \beta_s \Delta t) \tag{3-12}$$

$$l_g = l_0(1 + \beta_g \Delta t) \tag{3-13}$$

当两者粘贴在一起时，电阻丝产生的附加变形 Δl、附加应变 ε_β 和附加电阻变化 ΔR_β 分别为

$$\Delta l = l_g - l_s = (\beta_g - \beta_s) l_0 \Delta t \tag{3-14}$$

$$\varepsilon_g = \frac{\Delta l}{l_0} = (\beta_g - \beta_s) \Delta t \tag{3-15}$$

$$\Delta R_\beta = K_0 R_0 \varepsilon_\beta = K_0 R_0 (\beta_g - \beta_s) \Delta t \tag{3-16}$$

可得由于温度变化而引起的应变片总电阻相对变化量为

$$\frac{\Delta R_t}{R_0} = \frac{\Delta R_t + \Delta R_\beta}{R_0} = \alpha_0 \Delta t + K_0 (\beta_g - \beta_s) \Delta t = \left[\alpha_0 + K_0 (\beta_g - \beta_s) \right] \Delta t \tag{3-17}$$

可知，因环境温度变化而引起的附加电阻的相对变化量，除了与环境温度有关外，还与应变片自身的性能参数(K_0, α_0, β_s)以及被测试件的线膨胀系数 β_g 有关。

2）电阻应变片的温度补偿方法。

电阻应变片的温度补偿方法通常有线路补偿和应变片自补偿两大类。

① 线路补偿法。

电桥补偿是最常用且效果较好的线路补偿，电桥补偿法的原理图如图 3-4a 所示。

电桥输出电压 U_o 与桥臂电阻参数的关系为

$$U_o = A(R_1 R_4 - R_B R_3) \tag{3-18}$$

式中　A——由桥臂电阻和电源电压决定的常数。

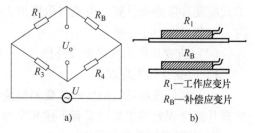

由式（3-18）可知，当 R_3 和 R_4 为常数时，R_1 和 R_B 对电桥输出电压 U_o 的作用方向相反。利用这一基本关系可实现对温度的补偿。

测量应变时，工作应变片 R_1 粘贴在被测试件表面上，补偿应变片 R_B 粘贴在与被测试件材料完全相同的补偿块上，且仅工作应变片承受应变，如图 3-4b 所示。

图 3-4　电桥补偿法

当被测试件不承受应变时，R_1 和 R_B 又处于同一环境温度为 t 的温度场中，调整电桥参数使之达到平衡，此时有

$$U_o = A(R_1 R_4 - R_B R_3) = 0 \tag{3-19}$$

工程上，一般按 $R_1 = R_B = R_3 = R_4$ 选取桥臂电阻。

当温度升高或降低 $\Delta t = t - t_0$ 时，两个应变片因温度变化而引起的电阻变化量相等，电桥仍处于平衡状态，即

$$U_o = A \left[(R_1 + \Delta R_{1t}) R_4 - (R_B + R_{Bt}) R_3 \right] = 0 \tag{3-20}$$

若此时被测试件有应变 ε 的作用，则工作应变片电阻 R_1 又有新的增量 $\Delta R_1 = R_1 K \varepsilon$，而补偿片因不承受应变，故不产生新的增量，此时电桥输出电压为

$$U_o = A R_1 R_4 K \varepsilon \tag{3-21}$$

由式（3-21）可知，电桥的输出电压 U_o 仅与被测试件的应变 ε 有关，而与环境温度无关。应当指出，若要实现完全补偿，上述分析过程必须满足以下几个条件。

在应变片工作过程中，保证 $R_3 = R_4$，R_1 和 R_B 两个应变片应具有相同的电阻温度系数 α、线膨胀系数 β、应变灵敏系数 K 和初始电阻值 R_0；粘贴补偿片的补偿块材料和粘贴工作片的被测试件材料必须一样，两者线膨胀系数相同；两应变片应处于同一温度场。

② 应变片的自补偿法。

这种温度补偿法是利用自身具有温度补偿作用的应变片（称之为温度自补偿应变片）来补偿的。根据温度自补偿应变片的工作原理可以得出，要实现温度自补偿，必须有

$$\alpha_0 = -K(\beta_g - \beta_s) \tag{3-22}$$

式（3-22）表明，当被测试件的线膨胀系数 β_g 已知时，如果合理选择敏感栅材料，即其电阻温度系数 α_0、灵敏系数 K 以及线膨胀系数 β_s 满足上式，则不论温度如何变化，均有 $\Delta R_t / R_0 = 0$，从而达到温度自补偿的目的。

（8）电阻应变片的测量电路

电阻应变片的常用测量电路一般采用直流电桥。

1）直流电桥平衡条件。

电桥电路如图 3-5 所示，图中 E 为电源电压，R_1、R_2、R_3 及 R_4 为桥臂电阻，R_L 为电桥输出负载电阻。

当 $R_L \to \infty$ 时，电桥输出电压为

$$U_o = E\left(\frac{R_1}{R_1 + R_2} - \frac{R_3}{R_3 + R_4}\right) \tag{3-23}$$

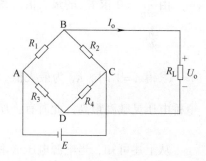

图 3-5　直流电桥

当电桥平衡时，$U_o = 0$，则有

$$R_1 R_4 = R_2 R_3 \ \text{或} \ \frac{R_1}{R_2} = \frac{R_3}{R_4} \tag{3-24}$$

这说明欲使电桥平衡，其相邻两臂电阻的比值应相等，或相对两臂电阻的乘积应相等。

2）电压灵敏度。

应变片工作时，其电阻值变化很小，电桥相应输出电压也很小，一般需要加入放大器进行放大。由于放大器的输入阻抗比桥路输出阻抗高很多，所以此时仍视电桥为开路情况。当受应变时，若应变片电阻变化为 ΔR，其他桥臂固定不变，电桥输出电压 $U_o \neq 0$，则电桥不平衡，输出电压为

$$
\begin{aligned}
U_o &= E\left(\frac{R_1 + \Delta R_1}{R_1 + \Delta R_1 + R_2} - \frac{R_3}{R_3 + R_4}\right) \\
&= E\frac{\Delta R_1 R_4}{(R_1 + \Delta R_1 + R_2)(R_3 + R_4)} \\
&= E\frac{\dfrac{\Delta R_1 R_4}{R_1 R_3}}{\left(1 + \dfrac{\Delta R_1}{R_1} + \dfrac{R_2}{R_1}\right)\left(1 + \dfrac{R_4}{R_3}\right)}
\end{aligned} \tag{3-25}
$$

设桥臂比 $n = \dfrac{R_2}{R_1}$，由于 $\Delta R_1 \ll R_1$，分母中 $\dfrac{\Delta R_1}{R_1}$ 可忽略，并考虑到平衡条件 $\dfrac{R_1}{R_2} = \dfrac{R_3}{R_4}$，则式（3-25）可写为

$$U_o = E\frac{n}{(1 + n)^2}\frac{\Delta R_1}{R_1} \tag{3-26}$$

电桥电压灵敏度定义为

$$K_U = \frac{U_0}{\dfrac{\Delta R_1}{R_1}} = E \frac{n}{(1+n)^2} \tag{3-27}$$

分析式（3-27）可以发现：

① 电桥电压灵敏度正比于电桥供电电压，供电电压越高，电桥电压灵敏度越高，但供电电压的提高受到应变片允许功耗的限制，所以要进行适当选择。

② 电桥电压灵敏度是桥臂电阻比值 n 的函数，恰当地选择桥臂比 n 的值，可保证电桥具有较高的电压灵敏度。

当 E 值确定后，n 取何值时才能使 K_U 最高？

由 $\dfrac{\mathrm{d}K_U}{\mathrm{d}n} = 0$ 求 K_U 的最大值，得

$$\frac{\mathrm{d}K_U}{\mathrm{d}n} = \frac{1-n^2}{(1+n)^3} = 0 \tag{3-28}$$

求得 $n = 1$ 时，K_U 为最大值。这就是说，在电桥电压确定后，当 $R_1 = R_2 = R_3 = R_4$ 时，电桥电压灵敏度最高，此时有：$U_\mathrm{o} = \dfrac{E}{4}\dfrac{\Delta R_1}{R_1}$，此时 $K_U = \dfrac{E}{4}$。

从上述可知，当电源电压 E 和电阻相对变化量 $\dfrac{\Delta R_1}{R_1}$ 一定时，电桥的输出电压及其灵敏度也是定值，且与各桥臂电阻阻值大小无关。

3）非线性误差及其补偿方法。

电桥的灵敏度是略去分母中的 $\dfrac{\Delta R_1}{R_1}$ 项，在电桥输出电压与电阻相对变化成正比的理想情况下得到的，实际情况则应按下式计算，即

$$U_\mathrm{o}' = E \frac{n\dfrac{\Delta R_1}{R_1}}{\left(1+n+\dfrac{\Delta R_1}{R_1}\right)(1+n)} \tag{3-29}$$

U_o' 与 $\dfrac{\Delta R_1}{R_1}$ 的关系是非线性的，非线性误差为

$$\gamma_\mathrm{L} = \frac{U_\mathrm{o} - U_\mathrm{o}'}{U_\mathrm{o}} = \frac{\dfrac{\Delta R_1}{R_1}}{1+n+\dfrac{\Delta R_1}{R_1}} \tag{3-30}$$

如果是四等臂电桥，$R_1 = R_2 = R_3 = R_4$，即 $n = 1$，则

$$\gamma_\mathrm{L} = \frac{\dfrac{\Delta R_1}{2R_1}}{1+\dfrac{\Delta R_1}{2R_1}} \tag{3-31}$$

对于一般应变片来说，所受应变 ε 通常在 5000μ 以下，若取 $K_U = 2$，则 $\dfrac{\Delta R_1}{R_1} = K_U \varepsilon = 0.01$，

代入式（3-31）计算得非线性误差为 0.5%；若 $K_U = 130$，$\varepsilon = 1000\mu$ 时，$\dfrac{\Delta R_1}{R_1} = K_U\varepsilon = 0.13$，则得到非线性误差为 6%，故当非线性误差不能满足测量要求时，必须予以消除。

为了减小和克服非线性误差，常采用差动电桥，如图 3-6 所示，在试件上安装两个工作应变片，一个受拉应变，一个受压应变，接入电桥相邻桥臂，称为半桥差动电路，如图 3-6a 所示，该电桥输出电压为

$$U_{\circ} = E\left(\frac{R_1 + \Delta R_1}{R_1 + \Delta R_1 + R_2 - \Delta R_2} - \frac{R_3}{R_3 + R_4}\right) \tag{3-32}$$

若 $\Delta R_1 = R_1$，$R_1 = R_2$，$R_3 = R_4$，则得

$$U_{\circ} = \frac{E}{2}\frac{\Delta R_1}{R_1} \tag{3-33}$$

由式（3-33）可知，$U_{\circ}$ 与 $\dfrac{\Delta R_1}{R_1}$ 呈线性关系，差动电桥无非线性误差，而且电桥电压灵敏度 $K_U = \dfrac{E}{2}$，是单臂工作时的两倍，同时还具有温度补偿作用。

若将电桥四臂接入 4 片应变片，如图 3-6b 所示，即两个受拉应变，两个受压应变，将两个应变符号相同的接入相对桥臂上，构成全桥差动电路。$\Delta R_1 = \Delta R_2 = \Delta R_3 = \Delta R_4$，且 $R_1 = R_2 = R_3 = R_4$，则

$$U_{\circ} = E\frac{\Delta R_1}{R_1} \tag{3-34}$$

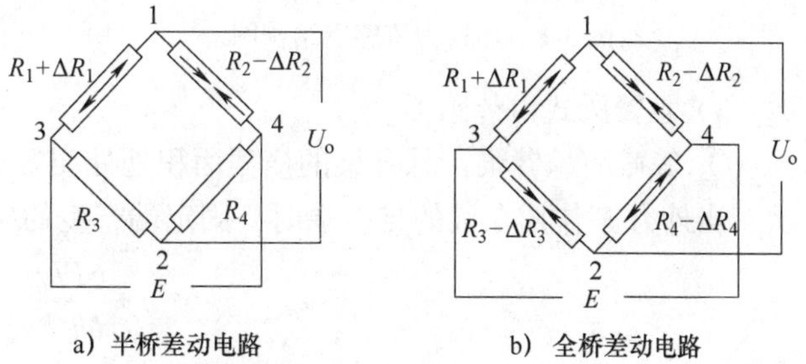

则 $K_U = E$，此时全桥差动电路不仅没有非线性误差，而且电压灵敏度为单片工作时的 4 倍，同时仍具有温度补偿作用。

a) 半桥差动电路　　　b) 全桥差动电路

图 3-6　差动直流电桥

（9）应变式传感器的应用

被测物理量为荷重或力的应变式传感器时，统称为应变式力传感器。其主要用途是作为各种电子秤与材料试验机的测力元件、发动机的推力测试、水坝坝体承载状况监测等。

应变式力传感器要求有较高的灵敏度和稳定性，当传感器在受到侧向作用力或力的作用点少量变化时，不应对输出有明显的影响。

1）柱（筒）式力传感器。

图 3-7a、b 分别为柱式和筒式力传感器，应变片粘贴在弹性体外壁应力分布均匀的中间部分。电桥接线时

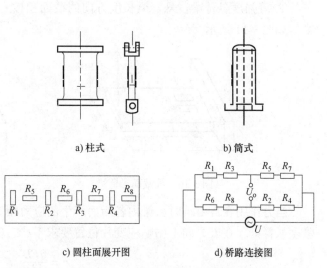

a) 柱式　　　b) 筒式

c) 圆柱面展开图　　　d) 桥路连接图

图 3-7　柱（筒）式力传感器

考虑尽量减小载荷偏心和弯矩影响，贴片在圆柱面上的展开位置及其在桥路中的连接如图 3-7c、d 所示，R_1 和 R_3 串接，R_2 和 R_4 串接，并置于桥路对臂上，以减小弯矩影响，横向贴片 R_5 和 R_7 串接，R_6 和 R_8 串接，接于另两个桥臂上，可提高灵敏度并作为温度补偿用。

2）环式力传感器。

如图 3-8 所示为环式力传感器结构图。与柱式力传感器相比，其应力分布变化较大，且有正有负，如图 3-9 所示。

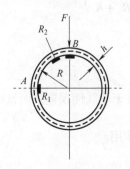

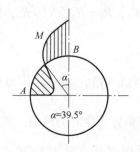

图 3-8 环式力传感器结构图   图 3-9 环式力传感器应力分布图

3）悬臂梁式力传感器。

① 等截面悬臂梁：悬臂梁的横截面积处处相等，所以称为等截面悬臂梁，如图 3-10 所示。当外力 F 作用在梁的自由端时，固定端产生的应变最大，粘贴在应变片处的应变为

$$\varepsilon = \frac{6FL_0}{bh^2 E} \tag{3-35}$$

式中　L_0——悬臂梁受力端距应变中心的长度；

　　　b——梁的宽度；

　　　h——梁的厚度。

② 等强度悬臂梁：悬臂梁长度方向的截面积按一定规律变化，是一种特殊形式的悬臂梁，如图 3-11 所示。

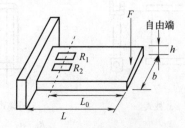

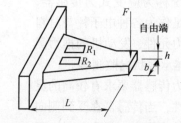

图 3-10 等截面悬臂梁   图 3-11 等强度悬臂梁

当力作用在自由端时，梁内各断面产生的应力相等，表面上的应变也相等，所以称为等强度悬臂梁。在 L 方向上粘贴应变片位置要求不严，应变片处的应变大小为

$$\varepsilon = \frac{6FL}{bh^2 E} \tag{3-36}$$

在悬臂梁力传感器中，一般将应变片贴在距离固定端较近的表面，且顺梁的方向上下各

贴两片，上面两个应变片受压时，下面两个应变片受拉，并将 4 个应变片组成全桥差动电桥。这样既可提高输出电压灵敏度，又可减小非线性误差。

应变式压力传感器主要用来测量流动介质的动态或静态压力，如动力管道设备的进出口气体或液体的压力、发动机内部的压力、枪管及炮管内部的压力、内燃机管道的压力等。应变片压力传感器大多采用膜片式或筒式弹性元件。

如图 3-12 所示为膜片式压力传感器，应变片贴在膜片内壁，在压力 p 作用下，膜片产生径向应变 ε_r 和切向应变 ε_t，表达式分别为

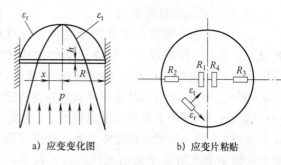

$$\varepsilon_r = \frac{3p(1-\mu^2)(R^2-3x^2)}{8h^2E} \quad (3\text{-}37)$$

$$\varepsilon_t = \frac{3p(1-\mu^2)(R^2-x^2)}{8h^2E} \quad (3\text{-}38)$$

a) 应变变化图　　　b) 应变片粘贴

图 3-12　膜片式压力传感器

式中　p——膜片上均匀分布的压力；

　　　R——膜片的半径；

　　　h——膜片的厚度；

　　　x——离圆心的径向距离。

由应力分布图可知，膜片弹性元件承受压力 p 时，其应变变化曲线的特点为：当 $x=0$ 时，$\varepsilon_{r\max}=\varepsilon_{t\max}$；当 $x=R$ 时，$\varepsilon_t=0$，$\varepsilon_r=-2\varepsilon_{r\max}$。

根据以上特点，一般在平膜片圆心处切向粘贴 R_1、R_4 两个应变片，在边缘处沿径向粘贴 R_2、R_3 两个应变片，然后接成全桥测量电路。

4）应变式容器内液体重量传感器。

图 3-13 所示是插入式测量容器内液体重量的传感器示意图。该传感器有一根传压杆，上端安装微压传感器，为了提高灵敏度，共安装了两只；下端安装感压膜，感压膜感受上面液体的压力。

当容器中溶液增多时，感压膜感受的压力就增大。将其上两个传感器 R_t 的电桥接成正向串接的双电桥电路，此时输出电压为

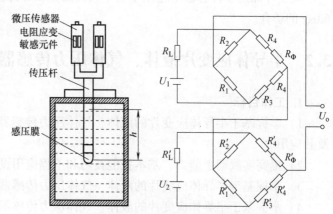

微压传感器
电阻应变敏感元件
传压杆
感压膜

$$U_o = U_1 - U_2 = (K_1 - K_2)h\rho g$$

$$(3\text{-}39)$$

图 3-13　应变片容器内液体重量传感器

式中　K_1，K_2——传感器传输系数。

由于 $h\rho g$ 表征着感压膜上面液体的重量，对于等截面的柱式容器有

$$h\rho g = \frac{Q}{A} \quad (3\text{-}40)$$

式中　Q——容器内感压膜上面溶液的重量；

A——柱形容器的截面积。

将上两式联立，得到容器内感压膜上面溶液重量与电桥输出电压之间的关系式为

$$U_o = \frac{(K_1 - K_2)Q}{A} \tag{3-41}$$

式（3-41）表明，电桥输出电压与柱式容器内感压膜上面溶液的重量呈线性关系，因此用此种方法可以测量容器内储存的溶液重量。

5）应变式加速度传感器。

应变式加速度传感器主要用于物体加速度的测量。其基本工作原理是：物体运动的加速度与作用在它上面的力成正比，与物体的质量成反比，即 $a = F/m$。图 3-14 所示是应变片式加速度传感器的结构示意图，图中 1 是等强度悬臂梁，自由端安装质量块 2，另一端固定在壳体 3 上，等强度悬臂梁上粘贴 4 个电阻应变敏感元件。为了调节振动系统阻尼系数，在壳体内充满硅油。

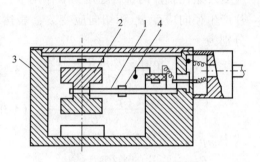

图 3-14　电阻应变式加速度传感器结构示意图
1—等强度悬臂梁　2—质量块
3—壳体　4—电阻应变敏感元件

测量时，将传感器壳体与被测对象刚性连接，当被测物体以加速度 a 运动时，质量块受到一个与加速度方向相反的惯性力作用，使悬臂梁变形，该变形被粘贴在悬臂梁上的应变片感受到并随之产生应变，从而使应变片的电阻发生变化。电阻的变化引起应变片组成的桥路出现不平衡，从而输出电压，即可得出加速度 a 值的大小。

应变片加速度传感器不适用于频率较高的振动和冲击场合，一般适用于测量频率为 50 ~ 60Hz 的场合。

3.2　半导体应变片液体、气体压力传感器应用电路的设计与制作

1. 工作目标

1）掌握基于半导体应变片的液体、气体压力传感器的工作原理、技术参数、功能特点及其应用。

2）提高实践动手能力、基本技能技巧和工程应用设计水平。

3）掌握基于半导体应变片的液体、气体压力传感器应用电路的初步设计方法和步骤。

4）掌握基于半导体应变片的液体、气体压力传感器应用电路设计和参数计算。

5）掌握基于半导体应变片的液体、气体压力传感器应用电路的实际制作和调试方法。

6）熟悉电路制作的工艺流程、操作规范和计算机辅助设计方法。

2. 工作内容

设计一个基于半导体应变片的液体、气体压力测量应用电路，液体压力用医用注射器模拟，气体压力用气泵或者用足球插上气针进行挤压，该电路的主要功能和技术指标如下。

（1）主要功能

1）液体、气体压力测量应用电路能测量和显示压力（0～20kPa）。

2）可设定阈值，液体、气体压力大于阈值时，红色 LED 指示灯亮并使蜂鸣器响。

（2）技术指标

1）适配传感器：XGZP020SB1。

2）压力测量范围：0～20kPa。

3）压力测量精度：0.1kPa。

4）压力显示方式：4 位 LED、电压表或者示波器均可。

（3）实验条件

1）电工工具：万用表、剥线钳、平口钳、尖嘴钳、螺钉旋具、电烙铁等。

2）电子器材：电阻、电容、集成电路等。

3）主要耗材：焊锡、导线等。

4）实验套件：重量测量和控制电路套件、ICL7107 模块、硅胶管及接头。

5）实验仪器：直流稳压电源、数字示波器、电压表、气泵、气压计等。

3. 工作方案

（1）工作调研

各小组成员通过各种方式查阅基于半导体应变片的液体、气体压力测量应用电路的相关文献，仔细阅读本节背景资料，初步掌握基于半导体应变片的液体、气体压力传感器及其应用电路设计与制作的基础理论。

（2）工作讨论

各小组根据成员所掌握的调研资料，提出各自的技术方案，组长负责全组的技术方案讨论与总结，确定本组最终实施技术方案。

（3）技术方案

主要包括基于半导体应变片的液体、气体压力测量应用电路的设计方案和制作方案。电路设计方案应包括以下技术关键环节：如何把电阻应变片的参数变化转换成电压信号；如何把电压信号转换成 A-D 转换器 ICL7107 适合的范围，以便进行数字显示；如何实现液体、气体压力阈值的 LED 指示灯的亮灭和蜂鸣器的控制；如何进行液体、气体压力传感器的整定。制作方案主要涉及电路板的设计制作与元器件的安装调试。

4. 工作过程

根据工作内容和工作方案要求，整个工作过程应包括以下工艺流程。

1）基于半导体应变片的液体、气体压力传感器基本性能测试。

2）基于液体、气体压力传感器转换电路设计与参数计算。

3）控制 LED 指示灯和蜂鸣器电路设计与参数计算。

4）基于液体、气体压力传感器测量电路板制作、元器件焊接和电路检查等。

5）基于液体、气体压力传感器温度测量电路板通电试验、电路调试和功能验证。

6）基于液体、气体压力传感器温度测量电路板主要指标测试与校验。

5. 工作评价

各小组分别展示各自的制作成果，采取成员自评、小组互评和教师评价的综合方法评定每个同学的工作成绩，参考评定标准见表 3-3。

表3-3　液体、气体压力传感器测量应用电路设计与制作评分标准

评价体系	评价内容	分　值	学生自评分 （20%）	小组互评分 （30%）	教师评分 （50%）
专业能力 （70分）	查找阅读整理材料	5			
	技术实施计划方案	10			
	转换放大电路设计	5			
	控制报警电路设计	5			
	印制电路板的设计	5			
	整机电路安装调试	15			
	焊接安装工艺质量	10			
	性能指标测试等级	15			
	创新思维能力（附加）				
	最佳作品奖励（附加）				
综合能力 （30分）	工作学习态度	10			
	实训报告书质量	15			
	团队合作精神	5			

6. 工作总结

每组各成员编写一份基于液体、气体压力测量应用电路设计与制作总结报告书，内容要求如下。

1）阐述各种液体、气体压力传感器的特点、发展趋势、工作原理和应用场合。

2）论述基于液体、气体压力传感器设计制作过程，包括电路设计、测量精度及范围的测定。

7. 背景资料

（1）XGZP 气体传感器

XGZP 气体传感器是一款适用于生物医学、气象等领域的微压力传感器，其核心部分是一颗利用 MEMS 技术加工的压力传感器芯片。该压力传感器芯片由一个弹性膜及集成在膜上的 4 个压敏电阻组成。4 个压敏电阻形成了惠斯通电桥结构，当有压力作用在弹性膜上时，电桥会产生一个

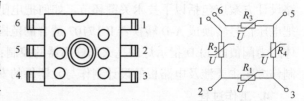

图 3-15　XGZP 传感器引脚分布及等效电路

与所加压力呈线性比例关系的电压输出信号。传感器引脚分布及等效电路如图 3-15 所示。

XGZP 气体传感器的电气性能指标见表 3-4 所示，引线定义见表 3-5。

表3-4　XGZP 传感器的电气性能指标

压力敏感芯片	硅　材　料
引线材料	金线
封装外壳	PPS 材料
净重	约 1g
供电电源	≤DC 10V 或 ≤DC 2.0mA

（续）

输入阻抗	$4 \sim 6k\Omega$
输出阻抗	$4 \sim 6k\Omega$
绝缘电阻	$100M\Omega$，DC 100V
测量范围	$-100 \sim 20kPa$
允许过载	$0 \sim 20kPa \sim 200kPa$，2 倍满量程
测量介质	空气
介质温度	$(25 \pm 1)℃$
环境温度	$(25 \pm 1)℃$
振动	最大值：$0.1g$（$1m/s^2$）
湿度	$(50\% \pm 10\%)$ RH
电源	DC $(5 \pm 0.005)V$

表 3-5　引线定义

	1	2	3	4	5	6
引线定义 1	Vo −	Vs +	Vo +	N/C	GND	Vo −
引线定义 2	GND	Vo +	Vs +	N/C	Vo −	GND
引线定义 3	GND	Vo −	Vs +	N/C	Vo +	GND

3.3　常用压力传感器

3.3.1　压电式测力传感器

压电式测力传感器是利用压电元件直接实现力-电转换的传感器。在拉、压场合，通常采用双片或多片石英晶体作为压电元件，其刚度大，测量范围宽，线性及稳定性高，动态特性好。当采用大时间常数的电荷放大器时，可测量准静态力。按测力状态分有单向传感器、双向传感器和三向传感器，它们在结构上基本一样。

传感器用于机床动态切削力的测量时，绝缘套用来绝缘和定位。基座内外底面对其中心线的垂直度、上盖及晶片、电极的上下底面的平行度与表面光洁度都有极严格的要求，否则会使横向灵敏度增加或使片子因应力集中而过早破碎。为提高绝缘阻抗，装配前要将传感器经过多次净化（包括超声波清洗），然后在超净工作环境下进行装配，加盖之后用电子束封焊。

压电式压力传感器的结构类型很多，但它们的基本原理与结构仍与压电式加速度和力传感器大同小异。突出的不同点是，它必须通过弹性膜或弹性盒等，把压力收集、转换成力，再传递给压电元件。为保证静态特性及其稳定性，通常采用石英晶体作为压电元件。

1. 压电效应及压电材料

对于某些电介质，当沿着一定方向对其施力而使它变形时，其内部就会产生极化现象，同时在它的两个表面上产生符号相反的电荷，当去掉外力后，又重新恢复到不带电状态，这种现象称为压电效应。当作用力方向改变后，电荷的极性也随之改变。人们把这种机械能转换为电能的现象称为"正压电效应"；相反，当在电介质极化方向施加电场时，这些电介质也会产生几何变形，这种现象称为"逆压电效应"（电致伸缩效应）。具有压电效应的材料称为压电材料，压电材料能实现机—电能量的相互转换。压电效应示意图如图 3-16 所示。

在自然界中，大多数晶体都具有压电效应，但压电效应十分微弱。随着对材料的深入研究，人们发现石英晶体、钛酸钡、锆钛酸铅等材料是性能优良的压电材料。压电材料可以分为两大类：压电晶体和压电陶瓷。压电材料的主要特性参数有以下几个。

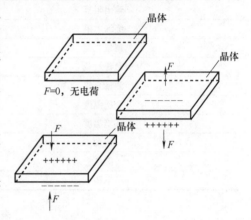

图 3-16　压电效应示意图

1）压电常数。压电常数是衡量材料压电效应强弱的参数，它关系到压电输出灵敏度。

2）弹性常数。压电材料的弹性常数、刚度决定着压电元件的固有频率和动态特性。

3）介电常数。对于一定形状、尺寸的压电元件，其固有电容与介电常数有关；而固有电容又影响着压电式传感器的频率下限。

4）机械耦合系数。它的意义是，在压电效应中，转换输出能量（如电能）与输入的能量（如机械能）之比的平方根，这是衡量压电材料机—电能量转换效率的一个重要参数。

5）电阻。压电材料的绝缘电阻将减少电荷泄漏，从而改善压电式传感器的低频特性。

6）居里温度。它是指压电材料开始丧失压电特性的温度。

石英晶体的化学式为 SiO_2，是单晶体结构。图 3-17a 表示了天然结构的石英晶体外形，它是一个正六面体。石英晶体各个方向的特性是不同的，其中纵向轴 z 轴称为光轴，经过六面体棱线并垂直于光轴的 x 轴称为电轴，与 x 和 z 轴同时垂直的 y 轴称为机械轴。通常把沿电轴 x 方向的力作用下产生电荷的压电效应称为"纵向压电效应"，而把沿机械轴 y 方向的力作用下产生电荷的压电效应称为"横向压电效应"，而沿光轴 z 方向的力作用时不产生压电效应。

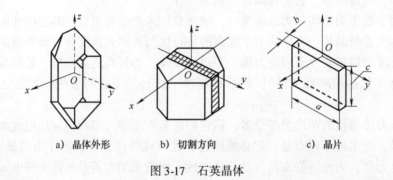

a）晶体外形　　　　　b）切割方向　　　　　c）晶片

图 3-17　石英晶体

若从晶体上沿 y 方向切下一块晶片，如图 3-17c 所示，当沿电轴方向施加作用力 F_x 时，在与电轴 x 垂直的平面上将产生电荷，其大小为

$$q_x = d_{11} \cdot F_x \tag{3-42}$$

式中　d_{11}——x 方向受力的压电系数。

若在同一切片上，沿机械轴 y 方向施加作用力 F_y，则仍在与 x 轴垂直的平面上产生电荷 q_y，其大小为

$$q_y = d_{12} \cdot \frac{a}{b} \cdot F_y \qquad (3\text{-}43)$$

式中　d_{12}——y 轴方向受力的压电系数，根据石英晶体的对称性，有 $d_{12} = -d_{11}$；

　　　a、b——晶体切片的长度和厚度，电荷 q_x 和 q_y 的符号由受压力还是受拉力决定。

石英晶体的上述特性与其内部分子结构有关。图 3-18 所示是一个单元中构成石英晶体的硅离子和氧离子，在垂直于 z 轴的 Oxy 平面上的投影等效为一个正六边形排列。图中"+"代表硅离子 Si^{4+}，"−"代表氧离子 O^{2-}。

当石英晶体未受外力作用时，正、负离子正好分布在正六边形的顶角上，形成 3 个互成 120°夹角的电偶极矩 P_1、P_2、P_3，如图 3-18a 所示。

因为 $P = ql$，q 为电荷量，l 为正、负电荷之间的距离。此时正、负电荷重心重合，电偶极矩的矢量和等于零，即 $P_1 + P_2 + P_3 = 0$，所以晶体表面不产生电荷，即呈中性。

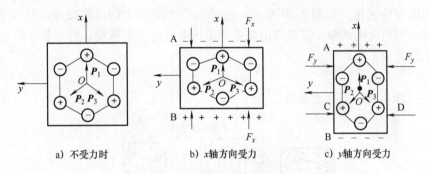

a) 不受力时　　　　b) x 轴方向受力　　　　c) y 轴方向受力

图 3-18　石英晶体压电模型

当石英晶体受到沿 x 轴方向的压力作用时，晶体沿 x 方向将产生压缩变形，正、负离子的相对位置也随之变动，如图 3-18b，此时正、负电荷重心不再重合，电偶极矩在 x 方向上的分量由于 P_1 的减小和 P_2、P_3 的增加而不等于零。在 x 轴的正方向出现负电荷，电偶极矩在 y 轴方向上的分量仍为零，不出现电荷。

当晶体受到沿 y 轴方向的压力作用时，晶体的变形如图 3-18c 所示，与图 3-18b 情况相似，P_1 增大，P_2、P_3 减小。在 x 轴上出现电荷，它的极性为 x 轴正向为正电荷，在 y 轴方向上仍不出现电荷。

如果沿 z 轴方向施加作用力，因为晶体在 x 方向和 y 方向所产生的形变完全相同，所以正负电荷重心保持重合，电偶极矩矢量和等于零。这表明沿 z 轴方向施加作用力，晶体不会产生压电效应。

当作用力 F_x、F_y 的方向相反时，电荷的极性也随之改变。

压电陶瓷是人工制造的多晶体压电材料。材料内部的晶粒有许多自发极化的电畴，它有一定的极化方向，从而存在电场。在无外电场作用时，电畴在晶体中杂乱分布，它们各自的极化效应被相互抵消，压电陶瓷内极化强度为零。因此原始的压电陶瓷呈中性，不具有压电性质，如图 3-19a 所示。

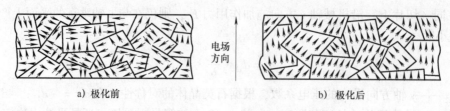

图 3-19　压电陶瓷的极化

在陶瓷上施加外电场时，电畴的极化方向发生转动，趋向于按外电场方向的排列，从而使材料得到极化。外电场越强，就有更多的电畴更完全地转向外电场方向。当外电场强度大到使材料的极化达到饱和的程度，即所有电畴极化方向都整齐地与外电场方向一致时，当外电场去掉后，电畴的极化方向基本无变化，即剩余极化强度很大，这时的材料才具有压电特性，如图 3-19b 所示。

经极化处理后，陶瓷材料内部存在很强的剩余极化，当它受到外力作用时，电畴的界限发生移动，电畴发生偏转，从而引起剩余极化强度的变化，因而在垂直于极化方向的平面上将出现极化电荷的变化，如图 3-20 所示。这种因受力而产生的由机械效应转变为电效应，将机械能转变为电能的现象，就是压电陶瓷的正压电效应。电荷量 q 的大小与外力 F 成正比关系，其表达式为

$$q = d_{33} \cdot F$$

式中　d_{33}——压电陶瓷的压电系数。

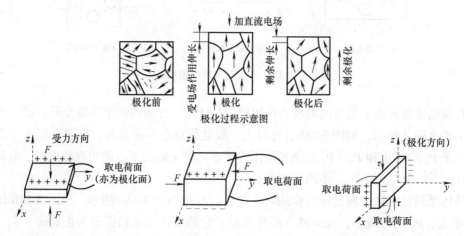

图 3-20　压电陶瓷受力方向与极化的关系示意图

压电陶瓷的压电系数比石英晶体的大得多，所以采用压电陶瓷制作的压电式传感器的灵敏度较高。极化处理后的压电陶瓷材料的剩余极化强度和特性与温度有关，它的参数也随时间变化，从而使其压电特性减弱。

最早使用的压电陶瓷材料是钛酸钡（$BaTiO_3$）。它是由碳酸钡和二氧化钛按 1：1 摩尔分子比例混合后烧结而成的。它的压电系数约为石英的 50 倍，但是居里点只有 115℃，使用温度不超过 70℃，温度稳定性和机械强度都不如石英。

目前使用较多的压电陶瓷材料是锆钛酸铅（PZT）系列，它是钛酸铅（$PbTiO_2$）和锆酸

铅（PbZrO$_3$）组成的（Pb（ZrTi）O$_3$）。居里点温度在 300℃ 以上，性能稳定，有较高的介电常数和压电系数。

铌镁酸铅是 20 世纪 60 年代发展起来的压电陶瓷。它是由铌镁酸铅、锆酸铅（PbZrO$_3$）和钛酸铅（PbTiO$_3$）按不同比例配出的不同性能的压电陶瓷，具有极高的压电系数和较高的工作温度，而且能承受较高的压力。

压电式传感器的基本原理就是利用压电材料的压电效应这个特性，即当有力作用在压电材料上时，传感器就有电荷（或电压）输出。

由于外力作用而在压电材料上产生的电荷只有在无泄漏的情况下才能保存，即需要测量回路具有无限大的输入阻抗，这实际上是不可能的，因此压电式传感器不能用于静态测量。压电材料在交变力的作用下，电荷可以不断补充，以供给测量回路一定的电流，故适用于动态测量。

2. 压电元件的结构形式

单片压电元件产生的电荷量甚微，为了提高压电式传感器的输出灵敏度，在实际应用中常采用两片（或两片以上）同型号的压电元件粘接在一起。由于压电材料的电荷是有极性的，因此接法也有两种，如图 3-21 所示。从作用力看，压电元件是串接的，因而每片受到的作用力相同，产生的变形和电荷数量大小都与单片时相同。

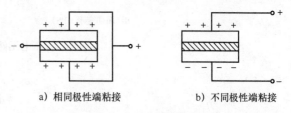

a) 相同极性端粘接   b) 不同极性端粘接

图 3-21 压电元件的连接方式

图 3-21a 是两个压电片的负端粘接在一起，中间插入的金属电极成为压电片的负极，正电极在两边的电极上。从电路上看，这是并联接法，类似两个电容的并联。所以，外力作用下正、负电极上的电荷量增加了一倍，电容量也增加了一倍，输出电压与单片时相同。

图 3-21b 是两压电片不同极性端粘接在一起，从电路上看是串联的，两压电片中间粘接处正、负电荷中和，上、下极板的电荷量与单片时相同，总电容量为单片的一半，输出电压增大了一倍。

在上述两种接法中，并联接法输出电荷大，本身电容大，时间常数大，适宜用在测量慢变信号并且以电荷作为输出量的场合。而串联接法输出电压大，本身电容小，适用于以电压作为输出信号并且测量电路输入阻抗很高的场合。压电式传感器中的压电元件，按其受力和变形方式不同，大致有厚度变形、长度变形、体积变形和厚度剪切变形等几种形式，如图 3-22 所示。目前最常使用的是厚度变形的压缩式和剪切变形的剪切式两种。

压电式传感器在测量低压力时线性度不好，这主要是传感器受力系统中力传递系数为非线性所致，即低压力下力的传递损失较大。为此，在力传递系统中加入预加力，称为预载。这除了消除低压力使用中的非线性外，还可以消除传感器内外接触表面的间隙，提高刚度。特别是，它只有在加预载后才能用压电式传感器测量拉力和拉、压交变力及剪力和扭矩。

3. 压电式传感器等效电路

由压电元件的工作原理可知，压电式传感器可以看作一个电荷发生器。同时，它也是一个电容器，晶体上聚集正、负电荷的两表面相当于电容的两个极板，极板间物质等效于一种介质，则其电容量为

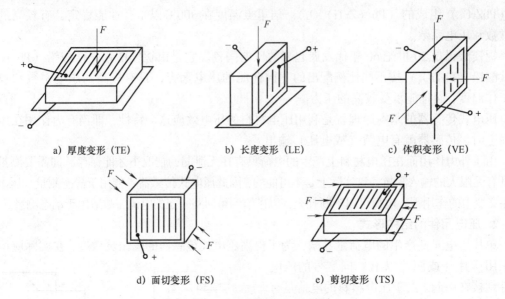

a) 厚度变形（TE）　　　　b) 长度变形（LE）　　　　c) 体积变形（VE）

d) 面切变形（FS）　　　　e) 剪切变形（TS）

图 3-22　压电元件的变形形式

$$C_a = \frac{\varepsilon_r \cdot \varepsilon_0 \cdot A}{d} \tag{3-44}$$

式中　A——压电片的面积；

　　　d——压电片的厚度；

　　　ε_r——压电材料的相对介电常数。

因此，压电式传感器可以等效为一个与电容相串联的电压源，如图 3-23a 所示，电容器上的电压 U_a、电荷量 q 和电容量 C_a 三者之间的关系为

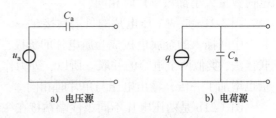

a) 电压源　　　　　b) 电荷源

图 3-23　压电元件的等效电路

$$U_a = \frac{q}{C_a} \tag{3-45}$$

压电式传感器也可以等效为一个电荷源，如图 3-23b 所示。

压电元件电荷 q 的开路电压 U 可等效为电源与电容串联或等效为一个电荷源 q 和电容 C_a 并联。压电式传感器在实际使用时总要与测量仪器或测量电路相连接，因此还需考虑连接电缆的等效电容 C_c、放大器的输入电阻 R_i、输入电容 C_i 以及压电式传感器的泄漏电阻 R_a。这样，压电式传感器在测量系统中的实际等效电路如图 3-24 所示。

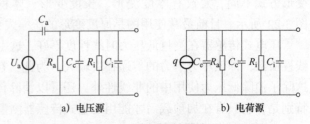

a) 电压源　　　　　b) 电荷源

图 3-24　压电式传感器的实际等效电路

4. 压电式传感器的测量电路

压电式传感器本身的内阻抗很高，而输出能量较小，因此它的测量电路通常需要接入一个高输入阻抗前置放大器。其作用为：一是把它的高输出阻抗变换为低输出阻抗；二是放大

传感器输出的微弱信号。压电式传感器的输出可以是电压信号，也可以是电荷信号，因此前置放大器也有两种形式：电压放大器和电荷放大器。

（1）电压放大器（阻抗变换器）

图 3-25 所示是电压放大器电路原理图及其等效电路。

在图 3-25b 中，电阻 $R = \dfrac{R_a R_i}{R_a + R_i}$，电容 $C = C_c + C_i$，而 $U_a = q / C_a$，若压电元件受正弦力 $f = F_m \sin\omega t$ 的作用，则其电压为

$$U_a = \frac{dF_m}{C_a} \sin\omega t = U_m \sin\omega t \tag{3-46}$$

式中　U_m——压电元件输出电压幅值，$U_m = \dfrac{dF_m}{C_a}$，d 为压电系数。

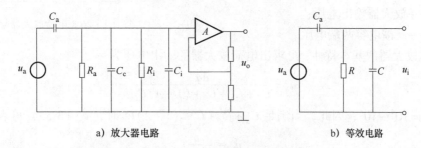

a）放大器电路　　　　　　　　b）等效电路

图 3-25　电压放大器电路原理图及其等效电路

由此可得放大器输入端电压 U_i，其复数形式为

$$\dot{U}_i = d \, \dot{F} \, \frac{\mathrm{j}\omega R}{1 + \mathrm{j}\omega R(C_a + C)} \tag{3-47}$$

U_i 的幅值 U_{im} 为

$$U_{im}(\omega) = \frac{dF_m \omega R}{\sqrt{1 + \omega^2 R^2 \left(C_a + C_c + C_i\right)^2}} \tag{3-48}$$

输入电压和作用力之间的相位差为

$$\varphi(\omega) = \frac{\pi}{2} - \arctan\left[\omega(C_a + C_c + C_i)R\right] \tag{3-49}$$

在理想情况下，传感器的 R_a 电阻值与前置放大器输入电阻 R_i 都为无限大，即 $\omega(C_a + C_c + C_i)R \gg 1$，那么可知，理想情况下输入电压幅值 U_{im} 为

$$U_{im} = \frac{dF_m}{C_a + C_c + C_i} \tag{3-50}$$

这表明前置放大器输入电压 U_{im} 与频率无关，一般在 $\omega/\omega_0 \gg 3$ 时，就可以认为 U_{im} 与 ω 无关，ω_0 表示测量电路时间常数的倒数，即

$$\omega_0 = \frac{1}{(C_a + C_c + C_i)R} \tag{3-51}$$

这表明压电式传感器有很好的高频响应，但是，当作用于压电元件的力为静态力（$\omega = 0$）时，前置放大器的输出电压等于零，因为电荷会通过放大器输入电阻和传感器本身漏电阻漏掉，所以压电传感器不能用于静态力的测量。

当 $\omega(C_a + C_c + C_i)R \gg 1$ 时，放大器输入电压 U_{im} 如式（3-50）所示，式中 C_c 为连接电缆电容，当电缆长度改变时，C_c 也将改变，因而 U_{im} 也随之变化。因此，压电式传感器与前置放大器之间的连接电缆不能随意更换，否则将引入测量误差。

（2）电荷放大器

电荷放大器常作为压电式传感器的输入电路，其等效电路如图 3-26 所示。它由一个反馈电容 C_f 和高增益运算放大器构成。

由于运算放大器输入阻抗极高，放大器输入端几乎没有分流，故可略去前端 R_a 和 R_i 并联电阻。由此可知

$$u_o \approx u_d = \frac{q}{C_f} \qquad (3\text{-}52)$$

式中　u_o——放大器输出电压；

u_d——反馈电容两端电压。

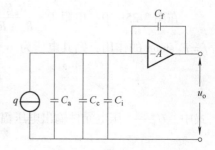

图 3-26　电荷放大器等效电路

由运算放大器的基本特性，可求出电荷放大器的输出电压为

$$u_o = \frac{Aq}{C_a + C_c + C_i + (1 + A)C_f} \qquad (3\text{-}53)$$

通常 $A = 10^4 \sim 10^8$，因此，当满足 $C_a + C_c + C_i \ll (1 + A)C_f$ 时，式（3-53）可表示为

$$u_o \approx -\frac{q}{C_f} \qquad (3\text{-}54)$$

由此可见，电荷放大器的输出电压 u_o 只取决于输入电荷 q 与反馈电容 C_f，与电缆电容 C_c 无关，且与 q 成正比，这是电荷放大器的最大特点。为了得到必要的测量精度，要求反馈电容 C_f 的温度和时间稳定性都很好，在实际电路中，考虑到不同的量程等因素，C_f 的容量常做成可选择的，范围一般为 $100 \sim 10^4 pF$。

5. 压电式传感器的应用

（1）压电式测力传感器

图 3-27 所示是压电式单向测力传感器的结构图，主要由石英晶片、绝缘套、电极、上盖及基座等组成。

传感器上盖为传力元件，它的外缘壁厚为 $0.1 \sim 0.5mm$，当外力作用时，它将产生弹性形变，将力传递到石英晶片上。石英晶片采用 xy 切割型，利用其纵向压电效应，通过 d_{11} 实现力—电转换。石英晶片的尺寸为 $\phi 8 \times 1mm$，该传感器的测力范围为 $0 \sim 50N$，最小分辨率为 $0.01N$，固有频率为 $50 \sim 60kHz$，整个传感器重为 $10g$。

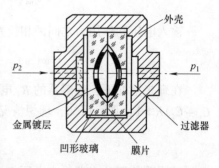

图 3-27　压电式单向测力传感器结构图

（2）压电式加速度传感器

图 3-28 所示是一种压电式加速度传感器的结构图。它主要由压电元件、质量块、预压弹簧、基座及外壳等组成。整个部件装在外壳内，并由螺栓加以固定。

当加速度传感器和被测物一起受到冲击振动时，压电元件受质量块惯性力的作用，根据牛顿第二定律，此惯性力是加速度的函数，即

$$F = ma \tag{3-55}$$

式中　F——质量块产生的惯性力；

　　　m——质量块的质量；

　　　a——加速度。

此时惯性力 F 作用于压电元件上，因而产生电荷 q，当传感器选定后，m 为常数，则传感器输出电荷为 $q = d_{11} F = d_{11} ma$，与加速度 a 成正比。因此，测得加速度传感器输出的电荷便可知加速度的大小。

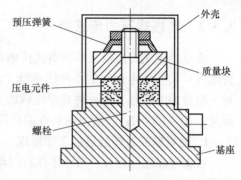

图 3-28　压电式加速度传感器结构图

（3）压电式金属加工切削力测量

图 3-29 所示是利用压电陶瓷传感器测量刀具切削力的示意图。由于压电陶瓷元件的自振频率高，因此特别适合测量变化剧烈的载荷。图中压电传感器位于车刀前部的下方，当进行切削加工时，切削力通过刀具传给压电传感器，压电传感器将切削力转换为电信号输出，记录下电信号的变化便可测得切削力的变化。

（4）压电式玻璃破碎报警器

BS-D2 压电式传感器是专门用于检测玻璃破碎的一种传感器，它利用压电元件对振动敏感的特性来感知玻璃受撞击和破碎时产生的振动波。传感器把振动波转换成电压输出，输出电压经放大、滤波、比较等处理后提供给报警系统。BS-D2 压电式玻璃破碎传感器的外形及内部电路如图 3-30 所示。传感器的最小输出电压为 100mV，最大输出电压为 100V，内阻抗为 $15 \sim 20\mathrm{k}\Omega$。

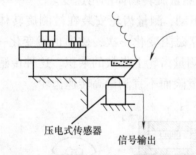

图 3-29　压电式刀具切削力测量示意图

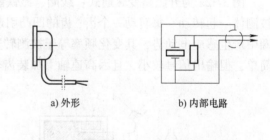

a）外形　　　　　b）内部电路

图 3-30　BS-D2 压电式玻璃破碎传感器

报警器的电路框图如图 3-31 所示。使用时传感器用胶粘贴在玻璃上，然后通过电缆和报警电路相连。为了提高报警器的灵敏度，信号经放大后，需经带通滤波器进行滤波，要求它对选定的频谱通带的衰减要小，而频带外衰减要尽量大。由于玻璃振动的波长在音频和超声波的范围内，这就使滤波器成为电路

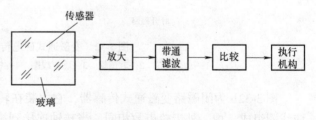

图 3-31　压电式玻璃破碎报警器电路框图

中的关键。只有当传感器输出信号高于设定的阈值时，才会输出报警信号，驱动报警执行机构工作。玻璃破碎报警器可广泛用于文物保管、贵重商品保管及商品柜台保管等场合。

3.3.2 电感式压力传感器

磁电感应式传感器又称磁电式传感器，是利用电磁感应原理将被测量（如振动、位移、转速等）转换成电信号的一种传感器。它不需要辅助电源，就能把被测对象的机械量转换成易于测量的电信号，是一种有源传感器。由于它输出功率大，且性能稳定，具有一定的工作带宽（10～1000Hz），所以得到普遍应用。

1. 磁电感应式传感器的工作原理

根据电磁感应定律，当导体在稳恒均匀磁场中沿垂直磁场方向运动时，导体内产生的感应电动势为

$$e = \left| \frac{\mathrm{d}\Phi}{\mathrm{d}t} \right| = Bl\frac{\mathrm{d}x}{\mathrm{d}t} = Blv \tag{3-56}$$

式中　B——稳恒均匀磁场的磁感应强度；

　　　l——导体有效长度；

　　　v——导体相对磁场的运动速度。

当一个 W 匝线圈相对静止地处于随时间变化的磁场中时，设穿过线圈的磁通为 Φ，则线圈内的感应电动势 e 与磁通变化率$\frac{\mathrm{d}\Phi}{\mathrm{d}t}$之间的关系为

$$e = -W\frac{\mathrm{d}\Phi}{\mathrm{d}t} \tag{3-57}$$

根据以上原理，人们设计出两种磁电式传感器：变磁通式和恒磁通式。变磁通式又称为磁阻式，图 3-32 所示是变磁通式磁电传感器，用来测量旋转物体的角速度。

图 3-32a 为开磁路变磁通式：线圈、磁铁静止不动，测量齿轮安装在被测旋转体上，随被测体一起转动。每转动一个齿，齿的凹凸引起磁路磁阻变化一次，磁通也就变化一次，线圈中产生感应电动势，其变化频率等于被测转速与测量齿轮上齿数的乘积。这种传感器结构简单，但输出信号较小，且因高速轴上加装齿轮较危险而不宜测量高转速齿轮。

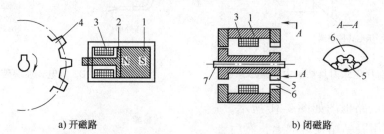

a) 开磁路　　　　　　　　　　　　　　b) 闭磁路

图 3-32　变磁通式磁电传感器结构图

1—永久磁铁　2—软磁铁　3—感应线圈　4—铁齿轮　5—内齿轮　6—外齿轮

图 3-32b 为闭磁路变磁通式传感器，它由装在转轴上的内齿轮和外齿轮、永久磁铁和感应线圈组成，内、外齿轮齿数相同。当转轴连接到被测转轴上时，外齿轮不动，内齿轮随被测轴而转动，内、外齿轮的相对转动使气隙磁阻产生周期性变化，从而引起磁路中磁通的变化，使线圈内产生周期性变化的感应电动势。显然感应电动势的频率与被测转速成正比。

磁路系统产生恒定的直流磁场，磁路中的工作气隙固定不变，因而气隙中磁通也是恒定

不变的。其运动部件可以是线圈（动圈式），也可以是磁铁（动铁式），动圈式（图 3-33a）和动铁式（图 3-33b）的工作原理是完全相同的。

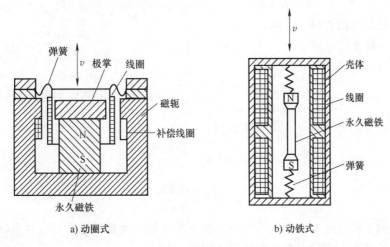

a) 动圈式   b) 动铁式

图 3-33　恒定磁通式磁电传感器结构原理图

当壳体随被测振动体一起振动时，由于弹簧较软，运动部件质量相对较大，当振动频率足够高（远大于传感器固有频率）时，运动部件惯性很大，来不及随振动体一起振动，近乎静止不动，振动能量几乎全被弹簧吸收，永久磁铁与线圈之间的相对运动速度接近于振动体振动速度，磁铁与线圈的相对运动切割磁力线，从而产生感应电动势为

$$e = -BlWv \tag{3-58}$$

式中　B——工作气隙磁感应强度；

　　　l——每匝线圈平均长度；

　　　W——线圈在工作气隙磁场中的匝数；

　　　v——相对运动速度。

根据电磁感应定律，W 匝线圈在磁场中运动切割磁力线，线圈内产生感应电动势 e。e 的大小与穿过线圈的磁通 Φ 变化率有关。

根据以上原理，人们设计出如下两种磁电感应式传感器。

恒磁通式：磁路系统恒定磁场运动部件，可以是线圈也可以是磁铁。

变磁通式：线圈、磁铁静止不动，转动物体引起磁阻、磁通变化。

测量压力的仪表常见的有气隙式和差动变压器式两种结构形式。气隙式的工作原理是被测压力作用在膜片上使之产生位移，引起差动电感线圈的磁路磁阻发生变化，这时膜片与磁心的气隙距离一边增加，另一边减少，电感量则一边减少，另一边增加，由此构成电感差动变化，通过电感组成的电桥输出一个与被测压力相对应的交流电压。具有体积小、结构简单等优点，适宜在有振动或冲击的环境中使用。差动变压器式的工作原理是被测压力作用在弹簧管上，使之产生与压力成正比的位移，同时带动连接在弹簧管末端的铁心移动，使差动变压器的两个对称的和反向串接的二次绕组失去平衡，输出一个与被测压力成正比的电压。也可以输出标准电流信号与电动单元组合仪表联用构成自动控制系统。

2. 磁电感应式传感器的基本特性

当测量电路接入磁电传感器电路时，如图 3-34 所示。

磁电传感器的输出电流 I_o 为

$$I_o = \frac{E}{R + R_f} = \frac{BlWv}{R + R_f} \qquad (3\text{-}59)$$

式中　R_f——测量电路的输入电阻；
　　　R——线圈等效电阻。

传感器的电流灵敏度为

$$S_I = \frac{I_o}{v} = \frac{BlW}{R + R_f} \qquad (3\text{-}60)$$

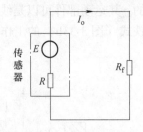

图 3-34　磁电式传感器测量电路

而传感器的输出电压和电压灵敏度分别为：

$$U_o = I_o R_f = \frac{BlWvR_f}{R + R_f} \qquad (3\text{-}61)$$

$$S_U = \frac{U_o}{v} = \frac{BlWR_f}{R + R_f} \qquad (3\text{-}62)$$

当传感器的工作温度发生变化或受到外界磁场干扰、受到机械振动或冲击时，其灵敏度将发生变化，从而产生测量误差，其相对误差为

$$\gamma = \frac{dS_I}{S_I} = \frac{dB}{B} + \frac{dl}{l} - \frac{dR}{R} \qquad (3\text{-}63)$$

（1）非线性误差

磁电式传感器产生非线性误差的主要原因是：由于传感器线圈内有电流 I 流过时，将产生一定的交变磁通 Φ_I，此交变磁通叠加在永久磁铁所产生的工作磁通上，使恒定的气隙磁通变化。当传感器线圈相对于永久磁铁磁场的运动速度增大时，将产生较大的感应电动势 e 和较大的电流 I，由此而产生的附加磁场方向与原工作磁场方向相反，减弱了工作磁场的作用，从而使得传感器的灵敏度随着被测速度的增大而降低。当线圈的运动速度与图 3-35 所示方向相反时，感应电动势 e、线圈感应电流反向，所产生的附加磁场方向与工作磁场同向，从而增大了传感器的灵敏度。其结果是线圈运动速度方向不同时，传感器的灵敏度具有不同的数值，使传感器输出基波能量降低，谐波能量增加，即这种非线性特性同时伴随着传感器输出的谐波失真。显然，传感器灵敏度越高，线圈中电流越大，这种非线性越严重。

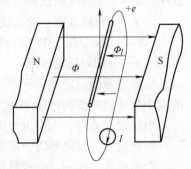

图 3-35　传感器电流的磁场效应

（2）温度误差

当温度变化时，相对误差公式（3-63）中右边 3 项都不为零，对铜线而言，每摄氏度变化量分别为 $\frac{dl}{l} \approx 0.167 \times 10^{-4}$，$\frac{dR}{R} \approx 0.43 \times 10^{-2}$，而 $\frac{dB}{B}$ 每摄氏度的变化量则决定于永久磁性材料。对铝镍钴永久磁合金，$\frac{dB}{B} \approx -0.02 \times 10^{-2}$，因此有 $\gamma_t \approx \frac{-4.5\%}{10\,℃}$。

这一数值是很可观的，所以需要进行温度补偿，补偿通常采用热磁分流器。热磁分流器由具有很大负温度系数的特殊磁性材料做成，它在正常工作温度下已将空气隙磁通分流掉一小部分。当温度升高时，热磁分流器的磁导率显著下降，经它分流掉的磁通占总磁通的比例较正常工作温度下显著降低，从而保持空气隙的工作磁通不随温度变化，维持传感器灵敏度为常数。

3. 磁电感应式传感器的应用

图 3-36 所示是动圈式振动速度传感器的结构框图，主要由传感器、控制电路、放大电路和显示器或记录仪组成。

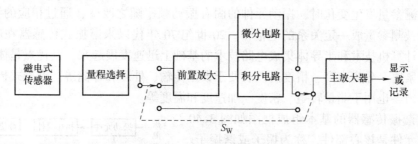

图 3-36　磁电式传感器测量电路框图

（1）动圈式振动速度传感器

动圈式振动速度传感器结构图如图 3-37 所示，其主要特点是：钢制圆形外壳，里面用铝支架将圆柱形永久磁铁与外壳固定成一体，永久磁铁中间有一小孔，穿过小孔的芯轴两端架起线圈和阻尼环，芯轴两端通过圆形膜片支撑架空且与外壳相连。

实际工作使用时，传感器与被测物体刚性连接，当物体振动时，传感器外壳和永久磁铁随之振动，而架空的芯轴、线圈和阻尼环因惯性而不随之振动。因而，磁路空气隙中的线圈切割磁力线而产生正比于振动速度的感应电动势，线圈的输出通过引线输出到测量电

图 3-37　动圈式振动速度传感器结构图
1—芯轴　2—外壳　3—弹簧片　4—铝支架
5—永久磁铁　6—线圈　7—阻尼环　8—引线

路。该传感器测量的是振动速度参数，若在测量电路中接入积分电路，则输出电动势与位移成正比；若在测量电路中接入微分电路，则其输出与加速度成正比。

（2）磁电式扭矩传感器

磁电式扭矩传感器的工作原理图如图 3-38 所示。在驱动源和负载之间的扭转轴的两侧安装有齿形圆盘，它们旁边装有相应的两个磁电式传感器。

磁电传感器结构图如图 3-39 所示。传感器的检测元件部分由永久磁铁、感应线圈和铁心组成。永久磁铁产生的磁力线与齿形圆盘交链，当齿形圆盘旋转时，圆盘齿凸凹引起磁路气隙的变化，于是磁通量也发生变化，在线圈中感应出交流电压，其频率在数值上等于圆盘上齿数与转数的乘积。

当扭矩作用在扭转轴上时，两个磁电式

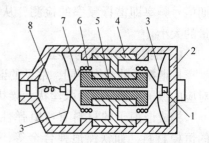

图 3-38　磁电式扭矩传感器工作原理图

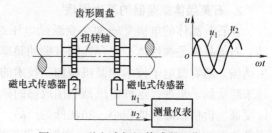

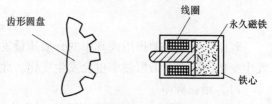

图 3-39　磁电式传感器结构图

传感器输出的感应电压 u_1 和 u_2 存在相位差。这个相位差与扭转轴的扭转角成正比，这样，传感器就可以把扭矩引起的扭转角转换成相位差的电信号。

3.3.3 谐振式压力传感器

谐振式传感器是直接将被测量变化转换为物体谐振频率变化的装置，故也称为频率式传感器。当被测参量发生变化时，振动元件的固有振动频率随之改变，通过相应的测量电路，就可得到与被测参量成一定关系的电信号。20 世纪 70 年代以来谐振式传感器在电子技术、测试技术、计算机技术和半导体集成电路技术的基础上迅速发展起来，其优点是体积小、重量轻、结构紧凑、分辨率高、精度高以及便于数据传输、处理和存储等。谐振式传感器主要用于测量压力，也用于测量转矩、密度、加速度和温度等。

机械式谐振传感器的基本组成框图如图 3-40 所示。振动元件是核心部件，称为振子或谐振子。它可采用闭环结构，也可采用开环结构。补偿装置主要对温度误差进行补偿。频率检测实现对周期信号频率即谐振频率的检测，从而可确定被测量的大小。

图 3-40　机械式谐振传感器的基本组成框图

1. 谐振式传感器的类型

按谐振子的结构不同，常见的谐振式传感器可分为振弦式、振梁式、振膜式和振筒式，对应的振子形状分别为张丝状、梁状、膜片状和筒状，如图 3-41 所示。

构成谐振子的材料有：恒弹性模量的恒模材料，如铁镍恒弹合金等，但这种材料易受外界磁场和周围环境温度的影响；石英晶体，在一般应力下具有很好的重复性和极小的迟滞，特别是其品质因数 Q 值极高，且不受环境温度影响，性能长期稳定。

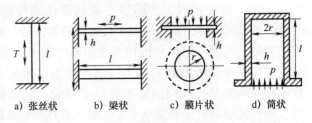

a) 张丝状　　b) 梁状　　c) 膜片状　　d) 筒状

图 3-41　谐振子的结构

2. 石英晶体振荡器的基本原理

在石英晶体的电极上施加交变激励电压时，由于逆压电效应，石英晶体会产生机械振动。石英晶体是弹性体，它存在固有振动频率。当强迫振动频率等于其固有振动频率时会产生谐振。随着微电子技术和微机械加工技术的兴起，以硅为振子材料的硅微机械谐振传感器越来越受到了重视，这种传感器利用成熟的硅集成制造工艺，能得到大批量的可靠性高、灵敏度高、价格低廉、体积小、功耗低的产品，特别是便于构成集成化测量系统。设振子等效刚度为 k_e，等效振动质量为 m_e，则振子谐振频率 f 可近似表示为

$$f = \frac{1}{2\pi}\sqrt{\frac{k_e}{m_e}} \tag{3-64}$$

若振子受到力的作用或其中的介质质量发生变化，导致振子的等效刚度或等效振动质量发生变化，那么其谐振频率也会发生变化。此即机械式谐振传感器的基本工作原理。

（1）谐振频率

如图 3-42 所示，一根两端固定，长度为 l，线密度（单位长度质量）为 r 的弦，受到张

力 T 作用。

其谐振频率（一次振型）为

$$f = \frac{\omega_1}{2\pi} = \frac{v}{2l} = \frac{1}{2l}\sqrt{\frac{T}{\rho}} \qquad (3\text{-}65)$$

当振弦一定时，谐振频率 f 与张力 T 及长度 l 有关。将被测物理量转换为 T 或 l 的改变量，即可通过测量 f 而确定被测量的大小。

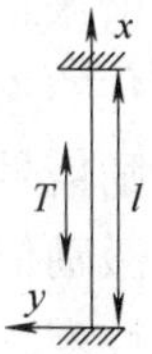

图 3-42　谐振频率示意图

（2）振动激励方式

为测出谐振频率，须设法激励振子振动。起振后，还需要及时补充能量。给振子补充能量的方式一般有两种：连续激励法和间歇激励法。

1）连续激励法：是指按振子的振动周期补充能量，使其振幅维持不变。又可分为电流法、电磁法、电荷法和电热法等。

① 电流法：接通电源时，振弦内的冲击电流使振弦开始振动。若不考虑阻尼，外接电路不需要再给振弦提供电流，即可依靠弹性力维持等幅振动，振动频率即谐振频率。

然而阻尼总是存在的，除电磁阻尼外还有空气阻尼等。振弦在运动过程中切割磁力线产生感应电动势，该电动势通过外接闭合回路形成电流，使振弦受到大小正比于运动速度、方向和运动速度相反的磁场力的作用，此即电磁阻尼。

电流法的缺点是：振弦连续激励容易疲劳，又因振弦通电，所以须考虑它与外壳绝缘问题。若绝缘材料的热膨胀系数与振弦的热膨胀系数差别大，则易产生温度误差。

② 电磁法：也称线圈法。这种方法在振弦中无电流通过。用两组电磁线圈，激振线圈用来连续激励振弦，感应线圈用来接收信号。通过外接电路形成正反馈，使振弦维持连续振动。

③ 电荷法：对振子材料为石英晶体的谐振式传感器，用金属蒸发沉积法在石英振梁上的下表面对称地设置 4 个电极，左边两个为一组，右边两个为一组。当一组电极加上某方向的电场时，因逆压电效应产生厚度切变，矩形梁段变成平行四边形；电场反向，平行四边形的倾斜也反向，如图 3-43 所示。

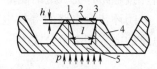

图 3-43　逆压电效应示意图

④ 电热法：用半导体扩散工艺，在硅微桥上表面中部制作激振电阻，在一端制作压敏检振电阻。激振电阻中通以交变的激励电流，产生横向振动。检振电阻受到交变的应力作用，阻值周期性变化，通过正反馈电路使硅微桥臂按谐振频率振动，其结构如图 3-44 所示。

图 3-44　电热法结构示意图

1—硅微桥臂　2—激振电阻
3—检振电阻　4—支柱　5—膜片

2）间歇激励法：不是按振动周期，而是按一定的时间间隔（多个振动周期）给振子补充能量。振子在激励脉冲作用下起振后做振幅逐渐衰减的振动，衰减到一定程度后再次激励，使振幅再次达到最大值，重新开始下一轮衰减振动，如图 3-45 所示。

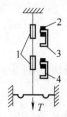

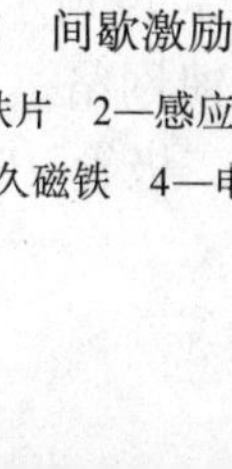

3. 谐振式传感器的转换电路

谐振式传感器通过测量谐振频率来确定被测量的大小，而谐振频率与被测量之间通常是非线性关系。因此，分析其特性时不仅要分析其输出/输入关系、灵敏度等，还要分析其非线

图 3-45　间歇激励示意图

1—铁片　2—感应线圈
3—永久磁铁　4—电磁铁

性误差。谐振式传感器的设计则主要是振子的设计，因为它是实现将被测量的变化转换为输出频率变化的关键元件。

按激励信号产生的方式可将转换电路分为开环式和闭环式两种。前者是由单独的信号发生器产生激励信号，后者是由检振环节的信号通过正反馈作为激励信号。为提高输出/输入关系的线性度，对非线性严重的谐振式传感器，还可将谐振频率取二次方后再进行输出。

（1）开环式转换电路

这是采用间歇激励方式的振弦式谐振传感器的转换电路。如图 3-46 所示，线圈兼有激振和检振两种作用，有利于减小传感器体积。

（2）闭环式转换电路

这是采用连续激励方式的谐振传感器的转换电路。连续激励方式不同，转换电路也不同。

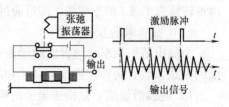

图 3-46　开环转换电路及信号

1）电流法转换电路。

转换电路如图 3-47 所示，适用于振弦式传感器。在振弦起振后的振荡过程中，外加电流只是克服阻尼作用，不使能量损失。动能和弹性能在弹性力作用下周期性地相互转化。

从另一角度，可认为外接电路提供的电流由 i_C、i_L 两部分组成，i_L 受到的磁场力 F_L 始终和弹性力大小相等、方向相反，抵消了弹性力的作用，i_C 受到的磁场力 F_C 则始终和弹性力大小相等、方向相同，即认为振弦动能和弹性能的相互转化是由磁场力 F_C 促成的。

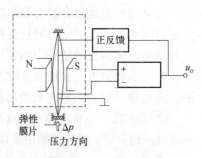

图 3-47　闭环转换电路

此时置于磁场中的振弦相当于一个 LC 并联回路，当外接电路满足正反馈条件时，即可产生振荡。至于其他阻尼（如空气阻尼），就像 LC 并联回路存在阻尼（如线圈电阻）一样，由外接电路补充一定的能量即可克服。

闭环转换电路的等效电路如图 3-48 所示，等效电路的电容和电阻公式为

$$C_e = \frac{m}{B^2 l^2} \qquad L_e = \frac{B^2 l^2}{k} \qquad (3\text{-}66)$$

因此，位于磁场中的通电振弦，可等效为并联的 LC 回路，其谐振频率为

$$f = \frac{1}{2\pi} \frac{1}{\sqrt{L_e C_e}} = \frac{1}{2\pi}\sqrt{\frac{k}{m}} \qquad (3\text{-}67)$$

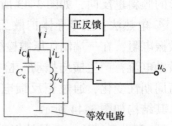

图 3-48　闭环转换电路等效电路图

若将横向刚度 $k = \pi^2 T/l$ 代入上式，即可得到：$f = \dfrac{1}{2l}\sqrt{\dfrac{T}{\rho}}$

$$(3\text{-}68)$$

在图 3-49 所示的电路中，振弦等效谐振回路作为整个振荡电路的正反馈网络，R_1、R_2 和场效应晶体管 VF 组成负反馈网络，R_4、R_5、二极管 VD 和电容 C 支路控制场效应晶体管的栅极电压。

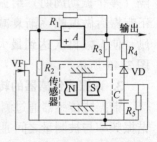

图 3-49　正反馈网络电路

电路停振时，输出信号等于零，场效应晶体管零偏，其漏源极对 R_2 的并联作用使负反馈电压近似等于零，从而大大削弱了负反馈回路的作用，使回路增益大大提高，有利于起振。起振后，VF 截止，负反馈网络起稳定输出信号幅度的作用。

2）电磁法转换电路。

如图 3-50 所示，由带有磁钢的电磁线圈 L 产生激励力，可用于振弦式、振膜式、振筒式和振梁式传感器。A 为振子，R_E 为贴在振子上的应变片，应变片检测振子的振动信号。IC_1 的输出信号经 C_2、R_5 及 C_3、R_6 两级相移，以满足电路自激振荡的要求。高增益放大器 IC_2 使输出信号大到一定值后饱和，以达到限幅目的。晶体管 VT 是功放。

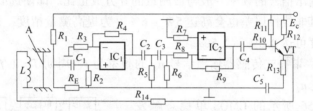

图 3-50　电磁法转换电路

3）电荷法转换电路。

压电式谐振传感器常用差频检测电路。如图 3-51 所示，传感器工作在 5MHz 的初始频率上，经倍频器乘以 40，由差频检测电路得到它与 5MHz 基准振荡器（也乘以 40）的频率差，再送入计数器。

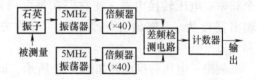

图 3-51　差频检测电路框图

4）电热法转换电路。

为提高检振灵敏度并补偿温度的影响，在微桥臂一端制作 4 个压敏电阻，排列方式如图 3-52 所示，置于微桥臂一端是因为端部应变最大。

由于微桥的长度远大于其宽度，应变主要沿长度方向，因此，只有 R_1 和 R_3 受压阻效应的影响。按图 3-53 所示连接成检振桥路，灵敏度可比单个压敏电阻大一倍。R_2 和 R_4 起温度补偿的作用。

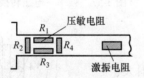

图 3-52　电阻布置

图 3-53　检振桥路

图 3-54 为自激测量系统。设激振电阻阻值为 R，所加激励电压为 $U\cos\omega t$，则热激励功率为

$$P(t) = \frac{(U\cos\omega t)^2}{R} = \frac{U^2(1+\cos2\omega t)}{2R} = P_s + P_d$$

$$(3-69)$$

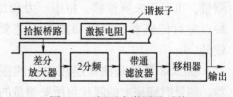

图 3-54　闭环自激测量系统

$$P_s = \frac{U^2}{2R}, P_d = \frac{U^2 \cos 2\omega t}{2R} \qquad (3-70)$$

其中，P_s 为恒定分量，不是激发及维持振荡的因素；P_d 为交变分量，起着激发并维持振荡的作用。

当满足正反馈条件，且 ω 等于谐振频率的 $1/2$ 时，即可按谐振频率振荡。放大器要有足够的放大倍数，以满足自激振荡的幅值条件，而移相器的作用是对闭环内各环节的总相移进行调整（主要是激振器→拾振器的 $90°$ 左右相移），以满足相位条件。

5）以频率的二次方为输出的转换电路。

谐振式传感器输出信号的频率一般与被测量的开方成正比。即使选取特性曲线较直的一段作为工作范围，其非线性误差也会高达 $5\% \sim 6\%$。为提高测量精度，采用以 u_1 为输出的转换电路，则线性度可达 $0.5\% \sim 2.5\%$。

如图 3-55 所示，谐振式传感器输出信号 u_1 的频率为 f、周期 $T = 1/f$。u_1 经放大整形后得到频率为 f 的方波 u_2。

u_2 触发如图 3-56 所示的 CMOS 单稳态触发器，得到频率仍为 f、周期仍为 T、但脉冲宽度为 t 的方波 u_3。t 与 f 无关，是常量。u_3 同时控制着两个频率—电压转换电路，使它们在每个周期 T 里输出宽度为 t、幅值分别为 U_{r1}、U_{r2} 的方波 u_{o1} 和 u_{o2}。

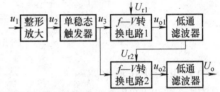

图 3-55　以频率的二次方为输出的转换电路

频率—电压转换电路如图 3-57 所示，u_3 高电平期间晶体管截止，场效应晶体管栅极低电位而导通，输出等于输入；u_3 低电平期间晶体管导通，场效应晶体管栅极高电位而截止，输出等于零。

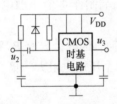

图 3-56　CMOS 单稳态触发器

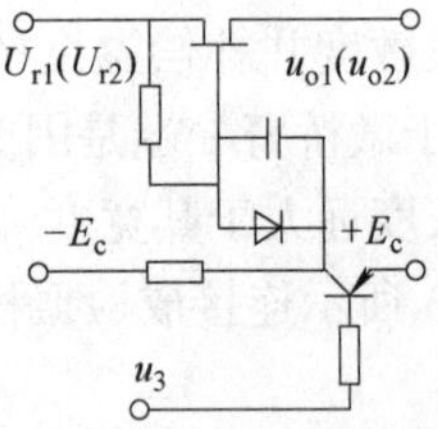

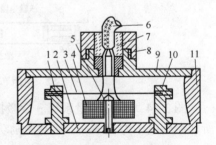

图 3-57　频率—电压转换电路

4. 传感器应用举例

（1）振弦式压力传感器

振弦式压力传感器具有结构简单、测量范围大、灵敏度高、测量电路简单等优点，广泛用于大压力的测量，也可用来测位移、扭矩、力和加速度等。它的缺点是对传感器的材料和加工工艺要求很高，精度较低。

图 3-58 所示是测地层压力用的振弦式压力传感器。测量时底座上的膜片与所要测量的地层面接触。

（2）振膜式压力传感器

图 3-58　振弦式压力传感器

1—夹紧装置　2—膜片　3—振弦　4—线圈
5—铁心　6—电缆　7—绝缘材料　8—塞子
9—盖子　10—支架　11—底座

振膜式压力传感器的分辨力可以达到 $0.3 \sim 0.5$ kPa/Hz，精度可达 0.01%，重复性可达十万分之几，长期稳定性可达每年 $0.01\% \sim 0.02\%$，这是一般模拟输出的压力传感器所不能比拟的。因此，常用于航空航天技术中，用来测量大气参数（静压及动压），并通过计算机求飞行速度、飞行高度等飞行参数；它还常用来作为标准计量仪器，标定其他压力传感器或压力仪表。此外，它也可测液体密度、液位等参数。

如图 3-59 所示，压力膜片 5 的支架上固定着振动膜片 2，被测压力 p 进入空腔之后，压力膜片发生变形，支架角度改变，使振动膜片张紧，刚度变化，固有频率也发生改变。

（3）振筒式传感器

振筒式传感器主要用于测量气体压力和密度等物理量。图 3-60 所示为单管式密度传感器结构，振筒振动时管中被测介质的质量必然附加在振筒的质量上，使系统谐振频率和介质质量有关。但管子对两端固定块有反作用力，将引起基座运动，导致测量误差。

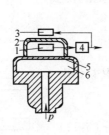

图 3-59　振膜式压力传感器
1—拾振线圈　2—振动膜片　3—激振线圈
4—放大振荡电路　5—压力膜片　6—空腔

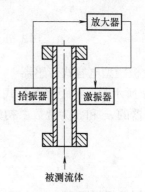

图 3-60　振筒式传感器

3.3.4　电容式压力传感器

电容式压力传感器是一种利用电容敏感元件，将被测压力转换成与之成一定关系的电量输出的压力传感器。

1. 电容式传感器的工作原理

由绝缘介质分开的两个平行金属板组成的平板电容器，如果不考虑边缘效应，其电容器的容量为

$$C = \frac{\varepsilon S}{d} \tag{3-71}$$

式中　ε——电容极板间介质的介电常数，$\varepsilon = \varepsilon_0 \varepsilon_r$，其中 ε_0 为真空介电常数，ε_r 为极板间介质的相对介电常数；

　　　S——两平行板所覆盖的面积；

　　　d——两平行板之间的距离。

当被测参数变化使得式（3-71）中的 S、d 或 ε 发生变化时，电容量 C 也随之变化。如果保持其中两个参数不变，而仅改变其中一个参数，就可把该参数的变化转换为电容量的变化，通过测量电路就可转换为电量输出，因此，电容式传感器可分为变极距型、变面积型和

变介电常数型 3 种。图 3-61 所示为常用电容式传感器的结构形式，其中，图 a、b 为变极距型，图 c、d 为变面积型，图 e ~ h 则为变介电常数型，在工业中应用较为广泛。

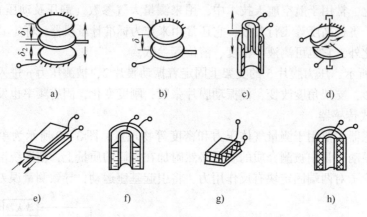

图 3-61　电容式传感器的各种结构形式

（1）变极距型电容式传感器

图 3-62 所示为变极距型电容式传感器的原理图。

当传感器的 ε_r 和 S 为常数，初始极距为 d_0 时，其初始电容量 C_0 为

$$C_0 = \frac{\varepsilon_0 \varepsilon_r S}{d_0} \qquad (3\text{-}72)$$

若电容器极板间距离由初始值 d_0 缩小了 Δd，电容量增大了 ΔC，则有

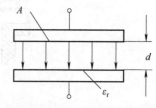

图 3-62　变极距型电容式传感器

$$C = C_0 + \Delta C = \frac{\varepsilon_0 \varepsilon_r S}{d_0 - \Delta d} = \frac{C_0}{1 - \dfrac{\Delta d}{d_0}} = \frac{C_0\left(1 + \dfrac{\Delta d}{d_0}\right)}{1 - \left(\dfrac{\Delta d}{d_0}\right)^2}$$

$$(3\text{-}73)$$

电容量与极板间距离的关系如图 3-63 所示。

在式（3-73）中，若 $\dfrac{\Delta d}{d_0} \ll 1$ 时，$1 - \left(\dfrac{\Delta d}{d_0}\right)^2 \approx 1$，则得到

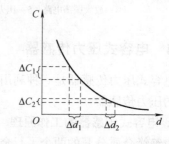

图 3-63　电容量与极板间距离的关系

$$C = C_0 + C_0 \frac{\Delta d}{d_0} \qquad (3\text{-}74)$$

此时 C 与 Δd 近似呈线性关系，所以变极距型电容式传感器只有在 $\dfrac{\Delta d}{d_0}$ 很小时，才有近似的线性关系。

另外，由式（3-74）可以看出，在 d_0 较小时，对于同样的 Δd 变化所引起的 ΔC 可以增大，从而使传感器灵敏度提高，但 d_0 过小容易引起电容器击穿或短路。为此，极板间可采用高介电常数的材料（云母、塑料膜等）作为介质，如图 3-64

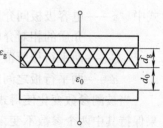

图 3-64　放置云母片的电容器

所示，此时电容 C 变为

$$C = \frac{S}{\dfrac{d_g}{\varepsilon_0 \varepsilon_g} + \dfrac{d_0}{\varepsilon_0}} \tag{3-75}$$

式中 ε_g——云母的相对介电常数，$\varepsilon_g = 7$；

         ε_0——空气的介电常数，$\varepsilon_0 = 1$；

         d_0——空气隙厚度；

         d_g——云母片的厚度。

    云母片的相对介电常数是空气的 7 倍，其击穿电压不小于 1000kV/mm，而空气的击穿电压仅为 3kV/mm。因此，有了云母片，极板间起始距离可大大减小。同时，式 (3-75) 中的 $(d_g / \varepsilon_0 \varepsilon_g)$ 项是恒定值，它能使传感器的输出特性的线性度得到改善。一般变极距型电容式传感器的起始电容在 $20 \sim 100\text{pF}$ 之间，极板间距离在 $25 \sim 200\mu\text{m}$ 的范围内。最大位移应小于间距的 $1/10$，故在微位移测量中应用最广。

    (2) 变面积型电容式传感器

    图 3-65 所示是变面积型电容传感器原理结构示意图。被测量通过动极板移动引起两极板有效覆盖面积 S 改变，从而得到电容量的变化。当动极板相对于定极板沿长度方向平移 Δx 时，则电容变化量为

$$\Delta C = C - C_0 = \frac{\varepsilon_0 \varepsilon_r (a - \Delta x) b}{d} \tag{3-76}$$

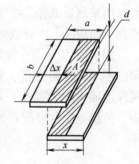

式中的 $C_0 = \dfrac{\varepsilon_0 \varepsilon_r ab}{d}$，为初始电容，电容相对变化量为

$$\frac{\Delta C}{C_0} = \frac{\Delta x}{a} \tag{3-77}$$

图 3-65   变面积型电容式传感器原理图

    很明显，这种形式的传感器其电容量 C 与水平位移 Δx 呈线性关系。

    图 3-66 所示是电容式角位移传感器原理图。当动极板有一个角位移 θ 时，与定极板间的有效覆盖面积就发生改变，从而改变了两极板间的电容量。

    当 $\theta = 0$ 时，则有

$$C_0 = \frac{\varepsilon_0 \varepsilon_r S_0}{d} \tag{3-78}$$

式中 ε_r——介质相对介电常数；

         d_0——两极板间距离；

         S_0——两极板间初始覆盖面积。

    当 $\theta \neq 0$ 时，则有

$$C = \frac{\varepsilon_0 \varepsilon_r S_0 \left(1 - \dfrac{\theta}{\pi}\right)}{d_0} = C_0 - C_0 \frac{\theta}{\pi} \tag{3-79}$$

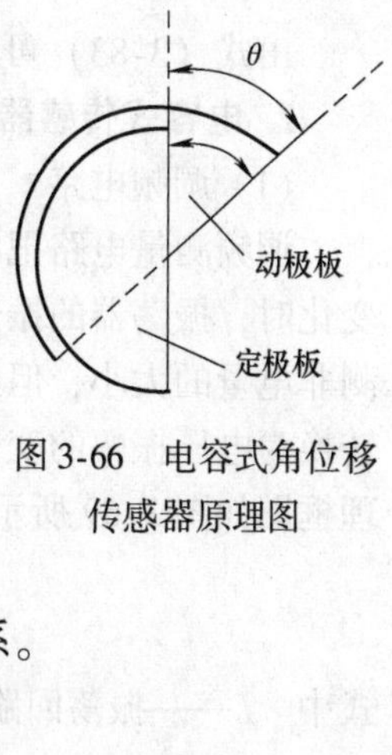

图 3-66   电容式角位移传感器原理图

    从式 (3-79) 可以看出，传感器的电容量 C 与角位移 θ 呈线性关系。

    (3) 变介质型电容式传感器

图 3-67 所示是一种变极板间介质的电容式传感器用于测量液位高低的结构原理图。

设被测介质的介电常数为 ε_1，液面高度为 h，变换器总高度为 H，内筒外径为 d，外筒内径为 D，此时变换器电容值为

$$C = \frac{2\pi\varepsilon_1 h}{\ln\frac{D}{d}} + \frac{2\pi\varepsilon(H-h)}{\ln\frac{D}{d}} = \frac{2\pi\varepsilon H}{\ln\frac{D}{d}} + \frac{2\pi h(\varepsilon_1 - \varepsilon)}{\ln\frac{D}{d}} = C_0 - \frac{2\pi h(\varepsilon_1 - \varepsilon)}{\ln\frac{D}{d}}$$

$$(3\text{-}80)$$

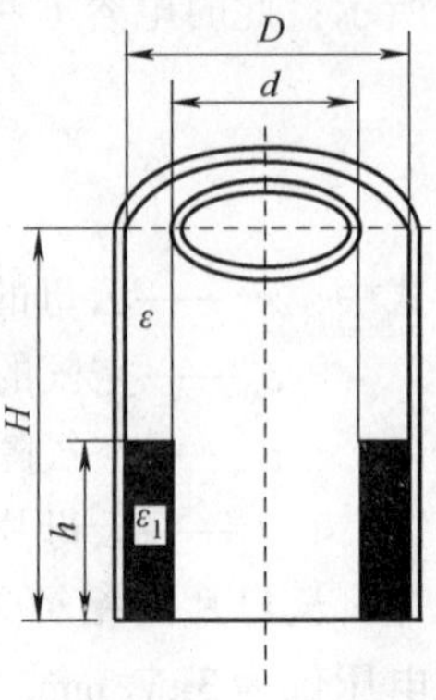

式中的 ε 为空气介电常数，C_0 为由变换器的基本尺寸决定的初始电容值，电容值为

$$C_0 = \frac{2\pi\varepsilon h}{\ln\frac{D}{d}} \tag{3-81}$$

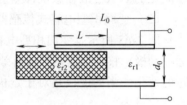

图 3-67　电容式液位变换器结构原理图

由式（3-81）可见，此变换器的电容增量正比于被测液位高度 h。变介质型电容式传感器有较多的结构形式，可以用来测量纸张、绝缘薄膜等的厚度，也可以用来测量粮食、纺织品、木材或煤炭等非导电固体介质的湿度。

图 3-68 所示是一种常用的结构形式。图中两平行电极固定不动，极距为 d_0，相对介电常数为 ε_{r2} 的电介质以不同深度插入电容器中，从而改变两种介质的极板覆盖面积。传感器总电容量 C 为

图 3-68　变介质型电容式传感器

$$C = C_1 + C_2 = \varepsilon_0 b_0 \frac{\varepsilon_{r1}(L_0 - L) + \varepsilon_{r2}L}{d_0} \tag{3-82}$$

式中　L_0，b_0——分别为极板的长度和极板的宽度；

　　　　L——第二种介质进入极板间的长度。

若电介质 $\varepsilon_{r1} = 1$，当 $L = 0$ 时，传感器初始电容 $C_0 = \varepsilon_0\varepsilon_{r1}L_0 b_0/d_0$。当被测介质 ε_{r2} 进入极板间 L 深度后，引起电容相对变化量为

$$\frac{\Delta C}{C_0} = \frac{C - C_0}{C_0} = \frac{(\varepsilon_{r2} - 1)L}{d_0} \tag{3-83}$$

由式（3-83）可见，电容量的变化与电介质 ε_{r2} 的移动量 L 呈线性关系。

2. 电容式传感器的测量电路

（1）调频电路

调频测量电路把电容式传感器作为振荡器谐振回路的一部分，当输入量导致电容量发生变化时，振荡器的振荡频率就发生变化。虽然可将频率作为测量系统的输出量，用以判断被测非电量的大小，但此时系统是非线性的，不易校正，因此必须加入鉴频器，将频率的变化转换为电压振幅的变化，经过放大就可以用仪器指示或记录仪记录下来。调频式测量电路原理框图如图 3-69 所示。图中调频振荡器的振荡频率为

$$f = \frac{1}{2\pi\sqrt{LC}} \tag{3-84}$$

式中　L——振荡回路的电感；

C——振荡回路的总电容，$C = C_1 + C_2 + C_x$，其中 C_1 为振荡回路固有电容；

C_2——传感器引线分布电容，$C_x = C_0 \pm \Delta C$ 为传感器的电容。

图 3-69　调频式测量电路原理框图

当被测信号为 0 时，$\Delta C = 0$，则 $C = C_1 + C_2 + C_0$，所以振荡器有一个固有频率 f_0，其表示式为

$$f_0 = \frac{1}{2\pi \sqrt{L(C_1 + C_2 + C_0)}} \tag{3-85}$$

当被测信号不为 0 时，$\Delta C \neq 0$，振荡器频率有相应变化，此时频率为

$$f = \frac{1}{2\pi \sqrt{L(C_1 + C_2 + C_0 \mp \Delta C)}} = f_0 \pm \Delta f \tag{3-86}$$

调频电容传感器测量电路具有较高的灵敏度，可以测量高至 $0.01\mu m$ 级位移变化量。信号的输出频率易于用数字仪器测量，并易于与计算机进行通信，抗干扰能力强，可以发送、接收以达到遥测遥控的目的。

（2）运算放大器式电路

由于运算放大器的放大倍数非常大，而且输入阻抗 Z_i 很高，因此运算放大器的这一特点可以使其作为电容式传感器比较理想的测量电路。图 3-70 所示是运算放大器式电路原理图，图中 C_x 为电容式传感器电容；$\dot{U}_i$ 是交流电源电压；$\dot{U}_o$ 是输出信号电压；Σ 是虚地点。

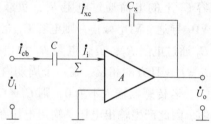

图 3-70　运算放大器式电路原理图

由运算放大器工作原理可得

$$\dot{U}_o = -\frac{C}{C_x}\dot{U}_i \tag{3-87}$$

如果传感器是一只平板电容器，则 $C_x = \dfrac{\varepsilon S}{d}$，代入式（3-87），可得

$$\dot{U}_o = -\frac{C}{\varepsilon S}d\,\dot{U}_i \tag{3-88}$$

式中 " $-$ " 表示输出电压 U_o 的相位与电源电压反相。说明运算放大器的输出电压与极板间距离 d 呈线性关系。运算放大器式电路虽解决了单个变极板间距离型电容传感器的非线性问题，但要求 Z_i 及放大倍数足够大。为保证仪器精度，还要求电源电压 $\dot{U}_i$ 的幅值和固定电容 C 值稳定。

（3）二极管双 T 形交流电桥

图 3-71a 是二极管双 T 形交流电桥电路原理图。e 是高频电源，它提供了幅值为 U 的对称方波，VD_1、VD_2 为特性完全相同的两只二极管，固定电阻 $R_1 = R_2 = R$，C_1、C_2 为传感器的两个差动电容。

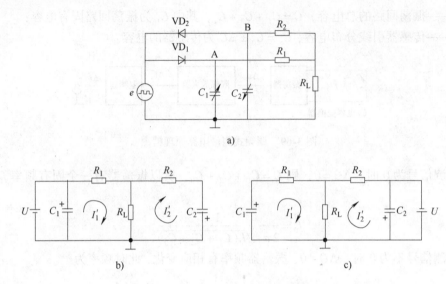

图 3-71　二极管双 T 形交流电桥

当传感器没有输入时，$C_1 = C_2$。其电路工作原理如下：当 e 为正半周时，二极管 VD_1 导通、VD_2 截止，于是电容 C_1 充电，其等效电路如图 3-71b 所示；在随后负半周出现时，电容 C_1 上的电荷通过电阻 R_1，负载电阻 R_L 放电，流过 R_L 的电流为 I_1。当 e 为负半周时，VD_2 导通、VD_1 截止，则电容 C_2 充电，其等效电路如图 3-71c 所示；在随后出现正半周时，C_2 通过电阻 R_2，负载电阻 R_L 放电，流过 R_L 的电流为 I_2。根据上面所给的条件，则电流 $I_1 = I_2$，且方向相反，在一个周期内流过 R_L 的平均电流为零。

若传感器输入不为 0，则 $C_1 \neq C_2$，$I_1 \neq I_2$，此时在一个周期内通过 R_L 上的平均电流不为零，因此产生输出电压，输出电压在一个周期内的平均值为

$$U_o = I_L R_L = \frac{1}{T}\int_0^T \left[I_1(t) - I_2(t) \right] \mathrm{d}t \times R_L$$

$$\approx \frac{R(R + 2R_L)}{(R + R_L)^2} R_L U f (C_1 - C_2) \tag{3-89}$$

式中　f——电源频率。

当 R_L 已知时，式 (3-89) 中 $\dfrac{R(R + 2R_L)}{(R + R_L)^2} R_L = M$（常数），则可得

$$U_o = M U f (C_1 - C_2) \tag{3-90}$$

从式 (3-90) 可知，输出电压 U_o 不仅与电源电压的幅值和频率有关，而且与 T 形网络中的电容 C_1 和 C_2 的差值有关。当电源电压确定后，输出电压 U_o 是电容 C_1 和 C_2 的函数。该电路输出电压较高，当电源频率为 1.3MHz，电源电压 $U = 46V$ 时，电容差值在 $-7 \sim 7pF$ 变化，可以在 1MΩ 负载上得到 $-5 \sim 5V$ 的直流输出电压。电路的灵敏度与电源电压的幅值和频率有关，故输入电源要求稳定。当 U 幅值较高，使二极管 VD_1、VD_2 工作在线性区域时，测量的非线性误差很小。电路的输出阻抗与电容 C_1、C_2 无关，而仅与 R_1、R_2 及 R_L 有关，约为 $1 \sim 100kΩ$。输出信号的上升沿时间取决于负载电阻，对于 1kΩ 的负载电阻上升时间为 20μs 左右，故可用来测量高速的机械运动。

（4）环形二极管充放电法

用环形二极管充放电法测量电容的基本原理是以一个高频方波为信号源，通过环形二极管电桥，对被测电容进行充、放电，环形二极管电桥输出一个与被测电容成正比的微安级电流。电路原理如图 3-72 所示。

输入方波一般加在电桥的 A 点和地之间，C_x 为被测电容，C_d 为平衡电容传感器初始电容的调零电容，C 为滤波电容，A 为直流电流表。在设计时，由于方波脉冲宽度足以使电容 C_x 和 C_d 的充、放电过程在方波平顶部分结束，因此电桥将发生如下工作过程：

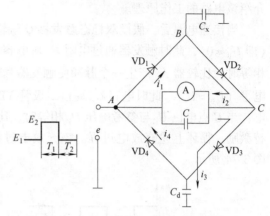

图 3-72　环形二极管电容测量电路原理图

当输入的方波由 E_1 跃变到 E_2 时，电容 C_x 和 C_d 两端的电压皆由 E_1 充电到 E_2。对电容 C_x 充电的电流如 i_1 所示的方向，对 C_d 充电的电流如 i_3 所示的方向。在充电过程中（T_1 这段时间），VD_2、VD_4 一直处于截止状态。在 T_1 这段时间内由 A 点向 C 点流动的电荷量为：$q_1 = C_d(E_2 - E_1)$。

当输入的方波从 E_2 返回到 E_1 时，C_x、C_d 放电，它们两端的电压由 E_2 下降到 E_1，放电电流所经过的路径分别为 i_3、i_4 所示的方向。在放电过程中（T_2 时间内），VD_1、VD_3 截止。在 T_2 这段时间内由 C 点向 A 点流过的电荷量为 $q_2 = C_x(E_2 - E_1)$。

设方波的频率 $f = 1/T_0$（即每秒钟要发生的充、放电过程的次数），则由 C 点流向 A 点的平均电流为 $I_2 = C_x f(E_2 - E_1)$，而从 A 点流向 C 点的平均电流为 $I_3 = C_{xd}(E_2 - E_1)$，流过此支路的瞬时电流的平均值 I 为

$$I = C_x f(E_2 - E_1) - C_d f(E_2 - E_1) = f\Delta E(C_x - C_d) \tag{3-91}$$

式中　ΔE——方波的幅值，$\Delta E = E_2 - E_1$。

令 C_x 的初始值为 C_0，ΔC_x 为 C_x 的增量，则 $C_x = C_0 + \Delta C_x$，调节 $C_d = C_0$，则

$$I = f\Delta E(C_x - C_d) = f\Delta E\Delta C_x \tag{3-92}$$

由式（3-92）可以看出，流经电流表的平均电流 I 正比于 ΔC_x。

（5）差动脉冲宽度调制电路

脉冲宽度调制——PWM 是英文"Pulse Width Modulation"的缩写，简称脉宽调制，是利用微处理器的数字输出来对模拟电路进行控制的一种非常有效的技术，广泛应用在从测量、通信到功率控制与变换的许多领域中。常用差动脉冲宽度调制电路如图 3-73 所示。

差动脉冲宽度调制电路由双稳态触发器、比较器和充放电回路构成。图中 U_r 为输入端参考电压，u_{AB} 为脉冲输出电压，A_1 和 A_2 为电压比较器，RC 充放电回路由测量差动电容 C_{x1} 和 C_{x2}（传感器）、电阻 R_1 和 R_2 及二极管 VD_1、VD_2 组成。

差动脉冲宽度调制电路结构如上所述，下面

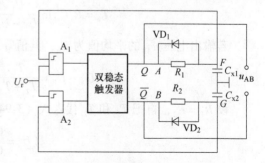

图 3-73　差动脉冲宽度调制电路图

101

介绍该电路的工作原理。

当接通电源后，假设双稳态触发器 Q 端输出为高电平 U_1（即 $U_A = U_1$），$\overline{Q}$ 端为低电平 0（即 $U_B = 0$），此时触发器通过电阻 R_1 对电容 C_{x1} 充电；当 F 点电位 U_F 上升到与参考电压 U_r 相等时，比较器 A_1 产生一个脉冲使触发器翻转，从而使 Q 端为低电平（$U_A = 0$），$\overline{Q}$ 端为高电平（$U_B = U_r$）。此时电容 C_{x1} 通过二极管 VD_1 迅速放电至零，而触发器 $\overline{Q}$ 端经 R_2 向 C_{x2} 充电；当 G 点电位 U_G 与参考电压 U_r 相等时，比较器 A_2 输出一个脉冲使触发器翻转，如此交替激励，循环上述充放电过程。该充放电过程中的电压 u_A、u_B、u_{AB}、u_F、u_G 波形变化如图 3-74 所示。

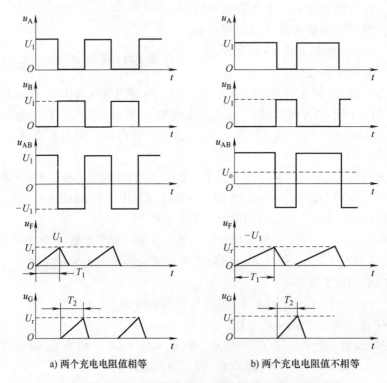

a) 两个充电电阻值相等　　　　　　b) 两个充电电阻值不相等

图 3-74　差动脉冲宽度调制电路电压波形

由图 3-74 可知，电容 C_{x1} 和 C_{x2} 从零值充电至参考电压 U_r 的时间分别为 T_1 和 T_2，通过电路知识计算得

$$T_1 = R_1 C_{x1} \ln \frac{U_1}{U_1 - U_r}, \quad T_2 = R_2 C_{x2} \ln \frac{U_1}{U_1 - U_r} \tag{3-93}$$

若输出电压 u_{AB} 的平均值为 U_o，其值等于 A、B 两点电位平均值 U_A 和 U_B 之差，即

$$U_o = U_A - U_B = \frac{T_1}{T_1 + T_2} U_1 - \frac{T_2}{T_1 + T_2} U_1 = \frac{T_1 - T_2}{T_1 + T_2} U_1 \tag{3-94}$$

设 $R_1 = R_2$，再把 T_1 和 T_2 代入式（3-94），则得

$$U_o = \frac{C_{x1} - C_{x2}}{C_{x1} + C_{x2}} U_1 \tag{3-95}$$

由式（3-95）可知，差动脉冲宽度调制电路输出的直流电压与两个传感器电容之差成

正比。

对于差动电容传感器而言，把平行板电容的公式 $C = \varepsilon \dfrac{S}{d}$ 代入式（3-95），在变极板距离的情况下可得

$$U_o = \frac{d_1 - d_2}{d_1 + d_2} U_1 \tag{3-96}$$

式中 d_1、d_2——分别为 C_{x1}、C_{x2} 极板间距离。

当差动电容 $C_{x1} = C_{x2} = C_0$，即 $d_1 = d_2 = d_0$ 时，$U_o = 0$；若 $C_{x1} \neq C_{x2}$，设 $C_{x1} > C_{x2}$，即 $d_1 = d_0 - \Delta d$，$d_2 = d_0 + \Delta d$，则有

$$U_o = \frac{\Delta d}{d_0} U_1 \tag{3-97}$$

同样，在变面积电容式传感器中，则有

$$U_o = \frac{\Delta S}{S} U_1 \tag{3-98}$$

由此可见，差动脉宽调制电路适用于变极板距离以及变面积差动式电容传感器，并具有线性特性，且转换效率高，输出电压 u_{AB} 经过低通放大器后就有较大的直流输出，脉冲调宽频率的变化对输出没有影响，这些特点都是其他电容测量电路无法比拟的。

3. 电容式传感器的应用

（1）电容式压力传感器

图 3-75 所示为差动式电容压力传感器的结构图。

图中所示膜片为动电极，两个在凹形玻璃上的金属镀层为固定电极，构成差动电容器。

当被测压力或压力差作用于膜片并产生位移时，所形成的两个电容器的电容量，一个增大，另一个减小。该电容值的变化经测量电路转换成与压力或压力差相对应的电流或电压的变化。

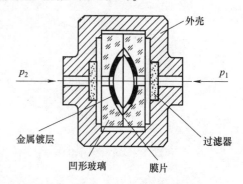

图 3-75　差动式电容压力传感器结构图

（2）电容式加速度传感器

结构图如图 3-76 所示，当传感器壳体随被测对象沿垂直方向做直线加速运动时，质量块在惯性空间中相对静止，两个固定电极将相对于质量块在垂直方向产生大小正比于被测加速度的位移。此位移使两电容的间隙发生变化，一个增加，另一个减小，从而使 C_1、C_2 产生大小相等、符号相反的增量，此增量正比于被测加速度。

电容式加速度传感器的主要特点是频率响应快和量程范围大，大多采用空气等气体作阻尼物质。

（3）差动式电容测厚传感器

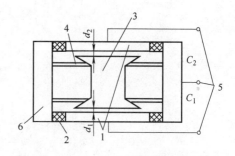

图 3-76　差动式电容加速度传感器结构图

1—固定电极　2—绝缘垫　3—质量块

4—弹簧　5—输出端　6—壳体

电容测厚传感器是用来对金属带材在轧制过程中的厚度进行检测的，其工作原理是在被测带材的上、下两侧各放置一块面积相等、与带材距离相等的极板，这样极板与带材就构成了两个电容器 C_1、C_2。把两块极板用导线连接成为一个极，而带材就是电容的另一个极，其总电容为 $C_1 + C_2$，如果带材的厚度发生变化，将引起电容量的变化，用交流电桥将电容的变化测出来，经过放大即可由电表指示测量结果。

差动式电容测厚传感器的测量原理框图如图 3-77 所示。音频信号发生器产生的音频信号接入变压器 T 的一次线圈，变压器二次侧的两个线圈作为测量电桥的两臂，电桥的另外两桥臂由标准电容 C_0 和带材与极板形成的被测电容 C_x（$C_x = C_1 + C_2$）组成。电桥的输出电压经放大器放大后整流为直流，再经差动放大，即可用指示电表指示出带材厚度的变化。

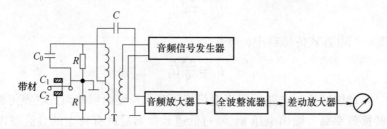

图 3-77　差动式电容测厚系统原理框图

第 4 章

环境传感器及其应用

由于人类对工业高度发达的负面影响预料不够和预防不利等因素，导致了全球性的三大危机：资源短缺、环境污染和生态破坏。其中的环境污染是指人为向环境中排放某种物质而超过环境的自净能力从而产生危害的行为，它给人类生存和发展带来了极大的威胁，要搞好环境污染综合防治首先必须做好环境污染监测，如大气、水体、土壤等各种环境要素的监测。

环境传感器主要包括光照传感器、气体成分传感器、空气温湿度传感器、噪声传感器、土壤成分传感器、雨量传感器和风速风向传感器等，本章重点介绍光电传感器、气体传感器、声音传感器、湿敏传感器及其应用电路的设计与制作。

4.1　基于红外光电传感器的循迹、避障小车设计与制作

1. 工作目标

1）掌握红外光电传感器的工作原理、技术参数、功能特点及其应用。
2）提高实践动手能力、基本技能技巧和工程应用设计水平。
3）掌握红外光电发射、接收管应用电路的初步设计方法和步骤。
4）掌握红外光电发射、接收管应用电路原理设计和参数计算。
5）掌握红外光电发射、接收管传感器应用电路的实际制作和调试方法。
6）熟悉电路制作的工艺流程、操作规范和计算机辅助设计方法。

2. 工作内容

设计一个循迹、避障小车应用电路，该电路的主要功能和技术指标如下：

（1）主要功能

1）能够在白色平板上循着黑色线行走，黑色线宽1cm。
2）左前方和右前方各安装一个避障传感器，当前方有障碍物时能够停止。
3）循迹测量：在连续的黑色线上持续行走。

（2）技术指标

1）适配传感器：红外光电发射、接收管。
2）测量范围：3～10cm。

（3）实验条件

1）电工工具：万用表、剥线钳、尖嘴钳、螺钉旋具、电烙铁等。
2）电子器材：红外光电发射、接收管、电阻、电容、集成电路等。
3）主要耗材：焊锡、导线、万用板和干电池等。

4）实验套件：双轮驱动的小车和继电器、集成电路芯片。

5）实验仪器：直流稳压电源、数字示波器等。

3. 工作方案

（1）工作调研

各小组成员通过各种方式查阅红外光电发射、接收管测量应用电路的相关文献，仔细阅读本节背景资料，初步掌握红外光电发射、接收管传感器及其应用电路设计与制作的基础理论和设计方法。

（2）工作讨论

各小组根据成员所掌握的调研资料，提出各自的技术方案，组长负责全组的技术方案讨论与总结，确定本组最终实施技术方案。

（3）技术方案

主要包括红外光电发射、接收管和小车直流电动机的驱动应用电路的设计方案和制作方案。电路设计方案应包括以下技术关键环节：如何把红外光电发射、接收管的参数变化转换成电压信号；如何把电压信号转换成控制直流电动机运行的信号，以及电动机转速的控制；如何实现障碍物的检测及控制电动机停止；传感器的安装位置及形式。制作方案主要涉及电路板的设计制作与整机的安装调试。

4. 工作过程

根据工作内容和工作方案要求，整个工作过程应包括以下工艺流程。

1）红外光电发射、接收管基本性能测试。

2）红外光电发射、接收管转换电路设计与参数计算。

3）循迹控制和障碍物检测电路原理设计与参数计算。

4）将循迹和避障信号转换为电动机运行的控制信号电路设计与参数计算。

5）直流电动机的简单驱动电路设计与参数计算。

6）红外光电发射、接收管测量电路板制作、安装、元器件焊接和电路检查等。

7）循迹、避障、电动机控制电路板通电试验、电路调试和功能验证。

8）循迹、避障的主要指标测试与校验。

5. 工作评价

各小组分别展示各自的制作成果，采取成员自评、小组互评和教师评价的综合方法评定每个同学的工作成绩，参考评定标准见表4-1。

表4-1　循迹、避障小车应用电路设计与制作评分标准

评价体系	评价内容	分　值	学生自评分（20%）	小组互评分（30%）	教师评分（50%）
专业能力（70分）	查找阅读整理材料及技术实施计划方案	10			
	红外光电发射、接收管信号转换电路设计与计算	15			
	直流电动机驱动电路的设计	10			
	传感器的制作与安装	15			
	小车整体调试与测量	15			
	创新思维、经济意识	5			

（续）

评价体系	评价内容	分　值	学生自评分 （20%）	小组互评分 （30%）	教师评分 （50%）
综合能力 （30分）	工作学习态度	10			
	总结报告书质量	10			
	团队合作精神	5			
	语言沟通能力	5			

6. 工作总结

每组各成员编写一份循迹、避障小车的电路设计与制作总结报告书，具体要求如下：

1）阐述各种光电传感器的特点、发展趋势、工作原理和应用场合。

2）论述循迹、避障小车的设计制作过程，包括电路的设计、测量精度及范围的测定。

7. 背景资料

光电传感器是将被测量的变化通过光信号变化转换成电信号，具有这种功能的材料称为光敏材料，做成的器件称为光电器件。光电器件种类很多，如光电管、光敏二极管、光电倍增管、光敏晶体管、光敏电阻、光电池、光耦合器、光电开关、光纤等，在计算机、自动检测、控制系统中应用非常广泛。

（1）外光电效应

一束光是由一束以光速运动的粒子流组成的，这些粒子称为光子。光子具有能量，每个光子具有的能量由下式确定：

$$E = hv \tag{4-1}$$

式中　h——普朗克常数，$h = 6.626 \times 10^{-34} \mathrm{J \cdot s}$；

　　　v——光的频率，单位为 s^{-1}。

所以光的波长越短，即频率越高，光子的能量也越大；反之，光的波长越长，光子的能量也就越小。

在光线作用下，物体内的电子逸出物体表面向外发射的现象称为外光电效应。向外发射的电子叫光电子。基于外光电效应的光电器件有光电管、光电倍增管等。

当光照射物体时，可以看成一连串具有一定能量的光子轰击物体，当物体中电子吸收的入射光子能量超过逸出功 A_0 时，电子就会逸出物体表面，产生光电子发射，超过部分的能量表现为逸出电子的动能。根据能量守恒定理，有

$$hv = \frac{1}{2}mv_0^2 + A_0 \tag{4-2}$$

式中　m——电子质量；

　　　v_0——电子逸出速度。

式（4-2）称为爱因斯坦光电效应方程式，由该式可知：光子能量必须超过逸出功 A_0，才能产生光电子；入射光的频谱成分不变，产生的光电子与光强成正比；光电子逸出物体表面时具有初始动能，因此对于外光电效应器件，即使不加初始阳极电压，也会有光电流产生，为使光电流为零，必须加负的截止电压。

（2）内光电效应

在光线作用下，物体的导电性能发生变化或产生光生电动势的效应称为内光电效应。内

光电效应又可分为以下两类。

1）光电导效应。

在光线作用下，半导体材料吸收了入射光子能量，若光子能量大于或等于半导体材料的禁带宽度，就激发出电子空穴对，使载流子浓度增加，半导体的导电性增加，阻值减小，这种现象称为光电导效应。光敏电阻就是基于这种效应的光电器件。

2）光生伏特效应。

在光线的作用下能够使物体产生一定方向的电动势的现象称为光生伏特效应。基于该效应的光电器件有光电池。

（3）光敏电阻

光敏电阻又称光导管，它几乎都是用半导体材料制成的光电器件，其常用的材料有硫化镉（CdS）、硫化铅（PbS）、锑化铟（InSb）等。光敏电阻没有极性，纯粹是一个电阻元件，使用时既可加直流电压，也可以加交流电压。无光照时，光敏电阻值（暗电阻）很大，电路中电流（暗电流）很小。当光敏电阻受到一定波长范围的光照时，它的阻值（亮电阻）急剧减小，电路中电流迅速增大。一般希望暗电阻越大越好，亮电阻越小越好，此时光敏电阻的灵敏度高。实际光敏电阻的暗电阻值一般在兆欧量级，亮电阻值在几千欧以下。

光敏电阻的结构很简单，图 4-1a 为金属封装的硫化镉光敏电阻的结构图。在玻璃底板上均匀地涂上一层薄薄的半导体物质，称为光导层。半导体的两端装有金属电极，金属电极与引出线端相连接，光敏电阻就通过引出线端接入电路。为了提高灵敏度，光敏电阻的电极采用梳状图案，见图 4-1b 所示。光敏电阻的电路如图 4-1c 所示。

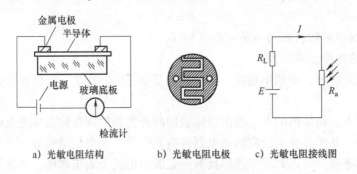

a）光敏电阻结构　　　　b）光敏电阻电极　　　　c）光敏电阻接线图

图 4-1　光敏电阻结构

1）光敏电阻的主要参数。

① 暗电阻与暗电流。光敏电阻在不受光照射时的阻值称为暗电阻，此时流过的电流称为暗电流。

② 亮电阻与亮电流。光敏电阻在受光照射时的电阻称为亮电阻，此时流过的电流称为亮电流。

③ 光电流。亮电流与暗电流之差称为光电流。光敏电阻的暗电阻越大，亮电阻越小，即暗电流要小，亮电流要大，则光敏电阻的性能越好，灵敏度也高。光敏电阻暗电阻的阻值一般为兆欧数量级，亮电阻在几千欧以下。

2）光敏电阻的基本特性。

① 伏安特性。

在一定照度下，流过光敏电阻的电流与光敏电阻两端的电压的关系称为光敏电阻的伏安特性。图 4-2 所示为硫化镉光敏电阻的伏安特性，由图可见，光敏电阻在一定的电压范围内，其 $I-U$ 曲线为直线。说明其阻值与入射光量有关，而与电压、电流无关。

② 光照特性。

光敏电阻的光照特性用于描述光电流 I 和光照强度之间的关系，不同材料的光照特性是不同的，绝大多数光敏电阻的光照特性是非线性的。图 4-3 所示为硫化镉光敏电阻的光照特性。

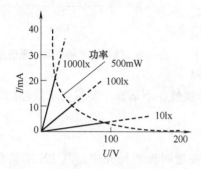

图 4-2　硫化镉光敏电阻的伏安特性

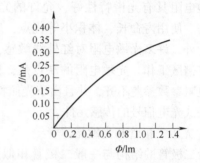

图 4-3　硫化镉光敏电阻的光照特性

③ 光谱特性。

光敏电阻对入射光的光谱具有选择作用，即光敏电阻对不同波长的入射光有不同的灵敏度。光敏电阻的相对光敏灵敏度与入射波长的关系称为光敏电阻的光谱特性，亦称为光谱响应。图 4-4 为几种不同材料光敏电阻的光谱特性。

对应于不同波长，光敏电阻的灵敏度是不同的，而且不同材料的光敏电阻光谱响应曲线也不同。从图中可以看出，硫化镉光敏电阻的光谱响应的峰值在可见光区域，常被用作光度量测量（照度计）的探头；而硫化铅光敏电阻响应于近红外和中红外区域，常用作火焰探测器的探头。

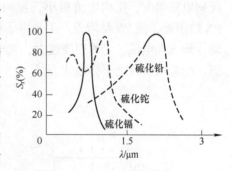

图 4-4　光敏电阻的光谱特性

④ 频率特性。

实验证明，光敏电阻的光电流不能随着光强改变而立刻变化，即光敏电阻产生的光电流有一定的惰性，这种惰性通常用时间常数表示。大多数光敏电阻的时间常数都较大，这是它的缺点之一。不同材料的光敏电阻具有不同的时间常数（毫秒数量级），因而它们的频率特性也就各不相同。图 4-5 所示为硫化镉和硫化铅光敏电阻的频率特性，相比较而言，硫化铅的使用频率范围较大。

⑤ 温度特性。

光敏电阻和半导体器件一样，受温度影响较大。温度变化时，会影响光敏电阻的光谱响应，同时光敏电阻的灵

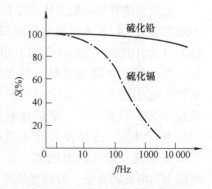

图 4-5　光敏电阻的频率特性

敏度和暗电阻也随之改变，尤其是响应于红外区的硫化铅光敏电阻受温度影响更大。图 4-6 所示为硫化铅光敏电阻的光谱温度特性，它的峰值随着温度上升向波长短的方向移动。因此，硫化铅光敏电阻要在低温、恒温的条件下使用。对于可见光的光敏电阻，其温度影响要小一些。

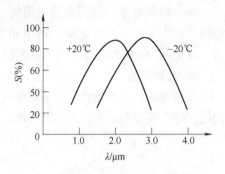

图 4-6　硫化铅光敏电阻的光谱温度特性

光敏电阻具有光谱特性好、允许的光电流大、灵敏度高、使用寿命长、体积小等优点，所以应用广泛。此外，许多光敏电阻对红外线敏感，适宜于红外线光谱区工作。光敏电阻的缺点是，型号相同的光敏电阻参数参差不齐，并且由于光照特性的非线性，不适宜于测量要求线性的场合，常用作开关式光电信号的传感元件。

（4）光敏二极管和光敏晶体管

光敏二极管的结构与一般二极管相似。它装在透明玻璃外壳中，其 PN 结装在管的顶部，可以直接受到光照射，如图 4-7 所示。

光敏二极管在电路中一般是处于反向工作状态，其接线图 4-8 所示。在没有光照射时，反向电阻很大，反向电流很小，反向电流称为暗电流；当光照射在 PN 结上时，光子打在 PN 结附近，使 PN 结附近产生光电子和光空穴对，它们在 PN 结处的内电场作用下做定向运动，形成光电流。光的照度越大，光电流越大。因此光敏二极管在不受光照射时处于截止状态，受光照射时处于导通状态。

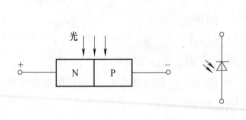

图 4-7　光敏二极管结构简图和符号

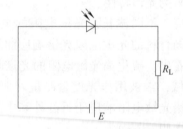

图 4-8　光敏二极管接线图

光敏晶体管与一般晶体管很相似，具有两个 PN 结，如图 4-9a 所示，只是它的发射极一边做得很大，以扩大光的照射面积。光敏晶体管接线图如图 4-9b 所示，大多数光敏晶体管的基极无引出线，当集电极加上相对于发射极为正的电压而不接基极时，集电结就是反向偏压，当光照射在集电结时，就会在结附近产生电子空穴对，光生电子被拉到集电极，基区留下空穴，使基极与发射极间的电压升高，这样便会有大量的电子流向集电极，形成输出电流，且集电极电流为光电流的 β 倍，所以光敏晶体管有放大作用。

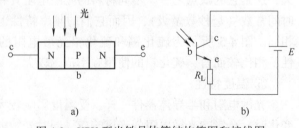

图 4-9　NPN 型光敏晶体管结构简图和接线图

光敏晶体管的光电灵敏度虽然比光敏二极管高得多，但在需要高增益或大电流输出的场合，需采用达林顿光敏管。图 4-10 所示是达林顿光敏管的等效电路，它是一个光敏晶体管和一个晶体管以共集电极连接方式构成的集成器件。由于增加了一级电流放大，所以输出电流能力大大加强，甚至可以不必经过进一步放大，便可直接驱动灵敏继电器。但由于无光照时的暗电流也增大，因此适合于开关状态或位式信号的光电变换。

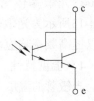

图 4-10　达林顿光敏管的等效电路

光敏管的基本特性有以下几种。

1）光谱特性。

光敏管的光谱特性是指在一定照度时，输出的光电流（或用相对灵敏度表示）与入射光波长的关系。硅和锗光敏管的光谱特性如图 4-11 所示，从图中可以看出，硅的峰值波长约为 $0.9\mu m$，锗的峰值波长约为 $1.5\mu m$，此时灵敏度最大，而当入射光的波长增长或缩短时，相对灵敏度都会下降。一般来讲，锗管的暗电流较大，因此性能较差，故在可见光或探测炽热状态物体时，一般都用硅管；但对红外光的探测，用锗管较为适宜。

2）伏安特性。

硅光敏管的伏安特性如图 4-12 所示。

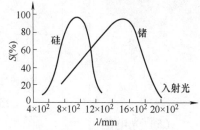

图 4-11　光敏管的光谱特性

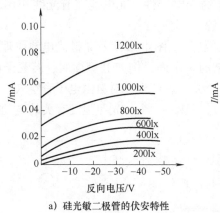

a）硅光敏二极管的伏安特性

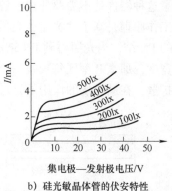

b）硅光敏晶体管的伏安特性

图 4-12　硅光敏管的伏安特性

图 4-12a 为硅光敏二极管的伏安特性，横坐标表示所加的反向偏压。当有光照时，反向电流随着光照强度的增大而增大，在不同的照度下，伏安特性曲线几乎平行，所以只要没达到饱和值，它的输出实际上不受偏压大小的影响。

图 4-12b 为硅光敏晶体管的伏安特性，纵坐标为光电流，横坐标为集电极—发射极电压。从图中可以看出，由于晶体管的放大作用，在同样照度下，其光电流比相应的光敏二极管大上百倍。

3）频率特性。

光敏管的频率特性是指光敏管输出的光电流（或相对灵敏度）随频率变化的关系。光敏二极管的频率特性是半导体光电器件中最好的一种，普通光敏二极管的频率响应时间达

$10\mu s$。光敏晶体管的频率特性受负载电阻的影响，图 4-13 所示为光敏晶体管的频率特性，减小负载电阻可以提高频率响应范围，但输出电压响应也减小。

4）温度特性。

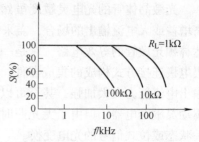

图 4-13　光敏晶体管的频率特性

光敏管的温度特性是指光敏管的暗电流及光电流与温度的关系。光敏晶体管的温度特性如图 4-14 所示。从特性曲线可以看出，温度变化对光电流影响很小（见图 b），而对暗电流影响很大（见图 a），所以在电子电路中应该对暗电流进行温度补偿，否则将会导致输出误差。

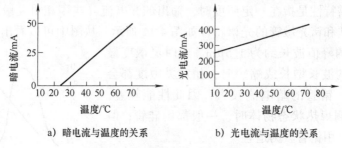

a）暗电流与温度的关系　　　b）光电流与温度的关系

图 4-14　光敏晶体管的温度特性

（5）光电池

光电池是一种直接将光能转换为电能的光电器件，光电池在有光线作用时实质就是电源，电路中有了这种器件就不需要外加电源。

光电池的工作原理是基于"光生伏特效应"。图 4-15 所示是硅光电池原理图，它实际上是一个大面积的 PN 结，当光照射到 PN 结的一个面，例如 P 型面时，若光子能量大于半导体材料的禁带宽度，那么 P 型区每吸收一个光子就产生一对自由电子和空穴，电子空穴对从表面向内迅速扩散，在结电场的作用下，最后建立一个与光照强度有关的电动势。

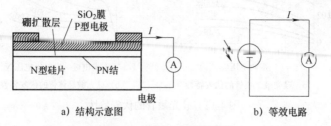

a）结构示意图　　　　　　b）等效电路

图 4-15　硅光电池原理图

光电池的基本特性有以下几种。

1）光谱特性。

光电池对不同波长的光的灵敏度是不同的。图 4-16 所示为硅光电池和硒光电池的光谱特性。从图中可知，不同材料的光电池，光谱响应峰值所对应的入射光波长是不同的，硅光电池波长在 $0.8\mu m$ 附近，硒光电池波长在 $0.5\mu m$ 附近。硅光电池的光谱响应波长范围为 $0.4\sim1.2\mu m$，而硒光电池

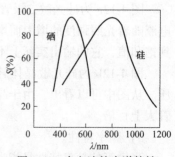

图 4-16　光电池的光谱特性

只能为 $0.38 \sim 0.75 \mu m$。可见，硅光电池可以在很宽的波长范围内得到应用。

2）光照特性。

光电池在不同光照度下，其光电流和光生电动势是不同的，它们之间的关系就是光照特性。图 4-17 所示为硅光电池的开路电压和短路电流与光照的关系曲线。从图中可以看出，短路电流在很大范围内与光照强度呈线性关系，开路电压与光照度的关系是非线性的，并且当照度在 2000lx 时就趋于饱和了。因此用光电池作为测量元件时，应把它当作电流源的形式来使用，不宜用作电压源。

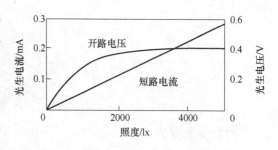

图 4-17 硅光电池的光照特性

3）频率特性。

图 4-18 分别给出了硅光电池和硒光电池的频率特性，横坐标表示光的调制频率。由图可见，硅光电池有较好的频率响应。

4）温度特性。

光电池的温度特性是描述光电池的开路电压和短路电流随温度变化的情况。由于它关系到应用光电池的仪器或设备的温度漂移，影响到测量精度或控制精度等重要指标，因此温度特性是光电池的重要特性之一。硅光电池的温度特性如图 4-19 所示，从图中可以看出，开路电压随温度升高而下降的速度较快，而短路电流随温度升高而缓慢增加。由于温度对光电池的工作有很大影响，因此把它作为测量元件使用时，最好能保证温度恒定或采取温度补偿措施。

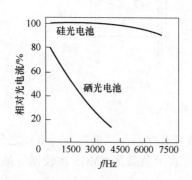

图 4-18 硅光电池和硒光电池的频率特性

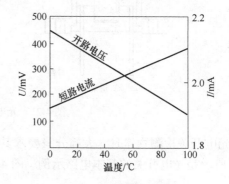

图 4-19 硅光电池的温度特性

（6）光耦合器

光耦合器的发光元件和接收元件都封装在一个外壳内，一般有金属封装和塑料封装两种。发光器件通常采用砷化镓发光二极管，其管芯由一个 PN 结组成，随着正向电压的增大，正向电流增加，发光二极管产生的光通量也增加。光电接收元件可以是光敏二极管和光敏晶体管，也可以是达林顿光敏管。图 4-20 所示为光敏晶体管和达林顿光敏管输出型的光耦合器。为了保证光耦合器有较高的灵敏度，应使发光元件和接收元件的波长匹配。

光耦合器集成器件的特点：输入、输出完全隔离，有独立的输入、输出阻抗，器件有很强的抗干扰能力和隔离性能，可避免振动、噪声干扰。特别适宜做数字电路开关信号传输、逻辑电路隔离器、计算机测量及在控制系统中做无触点开关等。

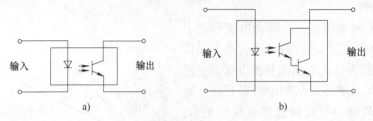

图 4-20 光耦合器的组合形式

（7）光电开关

光电开关是一种利用感光元件对变化的入射光加以接收，并进行光电转换，同时加以某种形式的放大和控制，从而获得最终的控制输出"开""关"信号的器件。

图 4-21 所示为典型的光电开关结构图。图 4-21a 是一种透射式的光电开关，它的发光元件和接收元件的光轴是重合的。当不透明的物体位于或经过它们之间时，会阻断光路，使接收元件接收不到来自发光元件的光，这样就起到了检测作用。图 4-21b 是一种反射式的光电开关，它的发光元件和接收元件的光轴在同一平面且以某一角度相交，交点一般即为待测物所在处。当有物体经过时，接收元件将接收到从物体表面反射的光，没有物体时则接收不到。光电开关的特点是小型、高速、非接触，而且与 TTL、MOS 等电路容易结合。

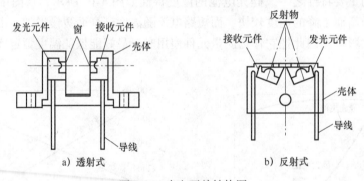

图 4-21 光电开关结构图

用光电开关检测物体时，大部分只要求其输出信号有"高""低"（1、0）之分即可。图 4-22 所示是光电开关的基本电路示例。图 4-22a、b 表示负载为 CMOS 比较器等高输入阻

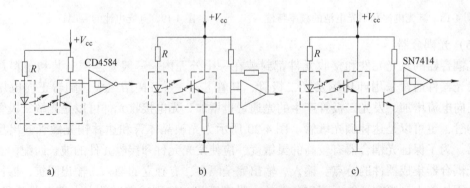

图 4-22 光电开关的基本电路

抗电路时的情况，图 4-22c 表示用晶体管放大光电流的情况。光电开关广泛应用于工业控制、自动化包装线及安全装置中作为光控制和光探测装置，可在自动控制系统中用作物体检测、产品计数、料位检测、尺寸控制、安全报警及计算机输入接口等。

（8）循迹、避障原理

1）红外发射管。

红外发射管也称红外线发射二极管，属于二极管类。它是可以将电能直接转换成近红外光（不可见光）并能辐射出去的发光器件，主要应用于各种光电开关及遥控发射电路中。

红外发射管的结构、原理与普通发光二极管相近，只是使用的半导体材料不同。红外发射管通常使用砷化镓（GaAs）、砷铝化镓（GaAIAs）等红外辐射效率高的材料制成 PN 结，采用全透明或浅蓝色、黑色的树脂封装，其实物及符号如图 4-23、图 4-24 所示。一般情况下，二极管极性为长脚接正，短脚接负。

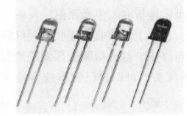

图 4-23　红外发射管实物图　　　　　　图 4-24　红外发射管符号

红外发射管由红外线发射二极管矩阵组成发光体，通过外加正向偏压向 PN 结注入电流激发红外光。光谱功率分布为中心波长 830～950nm，半峰带宽为 40nm 左右，它是窄带分布，为普通 CCD 黑白摄像机可感受的范围。其最大的优点是可以完全无红暴（采用 940～950nm 波长红外管）或仅有微弱红暴（红暴为有可见红光）、寿命长。

红外发射管的发射功率用辐照度 μW/m² 表示。一般来说，其红外辐射功率与正向工作电流成正比，但在接近正向电流的最大额定值时，器件的温度因电流的热耗而上升，使光发射功率下降。若红外发射管电流过小，会影响其辐射功率的发挥，但工作电流过大将影响其寿命，甚至使红外发射管烧毁。

当红外发射管的工作电压越过其正向阈值电压（约 0.8V）后，电流开始流动，而且电流特性曲线是一很陡直的曲线，表明其工作电流对工作电压十分敏感。因此要求工作电压准确、稳定，否则会影响其辐射功率的发挥及其可靠性。辐射功率随环境温度的升高（包括其本身的发热所产生的环境温度升高）会使其辐射功率下降，因此，热耗是红外灯特别是远距离红外灯设计和选择时应注意的问题。

红外二极管的最大辐射强度一般在光轴的正前方，并随辐射方向与光轴夹角的增大而减小。辐射强度为最大值的 50% 的角度称为半强度辐射角。不同封装工艺型号的红外发射二极管的辐射角度有所不同。

2）红外接收管。

红外接收管又叫光敏二极管，也可称红外光敏二极管，实物及符号如图 4-25、图 4-26

所示。前面已经介绍了光敏二极管，这里不再赘述。使用时需要注意红外接收管的极性，长脚接负，短脚接正。

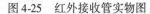

图 4-25　红外接收管实物图　　　　　　　　　图 4-26　红外接收管符号

这里的循迹原理是指小车在白色地板上循黑线行走，通常采取的方法是红外探测法。红外探测法即利用红外线在不同颜色的物体表面具有不同的反射性质的特点，在小车行驶过程中不断地向地面发射红外光，当红外光遇到白色纸质地板时发生漫反射，反射光被装在小车上的接收管接收；如果遇到黑线则红外光被吸收，小车上的接收管接收不到红外光。应用红外接收管接收到的信号控制小车两个车轮的转动与停止。红外探测器探测距离有限，一般最大不应超过 15cm。对于发射和接收红外线的红外探头，可以自己制作或直接采用集成式红外探头。

4.2　基于声光控制照明灯装置的设计与制作

1. 工作目标

1）掌握压电永电体传感器和光敏电阻的工作原理、技术参数、功能特点及其应用。

2）提高实践动手能力、基本技能技巧和工程应用设计水平。

3）掌握永电体和光敏电阻测量应用电路的初步设计方法和步骤。

4）掌握声音传感器应用电路设计和参数计算。

5）掌握声音传感器和光敏电阻应用电路的实际制作和调试方法。

6）熟悉电路制作的工艺流程、操作规范和计算机辅助设计方法。

2. 工作内容

设计一个声光控制照明灯的装置，包括声音信号强弱的测量，光照强度的测量，将声强信号转换为电压信号并显示，该电路的主要功能和技术指标如下。

（1）主要功能

1）能够通过 ICL7107 显示模块实时显示声音的强弱。

2）可以通过 LED 指示灯指示声强到达某一阈值，阈值可以调节。

3）在光照较弱时（光照阈值）声强信号才可以控制继电器的通断，当达到某一声强阈值时才能通过继电器控制 220V 照明灯的点亮，且光照阈值可以调节。

4）照明灯点亮后延时熄灭，熄灭时间可以调节。

5）在以上功能的基础上，添加创新功能。

（2）技术指标

1）适配传感器、永电体和光敏电阻。

2）测量范围为 10m。

3）测量精度不限，主要是可以区分声音的大小。

4）声强 LED 指示灯阈值可以调节。

5）控制照明灯点亮时间可以调节。

6）光照强度控制阈值可以调节。

（3）实验条件

1）电工工具：万用表、剥线钳、平口钳、尖嘴钳、螺钉旋具、电烙铁等。

2）电子器材：永电体、光敏电阻、电阻、电容、集成电路等。

3）主要耗材：焊锡、导线、万用板等。

4）实验仪器：直流稳压电源、数字示波器等。

3. 工作方案

（1）工作调研

各小组成员通过各种方式查阅应用永电体测量声音和应用光敏电阻测量光照强度的应用电路的相关文献，仔细阅读本节背景资料，初步掌握声音传感器及其应用电路设计与制作的基础理论。

（2）工作讨论

各小组根据成员所掌握的调研资料，提出各自的技术方案，组长负责全组的技术方案讨论与总结，确定本组最终实施技术方案。

（3）技术方案

主要包括永电体声音检测电路和光照阈值电路的设计方案和制作方案。电路设计方案应包括以下关键技术环节：如何把永电体的参数变化转换成电压信号；如何把电压信号转换成控制 ICL7107 显示模块适合显示的信号，以及如何实现 LED 指示灯阈值设定的控制。以光敏电阻的阈值为先决条件，声强控制继电器的电路制作方案主要涉及电路板的设计制作与元器件的安装调试。

4. 工作过程

根据工作内容和工作方案要求，整个工作过程应包括以下工艺流程。

1）永电体和光敏电阻基本性能测试。

2）永电体传感器转换电路设计与参数计算。

3）光敏电阻传感器转换电路设计与参数计算。

4）声强信号显示电路设计与参数计算。

5）光照和声强条件控制照明灯电路设计与参数计算。

6）声光控制照明灯装置电路板制作、安装、元器件焊接和电路检查等。

7）声光控制照明灯装置通电试验、电路调试和功能验证。

5. 工作评价

各小组分别展示各自的制作成果，采取成员自评、小组互评和教师评价的综合方法评定每个同学的工作成绩，参考评定标准见表 4-2。

表 4-2　声强指示装置应用电路设计与制作评分标准

评价体系	评价内容	分　值	学生自评分 （20%）	小组互评分 （30%）	教师评分 （50%）
专业能力 （70分）	查找阅读整理材料及技术实施计划方案	10			
	永电体和光敏电阻传感器转换电路设计与计算	15			
	声强信号转换成ICL7107模块的电压信号电路的设计	10			
	光照和声强条件控制照明灯电路设计与参数计算	10			
	声光控制照明灯装置制作与安装	10			
	声光控制照明灯装置整体调试与测量	10			
	创新思维经济意识	5			
综合能力 （30分）	工作学习态度	10			
	总结报告书质量	10			
	团队合作精神	5			
	语言沟通能力	5			

6. 工作总结

每组各成员编写一份声光控制照明灯的电路设计与制作总结报告书，要求如下。

1）阐述各种声音、光照传感器的特点、发展趋势、工作原理和应用场合。

2）论述声光控制照明灯的设计制作过程，包括电路的设计、测量精度及范围的测定。

3）总结声光控制照明灯装置的电路设计还有哪些方法和类型，及其对应用场合测量范围和测量精度的影响，还有哪些方法可以测量声音。

7. 背景资料

（1）永电体

传声器俗称话筒。永电体传声器具有体积小、频率范围宽、高保真和成本低的特点，目前，已在通信设备、家用电器等电子产品中广泛应用。永电体传声器实物图如图 4-27 所示。

电容传声器也称为永电体传声器，电容传声器的核心组成部分是极头，由两片金属薄膜组成；当声波引起其振动的时候，金属薄膜间距的不同造成了电容的不同，从而产生电流。永电体传声器由声电转换和阻抗变换两部分组成。

传声器的基本结构由一片单面涂有金属的永电体薄膜与一个上面有若干小孔的金属电极（称为背电极）构成。永电体面与背电极相对，中间有一个极小的空气隙，形成一个以空气隙和永电体作绝

图 4-27　永电体实物图

缘介质、以背电极和永电体上的金属层作为两个电极的平板电容器，电容器的两极之间有输出电极。由于永电体薄膜上分布有自由电荷，当声波引起永电体薄膜振动而产生位移时，改变了电容两极板之间的距离，从而引起电容的容量发生变化。由于永电体上的电荷数始终保持恒定，根据公式：$Q = CU$，所以当 C 变化时必然引起电容器两端电压 U 的变化，从而输出电信号，实现声电的变换。实际上永电体传声器的内部结构及接口电路如图 4-28 所示。

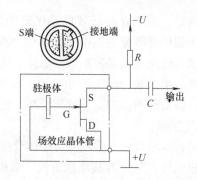

图 4-28　永电体传声器的内部结构及接口电路

永电体膜片与金属极板之间的电容量比较小，一般为几十 pF，因而它的输出阻抗值很高，约达几十兆欧以上，这样高的阻抗是不能直接与音频放大器相匹配的，所以在传声器内接入一只结型场效应晶体管来进行阻抗变换。场效应晶体管的特点是输入阻抗高、噪声系数低，普通场效应晶体管有源极（S）、栅极（G）和漏极（D）3 个极，这里使用的是在内部源极和栅极间再复合一只二极管的专用场效应晶体管，接二极管的目的是在场效应晶体管受强信号冲击时起保护作用。场效应晶体管的栅极接金属极板，这样，永电体传声器的输出线便有两根，即源极 S，一般用蓝色塑料线；漏极 D，一般用红色塑料线和连接金属外壳的编织屏蔽线。

电容器的两个电极接在栅源极之间，电容器两端电压即为栅源极偏置电压 U_{CS}，U_{CS} 变化时，引起场效应晶体管的源漏极之间 I_{dc} 的电流变化，实现了阻抗变换，一般传声器经变换后输出电阻小于 $2k\Omega$。

永电体传声器有 4 种连接方式，如图 4-29 所示。对应的传声器引出端分为两端式和三

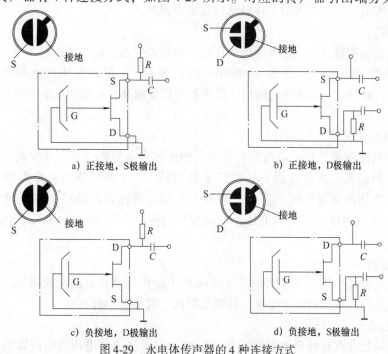

a）正接地，S 极输出　　　　　b）正接地，D 极输出

c）负接地，D 极输出　　　　　d）负接地，S 极输出

图 4-29　永电体传声器的 4 种连接方式

端式两种，图中 R 是场效应晶体管的负载电阻，它的取值直接关系到传声器的直流偏置，对传声器的灵敏度等工作参数有较大的影响。

二端输出方式是将场效应晶体管接成漏极输出电路，类似晶体管的共发射极放大电路。只需两根引出线，漏极 D 与电源正极之间接一漏极电阻 R，信号由漏极输出，有一定的电压增益，因而传声器的灵敏度比较高，但动态范围比较小。目前市售的永电体传声器大多是这种方式连接。

三端输出方式是将场效应晶体管接成源极输出方式，类似晶体管的射极输出电路，需要用 3 根引线。漏极 D 接电源正极，源极 S 与地之间接电阻 R 来提供源极电压，信号由源极经电容 C 输出。源极输出的输出阻抗小于 $2k\Omega$，电路比较稳定，动态范围大，但输出信号比漏极输出小。三端输出式传声器目前市场上比较少见。

无论何种接法，永电体传声器必须满足一定的偏置条件才能正常工作（实际上就是保证内置场效应晶体管始终处于放大状态）。

（2）永电体传声器的特性参数

1）工作电压（U_{DS}）。

工作电压是指永电体传声器正常工作时，所必须施加在传声器两端的最小直流工作电压。该参数视型号不同而有所不同，即使是同一种型号也有较大的离散性，通常厂家给出的典型值有 1.5V、3V 和 4.5V 这 3 种。

2）工作电流（I_{DS}）。

工作电流是指永电体传声器静态时所通过的直流电流，它实际上就是内部场效应晶体管的静态电流。和工作电压类似，工作电流的离散性也较大，通常在 $0.1 \sim 1mA$。

3）最大工作电压（U_{MDS}）。

最大工作电压是指永电体传声器内部场效应晶体管漏源极两端所能够承受的最大直流电压。超过该极限电压时，场效应晶体管就会被击穿损坏。

4）灵敏度。

灵敏度是指传声器在一定的外部声压作用下所能产生音频信号电压的大小，其单位通常用 mV/Pa（毫伏/帕）或 dB（$1dB = 1000mV/Pa$）表示。一般永电体传声器的灵敏度多在 $0.5 \sim 10mV/Pa$ 或 $-66 \sim -40dB$ 范围内。传声器灵敏度越高，在相同大小的声音下所输出的音频信号幅度也越大。

5）频率响应。

频率响应也称频率特性，是指传声器的灵敏度随声音频率变化而变化的特性，常用曲线来表示。一般说来，当声音频率超出厂家给出的上、下限频率时，传声器的灵敏度会明显下降。永电体传声器的频率响应一般较为平坦，其普通产品频率响应较好（即灵敏度比较均衡）的范围在 100Hz ~ 10kHz，质量较好的传声器为 40Hz ~ 15kHz，优质传声器可达 20Hz ~ 20kHz。

6）输出阻抗。

输出阻抗是指传声器在一定的频率（1kHz）下输出端所具有的交流阻抗。永电体传声器经过内部场效应晶体管的阻抗变换，其输出阻抗一般小于 $3k\Omega$。

7）固有噪声。

固有噪声是指在没有外界声音时传声器所输出的噪声信号电压。传声器的固有噪声越大，工作时输出信号中混有的噪声就越大。一般永电体传声器的固有噪声都很小，为微伏级电压。

8）指向性。

指向性也叫方向性，是指传声器灵敏度随声波入射方向变化而变化的特性。传声器的指向性分为单向性、双向性和全向性 3 种。单向性传声器的正面对声波的灵敏度明显高于其他方向，并且根据指向特性曲线的形状，可细分为心形、超心形和超指向形 3 种；双向性传声器在前、后方向的灵敏度均高于其他方向；全向性传声器对来自四面八方的声波都有基本相同的灵敏度。常用的机装型永电体传声器绝大多数是全向性传声器。

4.3　气体传感器

气体传感器的基本特征，即灵敏度、选择性以及稳定性等，主要通过材料的选择来确定。因此要选择适当的材料和开发新材料，使气体传感器的敏感特性达到最优。

气体传感器是用来检测气体类别、浓度和成分的传感器。由于气体种类繁多，性质各不相同，不可能用一种传感器检测所有类别的气体，因此，能实现气电转换的传感器种类很多，按构成气体传感器的材料可分为半导体和非半导体两大类。目前实际使用最多的是半导体气体传感器。

气体传感器是化学传感器的一大门类。从工作原理、特性分析到测量技术，从所用材料到制造工艺，从检测对象到应用领域，都可以构成独立的分类标准，衍生出一个个纷繁庞杂的分类体系，尤其在分类标准的问题上目前还没有统一，要对其进行严格的系统分类难度颇大。接下来了解一下气体传感器的主要特性。

（1）稳定性

稳定性是指传感器在整个工作时间内基本响应的稳定性，取决于零点漂移和区间漂移。零点漂移是指在没有目标气体时，整个工作时间内传感器输出响应的变化。区间漂移是指传感器连续置于目标气体中的输出响应变化，表现为传感器输出信号在工作时间内的降低。理想情况下，一个传感器在连续工作条件下，每年内的零点漂移小于 10%。

（2）灵敏度

灵敏度是指传感器输出变化量与被测输入变化量之比，主要依赖于传感器结构所使用的技术。大多数气体传感器的设计原理都采用生物化学、电化学、物理和光学。首先要考虑的是选择一种敏感技术，它对目标气体的阈限制或最低爆炸极限的百分比的检测要有足够的灵敏性。

（3）选择性

选择性也被称为交叉灵敏度。可以通过测量由某一种浓度的干扰气体所产生的传感器响应来确定，这个响应等价于一定浓度的目标气体所产生的传感器响应。这种特性在追踪多种气体的应用中是非常重要的，因为交叉灵敏度会降低测量的重复性和可靠性，理想传感器应具有高灵敏度和高选择性。

（4）抗腐蚀性

抗腐蚀性是指传感器暴露于高体积分数目标气体中的能力。在气体大量泄漏时，探头应能够承受期望气体体积分数的 10~20 倍。在返回正常工作条件下，传感器漂移和零点校正值应尽可能小。

半导体气体传感器是利用待测气体与半导体表面接触时，产生的电导率等物理性质变化来检测气体的。按照半导体与气体相互作用时产生的变化只限于半导体表面或深入到半导体内部，可将半导体气敏元件分为表面控制型和体控制型，前者半导体表面吸附的气体与半导体间发生电子转移，结果使半导体的电导率等物理性质发生变化，但内部化学组成不变；后者半导体与气体的反应，使半导体内部组成发生变化，进而使电导率变化。按照半导体变化的物理特性，又可分为电阻型和非电阻型，电阻型半导体气敏元件是利用敏感材料接触气体时，其阻值变化来检测气体的成分或浓度；非电阻型半导体气敏元件是根据其他参数，如二极管伏安特性和场效应晶体管的阈值电压变化来检测被测气体的。

气体传感器是暴露在各种成分的气体中使用的，由于检测现场温度、湿度的变化很大，又存在大量粉尘和油雾等，所以其工作条件较恶劣，而且气体对传感元件的材料会产生化学反应物，附着在元件表面，往往会使其性能变差。因此，对气敏元件有下列要求：能长期稳定工作，重复性好，响应速度快，共存物质产生的影响小等。用半导体气敏元件组成的气敏传感器主要用于工业上的天然气、煤气，石油化工等部门的易燃、易爆、有毒等气体的监测、预报和自动控制。

1. 半导体气体传感器的机理

半导体气体传感器是利用气体在半导体表面的氧化和还原反应导致敏感元件阻值变化而制成的。当半导体器件被加热到稳定状态，在气体接触半导体表面而被吸附时，被吸附的分子首先在物体表面自由扩散，失去运动能量，一部分分子被蒸发掉，另一部分残留分子产生热分解而固定在吸附处（化学吸附）。当半导体的功函数小于吸附分子的亲和力（气体的吸附和渗透特性）时，吸附分子将从器件夺得电子而变成负离子吸附，半导体表面呈现电荷层。例如，氧气等具有负离子吸附倾向的气体被称为氧化型气体或电子接收性气体。如果半导体的功函数大于吸附分子的离解能，吸附分子将向器件释放出电子，而形成正离子吸附。具有正离子吸附倾向的气体有 H_2、CO、碳氢化合物和醇类，它们被称为还原型气体或电子供给性气体。

当氧化型气体吸附到 N 型半导体上，还原型气体吸附到 P 型半导体上时，将使半导体载流子减少，而使电阻值增大。当还原型气体吸附到 N 型半导体上，氧化型气体吸附到 P 型半导体上时，则载流子增多，使半导体电阻值下降。图 4-30 所示为气体接触 N 型半导体时所产生的器件阻值变化情况。由于空气中的含氧量大体上是恒定的，因此氧的吸附量也是恒定的，器件阻值也相对固定。若气体浓度发生变化，其阻值也将变化。根据这一特性，可以从阻值的变化得知吸附气体的种类和浓度。半导体气敏时间（响应时间）一般不超过 1min。N 型材料有 SnO_2、ZnO、TiO 等，P 型材料有 MoO_2、CrO_3 等。

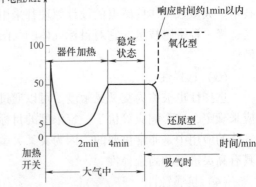

图 4-30 N 型半导体吸附气体时器件阻值变化图

2. 半导体气体传感器的类型及结构

（1）电阻型半导体气体传感器

由于加热方式一般有直热式和旁热式两种，因而形成了直热式和旁热式气敏元件。直热式气敏元件的结构及符号如图 4-31 所示。直热式器件是将加热丝、测量丝直接埋入 SnO_2 或 ZnO 等粉末中烧结而成的，工作时加热丝通电，测量丝用于测量器件阻值。这类器件制造工艺简单、成本低、功耗小，可以在高电压回路下使用，但热容量小，易受环境气流的影响，测量回路和加热回路间没有隔离而相互影响。电阻型气敏元件通常工作在高温状态，气敏元件的加热作用：加速气体吸附和上述的氧化还原反应，提高灵敏度和响应速度；另外使附着在壳面上的油雾、尘埃烧掉。

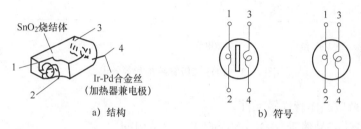

图 4-31 直热式气敏元件的结构及符号

旁热式气敏元件的结构及符号如图 4-32 所示，它的特点是将加热丝放置在一个陶瓷管内，管外涂梳状金电极作测量极，在金电极外涂上 SnO_2 等材料。旁热式结构的气体传感器克服了直热式结构的缺点，使测量极和加热极分离，而且加热丝不与气敏材料接触，避免了测量回路和加热回路的相互影响，气敏元件热容量大，降低了环境温度对气敏元件加热温度的影响，所以这类结构气敏元件的稳定性、可靠性都优于直热式气敏元件。

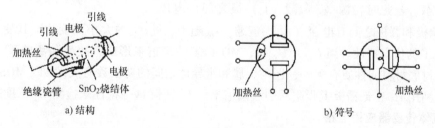

图 4-32 旁热式气敏元件的结构及符号

（2）非电阻型半导体气体传感器

非电阻型气敏元件也是半导体气体传感器之一。它是利用 MOS 二极管的电容电压特性的变化以及 MOS 场效应晶体管（MOSFET）的阈值电压的变化等特性而制成的气敏元件。由于此类气敏元件的制造工艺成熟，便于集成化，因而其性能稳定且价格便宜。利用特定材料还可以使气敏元件对某些气体特别敏感。

1）MOS 二极管气敏元件。

MOS 二极管气敏元件的制作过程是在 P 型半导体硅片上，利用热氧化工艺生成一层厚度为 $50\sim100nm$ 的二氧化硅（SiO_2）层，然后在其上面蒸发一层钯（Pd）的金属薄膜，作为栅电极，如图 4-33a 所示。由于 SiO_2 层电容 C_a 固定不变，而 Si 和 SiO_2 界面电容 C_s 是外加电压的函数，因此由等效电路图 4-33b 可知，总电容 C 也是栅偏压的函数。其函数关系称为该类 MOS 二极管的 $C-U$ 特性，如图 4-33c 中曲线 a 所示。由于钯对氢气（H_2）特别敏感，当钯吸附了 H_2 以后，会使钯的功函数降低，导致 MOS 管的 $C-U$ 特性向负偏压方向平移，如图 4-33c 中曲线 b 所示。根据这一特性就可用于测定 H_2 的浓度。

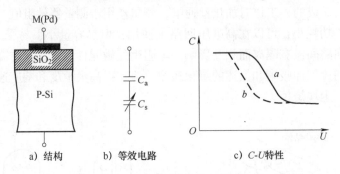

a) 结构　　　　b) 等效电路　　　　c) C-U特性

图 4-33　MOS 二极管结构和等效电路

2）MOS 场效应晶体管气敏元件。

钯 – MOS 场效应晶体管（Pd – MOSFET）的结构如图 4-34 所示。由于 Pd 对 H_2 有很强的吸附性，当 H_2 吸附在 Pd 栅极上时，会引起 Pd 的功函数降低。由 MOSFET 工作原理可知，当栅极（G）、源极（S）之间加正向偏压 U_{GS}，且 $U_{GS} > U_T$（阈值电压）时，则栅极氧化层下面的硅从 P 型变为 N 型。这个 N 型区就将源极和漏极连接起来，形成导电通道，即为 N 型沟道。此时，MOSFET 进入工作状态。若此时在源（S）漏（D）极之间加电压

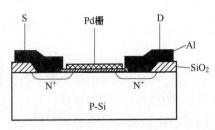

图 4-34　钯-MOS 场效应晶体管的结构

U_{DS}，则源极和漏极之间有电流（I_{DS}）流通。I_{DS} 随 U_{DS} 和 U_{GS} 的大小而变化，其变化规律即为 MOSFET 的伏安特性。当 $U_{GS} < U_T$ 时，MOSFET 的沟道未形成，故无漏源电流。U_T 的大小除了与衬底材料的性质有关外，还与金属和半导体之间的功函数有关。Pd – MOSFET 气敏元件就是利用 H_2 在钯栅极上吸附后引起阈值电压 U_T 下降这一特性来检测 H_2 浓度的。

3. 气体传感器应用电路

半导体气体传感器由于具有灵敏度高、响应时间和恢复时间快、使用寿命长以及成本低等优点，从而得到了广泛的应用。按其用途可分为以下几种类型：气体泄露报警、自动控制、自动测试等。

图 4-35 所示是一个酒精测试仪实用电路，传感器采用日本费加罗 FIGARO 公司的酒精传感器 TGS822，该传感器对酒精或有机蒸汽具有高敏感度，具有使用寿命长、功耗低、外围电路简单等特点。

TGS822 气体传感器的敏感材料是金属氧化物，最具代表性的是 SnO_2。金属氧化物晶体如 SnO_2 在空气中被加热到一定高的温度时，氧被吸附在一个带负电荷的晶体表面。然后，晶体表面的电子被转移到吸附的氧上，结果在一个空间电荷层留下正电荷。这样，表面势能形成一个势垒，从而阻碍电子流动。在传感器的内部，电流流过 SnO_2 微晶的结合部位（晶粒边界）。在晶粒边界，吸附的氧形成一个势垒阻止载流子自由移动，传感器的电阻即源于

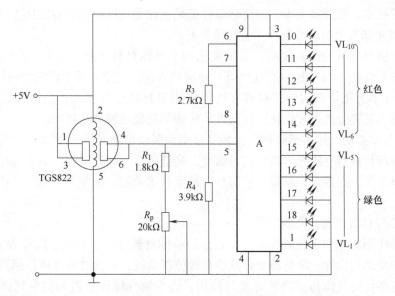

图 4-35　酒精测试仪电路

这种势垒。还原性气体出现时，带有负电荷的氧的表面浓度降低，导致晶粒边界的势垒降低，降低了的势垒使传感器的阻值减小了。

费加罗气体传感器的气敏素子，使用在清洁空气中电导率低的 SnO_2。当存在检测对象气体时，传感器的电导率随空气中气体浓度的增加而增大，使用简单的电路即可将电导率的变化转换为与该气体浓度相对应的输出信号。TGS822 传感器对酒精、有机溶剂灵敏度高，在酒精检测器等方面得到了广泛使用。与其具有相同特性的 TGS823 采用了陶瓷底座，可以在 200℃ 的高温中使用。

血液酒精含量临界值可以定量地分析车辆驾驶人员血液中的酒精浓度，进而对于该驾驶人的酒驾行为类别进行定性，如血液酒精浓度低于 20mg/100mL，则认为是饮酒驾驶，可以对其酌情处理；若血液酒精浓度超过了 20mg/100mL 且低于 80mg/100mL，则认为是醉酒驾驶，应按照国家交通法规对其处理。

该电路主要由供电电源、酒精传感器、电平指示器 A 等构成。酒精测试仪的工作原理是：当气体传感器探头探测不到酒精气体时，显示驱动集成电路 A 第 5 脚为低电平；当气体传感器探头探测到酒精气体时，其阻值降低。+5V 工作电压通过气体传感器加到集成电路 A 第 5 脚，使第 5 脚电平升高。集成电路 A 共有 10 个输出端，每个端口驱动一个发光二极管，一次驱动点亮发光二极管的数量视第 5 脚输入电平的高低而定。酒精含量越高，气体传感器的阻值就降得越低，第 5 脚电平越高，点亮发光二极管的数量就越多。5 个以上二极管为红色，表示超过一般饮酒水平。5 个以下发光二极管为绿色，表示处于一般饮酒水平，酒精的含量不超过 0.5%。

4. 未来气体传感器的发展

随着先进科学技术的应用，气体传感器发展的趋势是微型化、智能化和多功能化。深入研究和掌握有机、无机、生物和各种材料的特性及相互作用，理解各类气体传感器的工作原理和作用机理，正确选择各类传感器的敏感材料，灵活运用微机械加工技术、敏感薄膜形成技术、微电子技术、光纤技术等，使传感器性能最优化是气体传感器的发展方向。

（1）着重于新气敏材料与制作工艺的研究开发

对气体传感器材料的研究表明，金属氧化物半导体材料 ZnO、Fe_2O_3 等已趋于成熟化，特别是对于碳化合物，如 C_2H_5OH、CO 等气体检测方面，主要有两个研究方向。

1）利用化学方法修饰改性，对现有气体敏感膜材料进行掺杂、改性和表面修饰等处理，并对成膜工艺进行改进和优化，提高气体传感器的稳定性和选择性。

2）研制开发新的气体敏感膜材料，如复合型和混合型半导体气敏材料、高分子气敏材料，使得这些新材料对不同气体具有高灵敏度、高选择性、高稳定性。由于有机高分子敏感材料具有材料丰富、成本低、制膜工艺简单、易于技术兼容、在常温下工作等优点，已成为研究的热点。

（2）新型气体传感器的研制

用传统的作用原理和某些新效应，优先使用晶体材料（硅、石英、陶瓷等），采用先进的加工技术和微结构设计，研制新型传感器及传感器系统，如光波导气体传感器、高分子表面声波和石英谐振式气体传感器的开发与使用，微生物气体传感器和仿生气体传感器的研究。随着新材料、新工艺和新技术的应用，气体传感器的性能更加完善，使传感器不断小型化、微型化和多功能化，具有稳定性好、使用方便、价格低廉等优点。

（3）气体传感器智能化

随着人们生活水平的不断提高和对环保的日益重视，对各种有毒、有害气体的探测，对大气污染、工业废气的监测以及对食品和居住环境质量的检测都对气体传感器提出了更高的要求。纳米、薄膜技术等新材料、技术的成功应用为气体传感器集成化和智能化提供了很好的前提条件。气体传感器将在充分利用微机械与微电子技术、计算机技术、信号处理技术、传感技术、故障诊断技术、智能技术等多学科综合技术的基础上得到发展。研制能够同时监测多种气体的全自动数字式的智能气体传感器将是该领域的重要研究方向。

未来气体传感器还可应用于建设环境物联网。气体传感器在有毒、易燃、易爆等气体探测领域有着广泛的应用，环境问题一直是全国乃至全世界最关心的话题之一，人类赖以生存的环境一直在遭受着严重的破坏，如何保护环境就需要建立环境监管机制，建设物联网成为必要，而气体传感器作为环境检测的必要设备将有助于建设环境物联网。

传感器是物联网最核心和最基础的环节，也是各种信息和人工智能的桥梁，其技术领域中重要分类之一的气体传感器，横跨功能材料、电子陶瓷、光电子元器件、MEMS 技术、纳米技术、有机高分子等众多基础和应用学科。高性能的气体传感器能大大提高信息采集、处理、深加工的水平，提高实时预测事故的准确性，不断消除事故隐患，大幅度减少事故特别是重大事故的发生。能有效实现安全监察和安全生产监督管理的电子化，变被动救灾为主动防灾，使安全生产向科学化管理迈进。

4.4 湿敏传感器

湿度是指大气中的水蒸气含量，通常采用绝对湿度和相对湿度两种表示方法。绝对湿度是指在一定温度和压力条件下，每单位体积的混合气体中所含水蒸气的质量，单位为 g/m^3，一般用符号 AH 表示。相对湿度是指气体的绝对湿度与同一温度下达到饱和状态的绝对湿度之比，一般用符号％RH 表示。相对湿度了给出大气的潮湿程度，它是一个无量纲的量，在实际表示时多使用相对湿度这一概念。

湿敏传感器是能够感受外界湿度变化，并通过器件材料的物理或化学性质变化，将湿度转化成电信号的器件。湿度检测较之其他物理量的检测显得困难，首先是因为空气中水蒸气含量要比空气少得多；另外，液态水会使一些高分子材料和电解质材料溶解，一部分水分子电离后与溶入水中的空气中的杂质结合成酸或碱，会使湿敏材料不同程度地受到腐蚀和老化，从而丧失其原有的性质；再者，湿度信息的传递必须靠水对湿敏元件直接接触来完成，因此湿敏元件只能直接暴露于待测环境中，不能密封。通常，对湿敏元件有下列要求：在各种气体环境下稳定性好，响应时间短，寿命长，有互换性，耐污染和受温度影响小等。微型化、集成化及廉价是湿敏元件的发展方向。

1. 氯化锂湿敏电阻

氯化锂湿敏电阻是利用吸湿性盐类潮解，离子导电率发生变化而制成的测湿元件。它由引线、基片、感湿层与金电极组成，如图 4-36 所示。

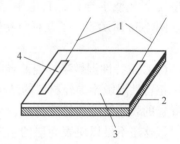

氯化锂通常与聚乙烯醇组成混合体，在氯化锂（LiCl）溶液中，Li 和 Cl 均以正、负离子的形式存在，而 Li^+ 对水分子的吸引力强，离子水合程度高，其溶液中的离子导电能力与浓度成正比。当溶液置于一定温湿场中时，若环境相对湿度高，溶液将吸收水水分，使浓度降低，因此，其溶液电阻率增高；反之，环境

图 4-36　湿敏电阻结构示意图
1—引线　2—基片　3—感湿层　4—金电极

相对湿度变低时，则溶液浓度升高，其电阻率下降，从而通过测量溶液电阻 R 值实现对湿度的测量。氯化锂湿敏元件的电阻—湿度特性如图 4-37 所示。

由图 4-37 可知，在 50％～80％ 相对湿度范围内，电阻与湿度的变化呈线性关系。为了扩大湿度测量的线性范围，可以将多个氯化锂（LiCl）含量不同的器件组合使用，如将测量范围分别为（10％～20％）RH、（20％～40％）RH、（40％～70％）RH、（70％～90％）RH 和（80％～99％）RH 的 5 种器件配合使用，就可自动地转换完成整个湿度范围的湿度测量。

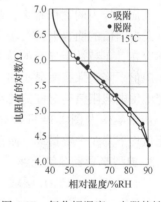

氯化锂湿敏元件的优点是滞后小，不受测试环境风速影响，检测精度高达 ±5％，但其耐热性差，不能用于露点以下测量，器件重复性不理想，使用寿命短。

图 4-37　氯化锂湿度—电阻特性

2. 半导体陶瓷湿敏电阻

通常，用两种以上的金属氧化物半导体材料混合烧结而成为多孔陶瓷。这些材料有 $ZnO-LiO_2-V_2O_5$ 系、$Si-Na_2O-V_2O_5$ 系、$TiO_2-MgO-Cr_2O_3$ 系、Fe_3O_4 等，前 3 种材料的电阻率随湿度增加而下降，故称为负特性湿敏半导体陶瓷，最后一种的电阻率随湿度增加而增大，故称为正特性湿敏半导体陶瓷（以下简称半导瓷）。

（1）负特性湿敏半导瓷的导电机理

由于水分子中的氢原子具有很强的正电场，当水在半导瓷表面吸附时，就有可能从半导瓷表面俘获电子，使半导瓷表面带负电。如果该半导瓷是P型半导体，则由于水分子吸附使表面电动势下降，将吸引更多的空穴到达其表面，于是，其表面层的电阻下降。若该半导瓷为N型，则由于水分子的附着使表面电动势下降，如果表面电动势下降较多，不仅使表面层的电子耗尽，同时吸引更多的空穴达到表面层，有可能使到达表面层的空穴浓度大于电子浓度，出现所谓表面反型层，这些空穴称为反型载流子。它们同样可以在表面迁移而表现出电导特性。因此，由于水分子的吸附，使N型半导瓷材料的表面电阻下降。由此可见，不论是N型还是P型半导瓷，其电阻率都随湿度的增加而下降。图4-38所示表示了几种负特性半导瓷阻值与湿度的关系。

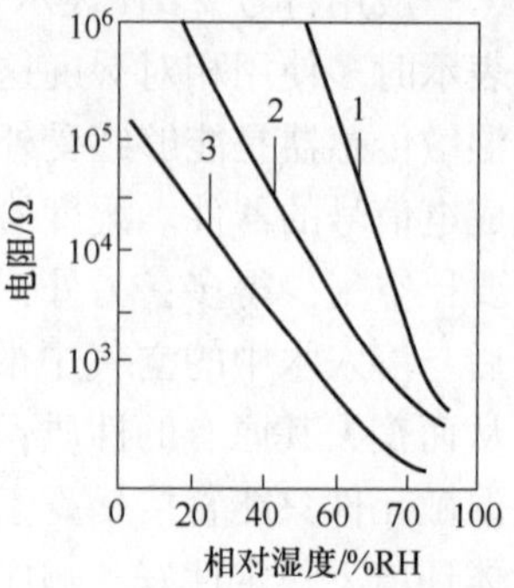

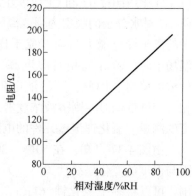

图4-38　几种半导瓷湿敏负特性

1—ZnO—LiO$_2$—V$_2$O$_5$ 系

2—Si—Na$_2$O—V$_2$O$_5$ 系

3—TiO$_2$—MgO—Cr$_2$O$_3$ 系

（2）正特性湿敏半导瓷的导电机理

正特性湿敏半导瓷材料的结构、电子能量状态与负特性材料有所不同。当水分子附着在半导瓷的表面使电动势变负时，导致其表面层电子浓度下降，但这还不足以使表面层的空穴浓度增加到出现反型程度，此时仍以电子导电为主。于是，表面电阻将由于电子浓度下降而加大，这类半导瓷材料的表面电阻将随湿度的增加而加大。如果对某一种半导瓷，它的晶粒间的电阻并不比晶粒内电阻大很多，那么表面层电阻的加大对总电阻并不起多大作用。不过，通常湿敏半导瓷材料都是多孔的，表面电导占的比例很大，故表面层电阻的升高，必将引起总电阻值的明显升高。但是，由于晶体内部低阻支路仍然存在，正特性半导瓷的总电阻值的升高没有负特性材料的阻值下降得那么明显。图4-39给出了Fe$_3$O$_4$正特性半导瓷湿敏电阻阻值与湿度的关系曲线。

图4-39　Fe$_3$O$_4$半导瓷的正湿敏特性

从图4-38与图4-39可以看出，当相对湿度从0% RH变化到100% RH时，负特性材料的阻值均下降3个数量级，而正特性材料的阻值只增大了约一倍。

3. 典型半导瓷湿敏元件

（1）MgCr$_2$O$_4$ – TiO$_2$ 湿敏元件

氧化镁复合氧化物—二氧化钛湿敏材料通常制成多孔陶瓷型"湿–电"转换器件，它是负特性半导瓷，MgCr$_2$O$_4$为P型半导体，它的电阻率低，阻值温度特性好，其结构如图4-40所示，在MgCr$_2$O$_4$ – TiO$_2$陶瓷片的两面涂覆有多孔金电极。金电极与引出线烧结在一起，为了减少测量误差，在陶瓷片外设置由镍铬丝制成的加热线圈，以便对器件加热清洗，排除恶劣空气对器件的污染。

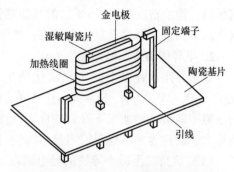

图4-40　MgCr$_2$O$_4$ – TiO$_2$ 陶瓷结构图

整个器件安装在陶瓷基片上，电极引线一般采用铂—铱合金。

$MgCr_2O_4 - TiO_2$ 陶瓷湿敏传感器的湿敏电阻阻值与相对湿度的关系曲线如图 4-41 所示，同时从曲线上可以观察到湿敏特性与温度密切相关。

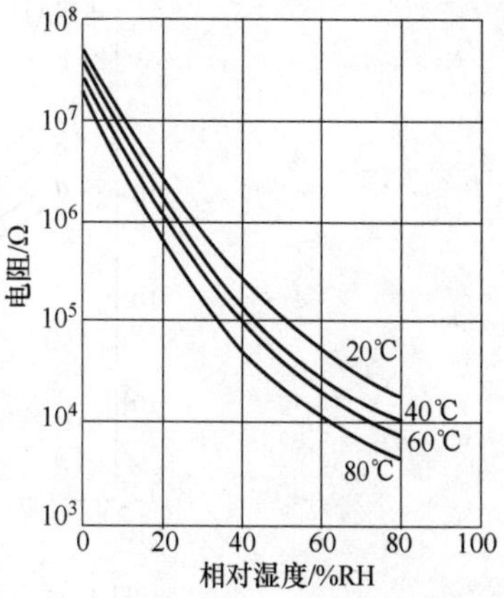

（2） $ZnO - Cr_2O_3$ 陶瓷湿敏元件

$ZnO - Cr_2O_3$ 湿敏元件的结构是将多孔材料的金电极烧结在多孔陶瓷圆片的两表面上，并焊上铂引线，然后将敏感元件装入有网眼过滤的方形塑料盒中用树脂固定，其结构如图 4-42 所示。

$ZnO - Cr_2O_3$ 传感器能连续稳定地测量湿度，而不需要加热除污装置，因此功耗低于 0.5W，体积小，成本低，是一种常用测湿传感器。

（3） 四氧化三铁（Fe_3O_4） 湿敏元件

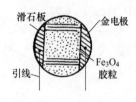

图 4-41 $MgCr_2O_4 - TiO_2$ 陶瓷湿度传感器的相对湿度与电阻的关系

四氧化三铁湿敏元件由基片、电极和感湿膜组成，其构造如图 4-43 所示。基片材料选用滑石瓷，光洁度为 10 ~ 11，该材料的吸水率低，机械强度高，化学性能稳定。在基片上制作一对梭状金电极，最后将预先配制好的 Fe_3O_4 胶体液涂覆在梭状金电极的表面，进行热处理和老化。Fe_3O_4 胶体之间的接触呈凹状，粒子间的空隙使薄膜具有多孔性，当空气相对湿度增大时，Fe_3O_4 胶膜吸湿，由于水分子的附着，强化颗粒之间的接触，降低粒间的电阻和增加更多的导流通路，所以元件阻值减小。当处于干燥环境中时，胶膜脱湿，粒间接触面减小，元件阻值增大。

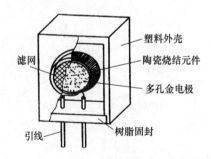

图 4-42 $ZnO - Cr_2O_3$ 陶瓷湿敏传感器结构

图 4-43 Fe_3O_4 湿敏元件构造

当环境温度不同时，涂覆膜上所吸附的水分也随之变化，使梭状金电极之间的电阻产生变化。图 4-44 和图 4-45 所示分别为国产 MCS 型 Fe_3O_4 湿敏元件的电阻 – 湿度特性和温度 – 湿度特性。

Fe_3O_4 湿敏元件在常温、常湿下性能比较稳定，有较强的抗结露能力，测湿范围广，有较为一致的湿敏特性和较好的温度 – 湿度特性，但有较明显的湿滞现象，响应时间长，

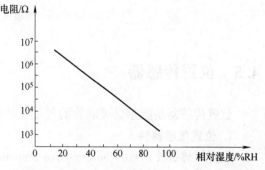

图 4-44 MCS 型 Fe_3O_4 湿敏元件的电阻—湿度特性

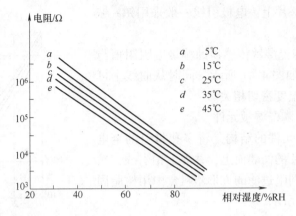

图 4-45　MCS 型 Fe_3O_4 湿敏元件的温度—湿度特性

吸湿过程（60% RH→98% RH）需要 2min，脱湿过程需 5～7min（98% RH→12% RH）。

4. 湿敏传感器应用电路

带温度补偿的湿度测量电路如图 4-46 所示。

在实际应用中，需要同时考虑对湿度传感器进行线性处理和温度补偿，常常采用运算放大器构成湿度测量电路。图中，R_t 是热敏电阻（20kΩ，$T = 4100K$）；R_H 为 H204C 湿敏传感器，运算放大器型号为 LM2904。该电路的湿度电压特性及温度特性表明：在 30%～90% RH、15～35℃范围内，输出电压表示的湿度误差不超过 3% RH。

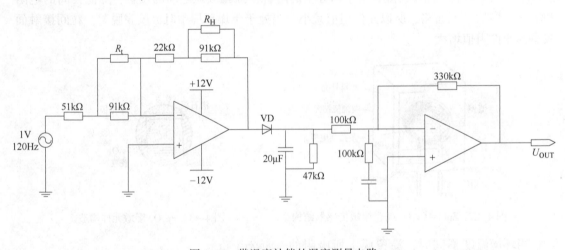

图 4-46　带温度补偿的湿度测量电路

4.5　位置传感器

位置传感器是能感受被测物的位置并转换成可用输出信号的传感器。

1. 位置敏感器件

位置敏感器件（Position Sensitive Detector，PSD）是一种对其感光面上入射光点位置敏感的器件，也称为坐标光电池，其输出信号与光点在光敏面上的位置有关。

PSD 具有灵敏度高、分辨率高、响应速度快和配置电路简单等优点，在位置坐标的精确测量、位置变化检测、位置跟踪、工业自动控制等领域得到了越来越广泛的应用。

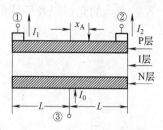

图 4-47　PSD 结构示意图

位置敏感器件（PSD）的基本结构如图 4-47 所示。

PSD 一般为 PIN 结构，上面为 P 层，下面为 N 层，在 P 层和 N 层之间有一层高电阻率的本征半导体 I 层，它们制作在同一硅片上。P 层是光敏层，也是一个均匀的电阻层，在 P 层表面电阻层的两端各设置一输出极。当入射光照射到 PSD 的光敏层时，在入射位置上产生与入射辐射成正比的信号电荷，此电荷形成的光电流通过 P 型电阻层分别由电极① 和电极② 输出。设电极① 、② 与光敏面中心点的距离分别为 L，光束入射点的位置距中心点的距离为 x_A，流过两电极的电流分别为 I_1 和 I_2，则流过 N 型层上电极③ 的电流 I_0 为 I_1 与 I_2 之和，即 $I_0 = I_1 + I_2$。电流 I_1、I_2 分别为

$$I_1 = \frac{L - x_A}{2L} I_0 \tag{4-3}$$

$$I_2 = \frac{L + x_A}{2L} I_0 \tag{4-4}$$

由上面两式可得：$x_A = \dfrac{I_2 - I_1}{I_2 + I_1} L$　　　　　(4-5)

由式（4-5）即可确定光斑能量中心相对于器件中心的位置 x_A，它只与 I_1、I_2 电流的差值及总电流 I_0 之间的比值有关，与入射光能的大小无关。

PSD 有两种：一维 PSD 和二维 PSD。

一维 PSD 主要用来测量光点在一维方向上的位置或位置移动量。图 4-48 所示为 SI543 型一维 PSD 的结构及等效电路图，图中，① 、② 为信号电极，③ 为公共电极，它的感光面大多为细长的矩形条。图 b 中，R_{sh} 为并联电阻，I_p 为电流源，也就是光敏面的光生电流，VD 为理想二极管，R_D 为定位电阻，C_j 为结电容，它是决定器件响应速度的主要因素。

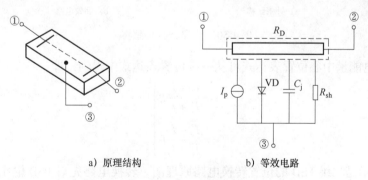

a）原理结构　　　　　　b）等效电路

图 4-48　一维 PSD 传感器

图 4-49 为一维 PSD 的位置转换电路原理图。当光电流 I_1 经反相放大器 A_1 放大后，分别送给放大器 A_3 与 A_4，而光电流 I_2 经反相放大器 A_2 放大后也分别送给放大器 A_3 与 A_4。放大器 A_3 为加法电路，完成光电流 I_1 与 I_2 相加的运算；放大器 A_4 为减法电路，完成光电流 I_1 与 I_2 相减的运算；放大器 A_5 用来调整运算后信号的相位。图中反馈电阻 R_f 的阻值大小取决于

入射光点的光强以及后续电路的最大输出电压。所有运放均采用低漂移运算放大器。

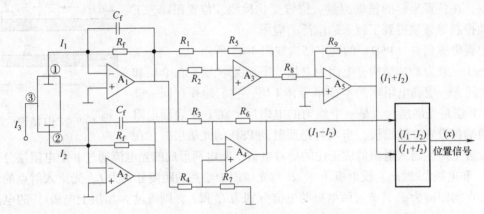

图 4-49 一维 PSD 传感器的转换电路

二维 PSD 用来测定光点在平面上的二维（x, y）坐标。图 4-50 所示是二维 PSD 的结构及等效电路图，它的感光面是方形的。在 PIN 硅片的光敏面上设置相互垂直的两对电极，对应于电极 X_3、X_4、Y_1、Y_2 的电流分别为 I_x、I'_x、I_y、I'_y，作为位移信号输出。

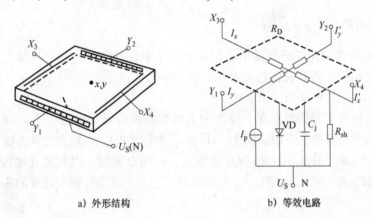

a）外形结构   b）等效电路

图 4-50 二维 PSD 传感器

二维的光电能量中心位置表达式可从一维位置表达式中得到，即

$$
\left.
\begin{aligned}
x &= \frac{I'_x - I_x}{I'_x + I_x} L \\
y &= \frac{I'_y - I_y}{I'_y + I_y} L
\end{aligned}
\right\}
\tag{4-6}
$$

图 4-51 所示是二维 PSD 的位置转换电路原理图。转换电路先对 PSD 输出的光电流进行电流-电压转换并放大，再根据位置表达式进行加法、减法和除法运算，得到光点的位置信号。

2. 感应同步器

感应同步器有直线式和旋转式两种，分别用于直线位移和角位移测量，两者原理相同。

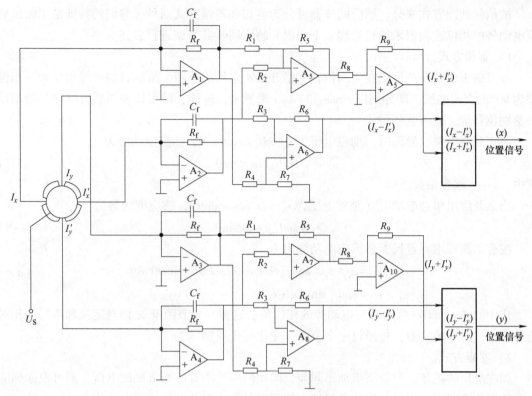

图 4-51　二维 PSD 传感器的转换电路

（1）结构原理

直线式（长）感应同步器由定尺和滑尺组成，如图 4-52 所示。旋转式（圆）感应同步器由转子和定子组成，如图 4-53 所示。在定尺和转子上的是连续绕组，在滑尺和定子上的则是分段绕组。分段绕组分为两组，在空间相差 90°相角，故又称为正弦、余弦绕组。工作时如果在其中一种绕组上通以交流激励电压，由于电磁耦合，在另一种绕组上就产生感应电动势，该电动势随定尺与滑尺（或转子与定子）的相对位置不同而呈正弦、余弦函数变化，再通过对此信号的检测处理，便可测量出直线或转角的位移量。

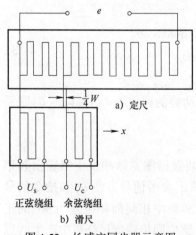

图 4-52　长感应同步器示意图

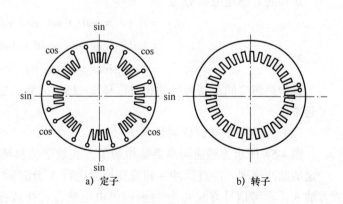

图 4-53　圆感应同步器示意图

133

按信号处理方式来分，感应同步器可分为鉴相和鉴幅方式两种，它们的特征是用输出感应电动势的相位或幅值来进行处理。下面以长感应同步器为例进行叙述。

1）鉴相方式。

滑尺的正弦、余弦绕组在空间位置上错开 1/4 定尺的节距，激励时加上等幅等频、相位差为 90° 的交流电压，即分别以 $\sin\omega t$ 和 $\cos\omega t$ 来激励，这样，就可以根据感应电动势的相位来鉴别位移量，故叫鉴相型。

当正弦绕组单独激励时，励磁电压为 $u_s = U_m\sin\omega t\cos\theta$，感应电动势为

$$e_s = k\omega U_m\sin\omega t\cos\theta \tag{4-7}$$

式中 k——耦合系数。

当余弦绕组单独激励时（励磁电压为 $u_c = U_m\cos\omega t\sin\theta$），感应电动势为

$$e_c = k\omega U_m\cos\omega t\sin\theta \tag{4-8}$$

按叠加原理求得定尺上总感应电动势为

$$e = e_s + e_c = k\omega U_m\cos\omega t\sin\theta + k\omega U_m\sin\omega t\cos\theta \tag{4-9}$$

$$= k\omega U_m\sin(\omega t + \theta)$$

式中的 $\theta = 2\pi x/\omega$ 称为感应电动势的相位角，它在一个节距 W 之内与定尺和滑尺的相对位移有一一对应的关系，每经过一个节距，变化一个周期（2π）。

2）鉴幅方式。

如在滑尺的正弦、余弦绕组加以同频、同相但幅值不等的交流励磁电压，则可根据感应电动势振幅来鉴别位移量，称为鉴幅型。加到滑尺两绕组的交流励磁电压为

$$u_s = U_s\cos\omega t, u_c = U_c\cos\omega t \tag{4-10}$$

式中 $u_s = U_m\sin\varphi$；

$u_c = U_m\cos\varphi$；

U_m——激励电压幅值；

φ——给定的电相角。

它们分别在定尺绕组上感应出的电动势为

$$e_s = k\omega U_s\sin\omega t\sin\theta \tag{4-11}$$

$$e_c = k\omega U_c\sin\omega t\cos\theta \tag{4-12}$$

定尺的总感应电动势为

$$e = e_s + e_c = k\omega U_s\sin\omega t\ \sin\theta + k\omega U_c\sin\omega t\cos\theta$$

$$= k\omega U_m\sin\omega t(\cos\varphi\cos\theta + \sin\varphi\sin\theta) \tag{4-13}$$

$$= k\omega U_m\sin\omega t\ \cos(\varphi - \theta)$$

式中把感应同步器两尺的相对位移 $x = 2\pi\theta/\omega$ 和感应电动势的幅值 $k\omega U_m\cos(\varphi - \theta)$ 联系了起来。

（2）感应同步器位移测量系统

图 4-54 所示为感应同步器鉴相测量方式数字位移测量装置框图。脉冲发生器输出频率一定的脉冲序列，经过脉冲–相位变换器进行 N 分频后，输出参考信号方波 θ_0 和指令信号方波 θ_1。参考信号方波 θ_0 经过励磁供电电路，转换成振幅和频率相同而相位差为 90° 的正弦、余弦电压，给感应同步器滑尺的正弦、余弦绕组励磁。感应同步器定尺绕组中产生的感

应电压，经放大和整形后成为反馈信号方波 θ_2。指令信号 θ_1 和反馈信号 θ_2 同时送给鉴相器，鉴相器既能判断 θ_2 和 θ_1 相位差的大小，又能判断指令信号 θ_1 的相位超前还是滞后于反馈信号 θ_2 的相位。

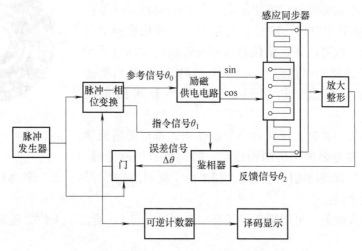

图 4-54　鉴相测量方式数字位移测量装置框图

假定开始时 $\theta_1 = \theta_2$，当感应同步器的滑尺相对定尺平行移动时，将使定尺绕组中的感应电压的相位 θ_2（即反馈信号的相位）发生变化。此时 $\theta_1 \neq \theta_2$，由鉴相器判别之后，将有相位差 $\Delta\theta = \theta_2 - \theta_1$ 作为误差信号，由鉴相器输出给门电路。此误差信号 $\Delta\theta$ 控制门电路"开门"的时间，使门电路允许脉冲发生器产生的脉冲通过。通过门电路的脉冲，一方面送给可逆计数器计数并显示出来；另一方面作为脉冲 – 相位变换器的输入脉冲。在此脉冲作用下，脉冲-相位变换器将修改指令信号的相位 θ_1，使 θ_1 随 θ_2 而变化。当 θ_1 再次与 θ_2 相等时，误差信号 $\Delta\theta = 0$，从而门被关闭。当滑尺相对定尺继续移动时，又有 $\Delta\theta = \theta_2 - \theta_1$ 作为误差信号控制门电路的开启，门电路又有脉冲输出，供可逆计数器去计数和显示，并继续修改指令信号的相位 θ_1，使 θ_1 和 θ_2 在新的基础上达到 $\theta_1 = \theta_2$。因此在滑尺相对定尺连续不断地移动过程中，就可以实现把位移量准确地用可逆计数器计数和显示出来。

3. 光电式编码器

光电式编码器主要由安装在旋转轴上的编码圆盘（码盘）、窄缝以及安装在圆盘两边的光源和光敏元件组等组成，基本结构如图 4-55 所示。码盘由光学玻璃制成，其上刻有许多同心码道，每位码道上都有按一定规律排列的透光和不透光部分，即亮区和暗区。码盘构造如图 4-56 所示，它是一个 6 位二进制码盘。当光源将光投射在码盘上时，转动码盘，通过亮区的光线经窄缝后，由光敏元件接收。光敏元件的排列与码道一一对应，对应于亮区和暗区的光敏元件输出的信号，前者为"1"，后者为"0"。当码盘旋至不同位置时，光敏元件输出信号的组合反映出按一定规律编码的数字量，代表了码盘轴的角位移大小。

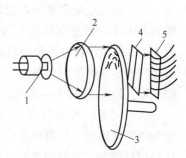

图 4-55　光电式编码器示意图
1—光源　2—透镜　3—码盘
4—窄缝　5—光敏元件组

编码器码盘按其所用码制可分为二进制码、十进制码、循环码等。

对于图 4-56 所示的 6 位二进制码盘，最内圈码盘一半透光，一半不透光，最外圈一共分成 $2^6 = 64$ 个黑白间隔。每一个角度方位对应于不同的编码，例如零位对应于 000000（全黑）；第 23 个方位对应于 010111。这样在测量时，只要根据码盘的起始和终止位置，就可以确定角位移，而与转动的中间过程无关。一个 n 位二进制码盘的最小分辨率，即能分辨的角度为 $\alpha = 360°/2n$，一个 6 位二进制码盘，其最小分辨的角度 $\alpha \approx 5.6°$。

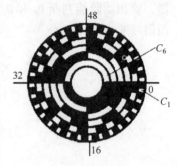

图 4-56　码盘构造

采用二进制编码器时，任何微小的制作误差都可能造成读数的误差。这主要是因为二进制码当某一较高的数码改变时，所有比它低的各位数码均需同时改变。如果由于刻划误差等原因，某一较高位提前或延后改变，就会造成较大误差。

为了消除粗大误差，可用循环码代替二进制码。表 4-3 给出了 4 位二进制码与循环码的对照表。

表 4-3　4 位二进制码与循环码对照表

十进制数	二进制码	循环码	十进制数	二进制码	循环码
0	0000	0000	8	1000	1100
1	0001	0001	9	1001	1101
2	0010	0011	10	1010	1111
3	0011	0010	11	1011	1110
4	0100	0110	12	1100	1010
5	0101	0111	13	1101	1011
6	0110	0101	14	1110	1001
7	0111	0100	15	1111	1000

从表 4-3 中可以看出，循环码是一种无权码，从任何数变到相邻数时，仅有一位数码发生变化。如果任一码道刻划有误差，只要误差不太大，且只可能有一个码道出现读数误差，产生的误差最多等于最低位的一个比特。所以只要适当限制各码道的制造误差和安装误差，都不会产生较大误差，由于这一原因使得循环码码盘获得了广泛的应用。图 4-57 所示是一个 6 位循环码码盘。对于 n 位循环码码盘，与二进制码一样，具有 $2n$ 种不同编码，最小分辨率 $\alpha = 360°/2n$。

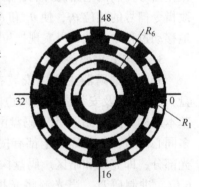

图 4-57　6 位循环码码盘

循环码是一种无权码，这给译码造成了一定困难。通常先将它转换成二进制码然后再译码。按表 4-3 所列，可以找到循环码和二进制码之间的转换关系为

$$R_n = C_n$$
$$R_i = C_i \oplus C_{i+1} \qquad\qquad (4\text{-}14)$$
$$C_i = R_i \oplus C_{i+1}$$

式中　*R*——循环码；

　　　C——二进制码。

根据式（4-14），可用与非门构成循环码 – 二进制码转换器，这种转换器所用元器件比较多。如采用存储器芯片可直接把循环码转换成二进制码或任意进制码。

大多数编码器都是单盘的，全部码道则在一个圆盘上。但如果要求有很高的分辨率时，码盘制作困难，圆盘直径增大，而且精度也难以达到。如要达到 1″左右的分辨率，至少采用 20 位的码盘。对于一个刻划直径为 400mm 的 20 位码盘，其外圈分划间隔不到 1.2μm，可见码盘的制作不是一件易事，而且光线经过这么窄的狭缝会产生光的衍射。这时可采用双盘编码器，它的特点是由两个分辨率较低的码盘组合成为高分辨率的编码器。

4. 磁编码器

磁编码器是近几年发展起来的新型传感器。它主要由磁鼓与磁阻探头组成，它的构成如图 4-58 所示。多极磁鼓常用的有两种：一种是塑磁磁鼓，在磁性材料中混入适当的粘合剂，注塑成形；另一种是在铝鼓外面覆盖一层粘贴磁性材料而制成。多极磁鼓产生的空间磁场由磁鼓的大小和磁层厚度决定，磁阻探头由磁阻元件通过微细加工技术而制成，磁阻元件的电阻值仅和电流方向成直角的磁场有关，而与电流平行的磁场无关。

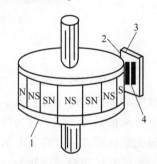

图 4-58　磁编码器的基本结构
1—磁鼓　2—气隙　3—磁敏感部件
4—磁阻元件

电磁式编码器的码盘上按照一定的编码图形做成磁化区（磁导率高）和非磁化区（磁导率低），采用小型磁环或微型马蹄形磁心作磁头，磁环或磁头紧靠码盘，但又不与码盘表面接触。每个磁头上绕两组绕组，一次绕组用恒幅恒频的正弦信号激励，二次绕组用作输出信号，二次绕组感应码盘上的磁化信号转化为电信号，其感应电动势与两绕组匝数比和整个磁路的磁导有关。当磁头对准磁化区时，磁路饱和，输出电压很低；如磁头对准非磁化区，它就类似于变压器，输出电压会很高，因此可以区分状态"1"和"0"。几个磁头同时输出，就形成了数码。

电磁式编码器精度高，寿命长，工作可靠，对环境条件要求较低，但成本较高。

4.6　图像传感器

电荷耦合器件（Charge Couple Device，CCD）是一种大规模金属氧化物半导体（MOS）集成电路光电器件。它以电荷为信号，具有光电信号转换、存储、移位并读出信号电荷的功能。CCD 具有集成度高、尺寸小、电压低（DC7 ~ 12V）、功耗小的特点，自 1970 年问世以来，由于其独特的性能而迅速发展，广泛应用于航天、遥感、工业、农业、天文、通信等军用及民用领域的信息存储及信息处理等方面，尤其适用图像识别技术，促进了各种视频装置的普及和微型化，基于 CCD 的输入设备有数字摄像机、数字照相机、平板扫描仪、指纹机等。

1. CCD 的结构及工作原理

（1）MOS 光敏元

CCD 是由若干个电荷耦合单元组成的，其基本单元是 MOS（金属 – 氧化物 – 半导体）

光敏元，单元结构如图 4-59a 所示。它是以 P 型（或 N 型）半导体为衬底，上面覆盖一层厚度约 120nm 的氧化层 SiO_2 作为电解质，再在 SiO_2 表面依次沉积一层金属电极为栅电极，形成了金属-氧化物-半导体 MOS 结构元。

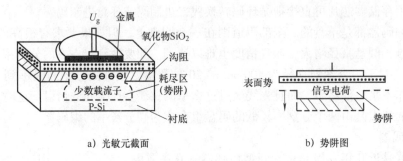

a）光敏元截面   b）势阱图

图 4-59　MOS 光敏元的结构

当在金属电极上施加一个正电压 U_g 时，衬底接地，在电场的作用下，靠近氧化层的 P 型硅中的多数载流子（空穴）受到排斥，从而形成一个耗尽区，它对带负电的电子而言是一个势能很低的区域，称为势阱。半导体内的少数载流子（电子）吸引到 P–Si 界面，从而在界面附近形成一个带负电荷的耗尽区，也称表面势阱，如图 4-59b 所示。

如果有光照射在硅片上，在光子作用下，半导体硅产生了电子–空穴对，由此产生的光电子就被附近的势阱所吸收，而同时产生的空穴被排斥出耗尽区，势阱内所吸收的光电子数量与入射到该势阱附近的光强成正比。这样一个结构元就形成了一个光敏元，称作一个像素，存储了电荷的势阱被称为电荷包。

通常在半导体硅片上有几百或几千个相互独立的 MOS 光敏元，若在金属电极上施加一正电压时，则在该半导体硅片上就形成几百个或几千个相互独立的势阱。如果照射在这些光敏元上是一幅明暗起伏的图像，那么这些光敏元就感生出一幅与光照强度相对应的光生电荷图像。

（2）电荷移位

CCD 由一系列彼此非常靠近的 MOS 光敏元依次排列，其上有许多互相绝缘的金属电极，相邻电极之间仅隔极小的距离，保证相邻势阱耦合及电荷转移。由于可移动的电荷信号都将力图向表面势大的位置移动，为保证信号电荷按确定方向和路线转移，在各电极上所加的电压严格满足相位要求，下面以三相（也有两相和四相）时钟脉冲控制方式为例说明电荷定向转移的过程。把 MOS 光敏元电极分成 3 组，在其上面分别施加 3 个相位不同的控制电压 Φ_1、Φ_2、Φ_3，控制电压波形如图 4-60a 所示。

电荷转移过程如图 4-60b 所示。当 $t=t_1$ 时，Φ_1 相处于高电平，Φ_2、Φ_3 相处于低电平，在电极 1、4 下面出现势阱，存储了电荷。在 $t=t_2$ 时，Φ_2 相也处于高电平，电极 2、5 下面出现势阱。由于相邻电极之间的间隙很小，电极 1、2 及 4、5 下面的势阱互相耦合，使电极 1、4 下的电荷向电极 2、5 下面势阱转移。随着 Φ_1 电压下降，电极 1、4 下的势阱相应变浅。在 $t=t_3$ 时，有更多的电荷转移到电极 2、5 下势阱内。在 $t=t_4$ 时，只有 Φ_2 处于高电平，信号电荷全部转移到电极 2、5 下面的势阱内。随着控制脉冲的变化，信号电荷便从 CCD 的一端转移到终端，实现了电荷的耦合与转移。

它实际上是在 CCD 阵列的末端衬底上制作一个输出二极管，当输出二极管加上反向偏压时，转移到终端的电荷在时钟脉冲作用下移向输出二极管，被二极管的 PN 结所收集，在负载 R_L 上就形成脉冲电流 I_o。输出电流的大小与信号电荷大小成正比，并通过负载电阻 R_L 变为信号电压 U_o 输出，电路如图 4-61 所示。

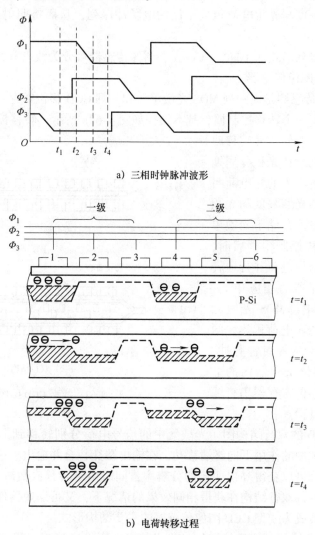

a) 三相时钟脉冲波形

b) 电荷转移过程

图 4-60　三相 CCD 时钟电压与电荷转移的关系

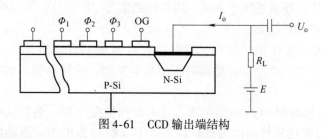

图 4-61　CCD 输出端结构

2. CCD 固态图像传感器

电荷耦合器件用于固态图像传感器中，作为摄像或像敏的器件。CCD 固态图像传感器由感光部分和移位寄存器组成。感光部分利用 MOS 光敏元的光电转换功能将投射到光敏元上的光学图像转换成电信号"图像"，即将光强的空间分布转换为与光强成正比的、大小不等的电荷包空间分布，然后利用移位寄存器的移位功能将光生电荷"图像"转移出来，从输出电路上检测到幅度与光生电荷包成正比的电脉冲序列，从而将照射在 CCD 上的光学图像转换为电信号图像。

根据光敏元件排列形式的不同，CCD 固态图像传感器可分为线型和面型两种。

（1）线型 CCD 图像传感器

线型 CCD 图像传感器是由一列 MOS 光敏单元和一列 CCD 移位寄存器构成的，光敏单元与移位寄存器之间有一个转移控制栅，基本结构如图 4-62a 所示。转移控制栅控制光电荷向移位寄存器转移，一般使信号转移时间远小于光积分时间。在光积分周期里，各个光敏元中所积累的光电荷与该光敏元上所接收的光照强度和光积分时间成正比，光电荷存储于光敏单元的势阱中。当转移控制栅开启时，各光敏单元收集的信号电荷并行地转移到 CCD 移位寄存器的相应单元。当转移控制栅关闭时，MOS 光敏元阵列又开始下一行的光电荷积累。同时，在移位寄存器上施加时钟脉冲，将已转移到 CCD 移位寄存器内的上一行的信号电荷由移位寄存器串行输出，如此重复上述过程。

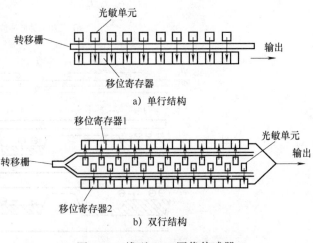

图 4-62　线型 CCD 图像传感器

图 4-62b 为 CCD 的双行结构图。光敏元中的信号电荷分别转移到上、下方的移位寄存器中，然后在时钟脉冲的作用下向终端移动，在输出端交替合并输出。这种结构与长度相同的单行结构相比较，可以获得高出两倍的分辨率；同时由于转移次数减少一半，使 CCD 电荷转移损失大为减少；双行结构在获得相同效果的情况下，又可缩短器件尺寸。由于这些优点，双行结构已发展成为线型 CCD 图像传感器的主要结构形式。

线型 CCD 图像传感器可以直接接收一维光信息，不能直接将二维图像转变为视频信号输出，为了得到整个二维图像的视频信号，就必须用扫描的方法。

线型 CCD 图像传感器主要用于测试、传真和光学文字识别技术等方面。

（2）面型 CCD 图像传感器

按一定的方式将一维线型光敏单元及移位寄存器排列成二维阵列，即可以构成面型 CCD 图像传感器。面型 CCD 图像传感器有 3 种基本类型：线转移型、帧转移型和行间转移型，如图 4-63 所示。

图 4-63a 为线转移面型 CCD 的结构图。它由行扫描发生器、感光区和输出寄存器等组成。行扫描发生器将光敏元件内的信息转移到水平（行）方向上，驱动脉冲将信号电荷一位位地按箭头方向转移，并移入输出寄存器，输出寄存器亦在驱动脉冲的作用下使信号电荷经输出端输出。这种转移方式具有有效光敏面积大、转移速度快、转移效率高等特点，但电

路比较复杂，易引起图像模糊。

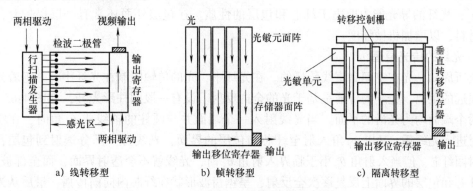

图 4-63　面型 CCD 图像传感器结构

图 4-63b 为帧转移面型 CCD 的结构图。它由光敏元面阵（感光区）、存储器面阵和输出移位寄存器 3 部分构成。图像成像到光敏元面阵，当光敏元的某一相电极加有适当的偏压时，光生电荷将收集到这些光敏元的势阱里，光学图像变成电荷包图像。当光积分周期结束时，信号电荷迅速转移到存储器面阵，经输出端输出一帧信息。当整帧视频信号自存储器面阵移出后，就开始下一帧信号的形成。这种面型 CCD 的特点是结构简单，光敏单元密度高，但增加了存储区。

图 4-63c 所示结构是用得最多的一种结构形式。它将光敏单元与垂直转移寄存器交替排列。在光积分期间，光生电荷存储在感光区光敏单元的势阱里；当光积分时间结束后，转移栅的电位由低变高，信号电荷进入垂直转移寄存器中。随后，一次一行地移动到输出移位寄存器中，然后移位到输出器件，在输出端得到与光学图像对应的一行行视频信号。这种结构的感光单元面积减小，图像清晰，但单元设计复杂。

面型 CCD 图像传感器主要用于图像的传感，如固体摄像器件、图像存储和图像处理器件。

4.7　光纤传感器

光纤传感器是 20 世纪 70 年代中期发展起来的一种新技术，其伴随着光纤及光通信技术的发展而逐步形成。

光纤传感器和传统的各类传感器相比有一定的优点，如不受电磁干扰，体积小，重量轻，可绕曲，灵敏度高，耐腐蚀，绝缘强度高，防爆性好，集传感与传输于一体，能与数字通信系统兼容等。光纤传感器能用于温度、压力、应变、位移、速度、加速度、磁、电、声和 pH 值等 70 多个物理量的测量，在自动控制、在线检测、故障诊断、安全报警等方面具有极为广泛的应用潜力和发展前景。

1. 光纤的结构

光导纤维简称光纤，它是一种特殊结构的光学纤维，结构如图 4-64 所示。中心的圆柱体称为纤芯，围绕着纤芯的圆形外层

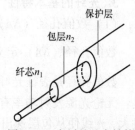

图 4-64　光纤的基本结构

称为包层。纤芯和包层通常由不同掺杂的石英玻璃制成。纤芯的折射率 n_1 略大于包层的折射率 n_2，光纤的导光能力取决于纤芯和包层的性质。在包层外面还常有一层保护套，多为尼龙材料，以增加机械强度。

2. 光纤的传光原理

众所周知，光在空间是直线传播的。在光纤中，光的传输限制在光纤中，并随着光纤能传送很远的距离，光纤的传输是基于光的全内反射。设有一段圆柱形光纤，如图 4-65 所示，它的两个端面均为光滑的平面。当光线射入一个端面并与圆柱的轴线成 θ_i 角时，在端面发生折射进入光纤后，又以 φ_i 角入射至纤芯与包层的界面，光线有一部分透射到包层，一部分反射回纤芯。但当入射角 θ_i 小于临界入射角 θ_c 时，光线就不会透射界面，而全部被反射，光在纤芯和包层的界面上反复逐次全反射，呈锯齿波形状在纤芯内向前传播，最后从光纤的另一端面射出，这就是光纤的传光原理。

根据斯内尔（Snell）光的折射定律，由图 4-65 可得

$$n_0 \sin\theta_i = n_1 \sin\theta' \tag{4-15}$$

$$n_1 \sin\varphi_i = n_2 \sin\varphi' \tag{4-16}$$

式中　n_0——光纤外界介质的折射率。

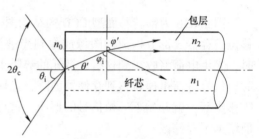

图 4-65　光纤的传光原理

若光在纤芯和包层的界面上发生全反射，则界面上的光线临界折射角 $\varphi_c = 90°$，即 $\varphi' \geqslant \varphi_c = 90°$，而

$$n_1 \sin\theta' = n_1 \sin\left(\frac{\pi}{2} - \varphi_i\right) = n_1 \cos\varphi_i = n_2 \sqrt{1 - \sin\varphi_i^2}$$

$$\tag{4-17}$$

$$= n_1 \sqrt{1 - \left(\frac{n_2}{n_1}\sin\varphi\right)^2}$$

当 $\varphi' = \varphi_c = 90°$ 时，有

$$n_1 \sin\theta' = \sqrt{n_1^2 - n_2^2} \tag{4-18}$$

所以，为满足光在光纤内的全内反射，光入射到光纤端面的入射角 θ_i 应满足

$$\theta_i \leqslant \theta_c = \arcsin\left(\frac{1}{n_0}\sqrt{n_1^2 - n_2^2}\right) \tag{4-19}$$

一般光纤所处环境为空气，则 $n_0 = 1$，这样式（4-19）可表示为：$\theta_i \leqslant \theta_c = \arcsin\sqrt{n_1^2 - n_2^2}$。

实际工作时需要光纤弯曲，但只要满足全反射条件，光线仍然继续前进。可见这里的光线"转弯"实际上是由光的全反射所形成的。

3. 光纤的基本特性

（1）数值孔径（NA）

数值孔径（NA）定义为 $NA = \sin\theta_c = \frac{1}{n_0}\sqrt{n_1^2 - n_2^2}$ 　　　　　$\tag{4-20}$

数值孔径是表征光纤集光本领的一个重要参数，即反映光纤接收光量的多少。其意义是：无论光源发射功率有多大，只有入射角处于 $2\theta_c$ 的光锥角内，光纤才能导光。如入射角过大，光线便从包层逸出而产生漏光。光纤的 NA 越大，表明它的集光能力越强，一般希望有大的数值孔径，这有利于提高耦合效率；但数值孔径过大会造成光信号畸变，所以要适当

选择数值孔径的数值，如石英光纤数值孔径一般为 0.2~0.4。

（2）光纤模式

光纤模式是指光波传播的途径和方式。对于不同入射角度的光线，在界面反射的次数是不同的，传递的光波之间的干涉所产生的横向强度分布也是不同的，这就是传播模式不同。在光纤中传播模式很多不利于光信号的传播，因为同一种光信号采取很多模式传播将使一部分光信号分为多个不同时间到达接收端的小信号，从而导致合成信号的畸变，因此希望光纤信号模式数量要少。

一般纤芯直径为 2~12μm，只能传输一种模式称为单模光纤。这类光纤的传输性能好，信号畸变小，信息容量大，线性好，灵敏度高，但由于纤芯尺寸小，制造、连接和耦合都比较困难。纤芯直径为 50~100μm，传输模式较多称为多模光纤。这类光纤的性能较差，输出波形有较大的差异，但由于纤芯截面积大，故容易制造，连接和耦合比较方便。

（3）光纤传输损耗

光纤传输损耗主要来源于材料吸收损耗、散射损耗和光波导弯曲损耗。目前常用的光纤材料有石英玻璃、多成分玻璃、复合材料等，在这些材料中，由于存在杂质离子、原子的缺陷等都会吸收光，从而造成材料吸收损耗。

散射损耗主要是由于材料密度及浓度不均匀引起的，这种散射与波长的 4 次方成反比，因此散射随着波长的缩短而迅速增大。所以可见光波段并不是光纤传输的最佳波段，在近红外波段（1~1.7μm）有最小的传输损耗，因此长波长光纤已成为目前发展的方向。光纤拉制时粗细不均匀，造成纤维尺寸沿轴线变化，同样会引起光的散射损耗。另外纤芯和包层界面的不光滑、污染等，也会造成严重的散射损耗。

光波导弯曲损耗是使用过程中可能产生的一种损耗。光波导弯曲会引起传输模式的转换，激发高阶模进入包层产生损耗。当弯曲半径大于 10cm 时，损耗可忽略不计。

4. 光纤传感器

（1）光纤传感器的工作原理及组成

光纤传感器的原理实际上是研究光在调制区内，外界信号（温度、压力、应变、位移、振动、电场等）与光的相互作用，即研究光被外界参数的调制原理。外界信号可能引起光的强度、波长、频率、相位、偏振态等光学性质的变化，从而形成不同的调制。

光纤传感器一般分为两大类：一类是利用光纤本身的某种敏感特性或功能制成的传感器，称为功能型（Functional Fiber, FF）传感器，又称为传感型传感器；另一类是光纤仅仅起传输光的作用，它在光纤端面或中间加装各种敏感元件感受被测量的变化，这类传感器称为非功能型（Non Functional Fiber, NFF）传感器，又称为传光型传感器。

光纤目前可以测量 70 多种物理量，光纤的类型较多，大致可分为功能型和非功能型两类。光纤传感器进行产品检测也比较容易，所以目前非功能型传感器品种较多。功能型传感器的构思和原理往往比较巧妙，可解决一些特别困难的问题。但无论哪一种传感器，最终都利用光探测器将光纤的输出变为电信号。

光纤传感器由光源、敏感元件（光纤或非光纤的）、光探测器、信号处理系统以及光纤等组成，如图 4-66 所示。由光源发出的光通过源光纤引到敏感元件，被测参数作用于敏感元件。

在用途上，非功能型传感器要多于功能型传感器。非功能型传感器的制作和应用元件，在光的调制区内，使光的某一性质受到被测量的调制，调制后的光信号经接收光纤耦合到光探测器，将光信号转换为电信号，最后经信号处理得到所需要的被测量。

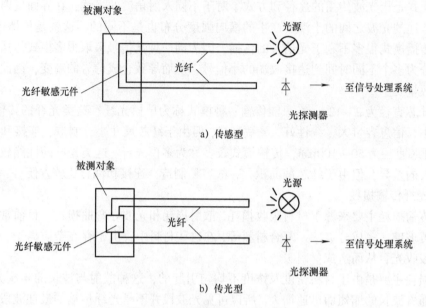

a）传感型

b）传光型

图 4-66　光纤传感器组成示意图

（2）光纤传感器的应用

1）光纤加速度传感器。

光纤加速度传感器的组成结构如图 4-67 所示，它是一种简谐振子的结构形式。

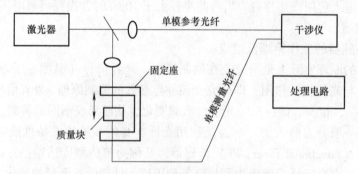

图 4-67　光纤加速度传感器结构简图

在图 4-67 中，激光束通过分光板后分为两束光，透射光作为参考光束，反射光作为测量光束。当传感器感受加速度时，由于质量块 M 对光纤的作用，从而使光纤被拉伸，引起光程差的改变。相位改变的激光束由单模光纤射出后与参考光束会合产生干涉效应。激光干涉仪干涉条纹的移动可由光电接收装置转换为电信号，经过信号处理电路处理后便可以正确地测出加速度值。

2）光纤温度传感器。

光纤温度传感器是目前仅次于加速度、压力传感器而被广泛使用的光纤传感器。根据工作原理它可分为相位调制型、光强调制型和偏振光型等。这里仅介绍一种光强调制型的半导体光吸收型光纤传感器，图 4-68 所示为这种传感器的结构原理图。传感器是由半导体光吸收器、光纤、光源和包括光探测器在内的信号处理系统等组成的。光纤用来传输信号，半导体光吸收器是光敏感元件，在一定的波长范围内，它对光的吸收随温度 T 变化而变化。

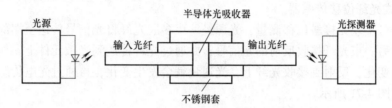

图 4-68　半导体光吸收型光纤温度传感器结构原理图

图 4-69 所示为半导体的光透过率特性。半导体材料的光透过率特性曲线随温度的增加向长波方向移动，如果适当地选定一种在该材料工作波长范围内的光源，那么就可以使透射过半导体材料的光强随温度而变化，探测器检测输出光强的变化即达到测量温度的目的。

这种半导体光吸收型光纤传感器的测量范围随半导体材料和光源而变，一般在 $-100 \sim 300℃$ 温度范围内进行测量，响应时间约为 2s。它的特点是体积小、结构简单、时间响应快、工作稳定、成本低、便于推广应用。

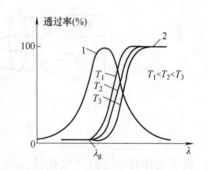

图 4-69　半导体的光透过率特性
1—光源光谱分布　2—吸收边沿透射率 $f(\lambda, T)$

3）光纤旋涡流量传感器。

光纤旋涡流量传感器是将一根多模光纤垂直地装入管道，当液体或气体流经与其垂直的光纤时，光纤受到流体涡流的作用而振动，振动的频率与流速有关，测出频率就可知流速。这种流量传感器结构示意图如图 4-70 所示。

当流体运动受到一个垂直于流动方向的非流线体阻碍时，根据流体力学原理，在某些条件下，在非流线体的下游两侧产生有规则的旋涡，其旋涡的频率 f 与流体的流速可表示为

$$f = S_t \frac{v}{d} \tag{4-21}$$

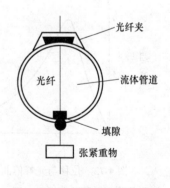

图 4-70　光纤旋涡流量传感器

式中　v——流体流速；

　　　d——流体中物体的横向尺寸大小；

　　　S_t——斯特罗哈尔系数，它是一个无量纲的常数，仅与雷诺数有关。

在多模光纤中，光以多种模式进行传输，在光纤的输出端，各模式的光就形成了干涉图样，这就是光斑。一根没有外界扰动的光纤所产生的干涉图样是稳定的，当光纤受到外界扰动时，干涉图样的明暗相间的斑纹或斑点发生移动。如果外界扰动是流体的涡流引起的，那么干涉图样斑纹或斑点就会随着振动的周期变化来回移动，这时测出斑纹或斑点的移动，即可获得对应于振动频率 f 的信号，根据振动频率 f 的公式推算流体的流速 v。

这种流体传感器可测量液体和气体的流量，因为传感器没有活动部件，测量可靠，而且对流体流动不产生阻碍作用，因此压力损耗非常小。这些特点是孔板、涡轮等许多传统流量计所无法比拟的。

4）反射式光纤位移传感器。

利用光纤可实现无接触位移测量，光源经一束多股光纤将光信号传送至端部，并照射到被测物体上，另一束光纤接收反射的光信号，并通过光纤传送到光敏元件上。如果被测物体与光纤间距离变化，反射到接收光纤上，光通量就会发生变化，再通过光电传感器检测出距离的变化，如图 4-71 所示。

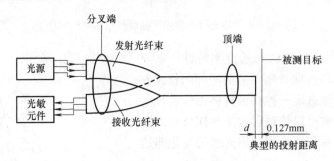

图 4-71　反射式光纤位移传感器

由于光纤有一定的数值孔径，当光纤探头端紧贴被测物体时，接收光敏元件无光电信号；被测物体逐渐远离光纤时，接收光纤照亮的区域 B_2 越来越大；当整个接收光纤被照亮时，输出曲线达到光峰值；被测物体继续远离时，部分光线被反射光信号减弱，曲线下降，如图 4-72 与图 4-73 所示。

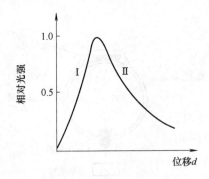

图 4-72　位移与光峰值曲线

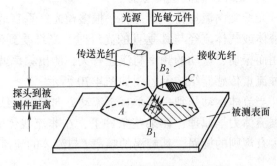

图 4-73　光纤位移传感器示意图

第 5 章

变送器及其应用电路

本章主要介绍温度变送器、压力变送器、液位变送器和流量变送器的工作原理、性能指标和应用范围，重点结合实际工程应用样例，学会如何应用各种变送器进行电路设计和制作。

1. 变送器的基本概念

通过对传感器电路设计与制作的学习，我们知道传感器是能够感受被测量变化，并按照一定的规律转换成可用输出信号的敏感器件，通常由敏感组件和转换组件所组成。传感器定义中所叙述的可用输出信号类型可以是变化的电压信号、电流信号和电参量信号等，其中电压、电流信号易于传输，但电参量信号如电阻、电容、电感和电量等则不易于传输；同时输出信号数值的大小性质也不尽相同，没有固定的统一标准，也不便于和各种电路或设备接口匹配。为了解决这一问题，可以把传感器和调理电路（如转换、放大、补偿电路等）集成在一起，使传感器输出一个规定的标准信号，对这种集成器件或检测装置我们一般不再称作传感器了，而通常称之为变送器。

变送器是把传感器的输出信号转变为可被控制器识别的信号，或者将传感器输入的非电量转换成电信号，同时放大以便供远方测量和控制的转换器。变送器英文是 Transmitter，顾名思义，变送器含有"变"和"送"之意。

所谓"变"，是指将各种从传感器来的物理量转变为一种电信号。比如，利用热电偶将温度转变为电动势，利用电流互感器将大电流转换为小电流。由于电信号最容易处理，所以现代变送器均将各种物理信号转变成电信号。

所谓"送"，是指将各种已转变成的电信号，为了便于其他仪表或控制装置接收和传送，又一次通过电子调理电路将传感器来的电信号统一标准化，输出易于传输的直流电流或直流电压信号。比如工业现场中，电流信号一般是直流 4 ~ 20mA 或 0 ~ 20mA，电压信号一般是直流 1 ~ 5V 或 0 ~ 10V。

2. 变送器的工作原理

由变送器的定义可知，其结构要比传感器复杂，无论哪种变送器一般都由传感器和信号调理电路组成，调理电路主要包括转换电路、放大电路、调零电路和补偿电路等，如图 5-1 所示。被测量为工业现场常用的被测参数，如温度、压力、液位、流量和气体成分等；通过传感器得到的电参量分为两类，一类是易于传输的电压和电流信号，另一类是不易于传输的电阻、电容和电感等电信号；信号调理电路主要是把前两类信号进行转换、放大、调零和补偿，变成易于传输的直流电压和电流信号；变送器输出的标准信号便于被控制器和各种设备所识别，主要分为两类：电流信号一般是 DC4 ~ 20mA 和 DC0 ~ 20mA，电压信号一般是

DC0～5V、DC1～5V 和 DC0～10V。

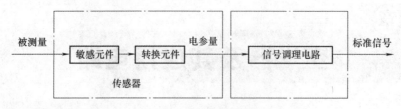

图 5-1　变送器原理结构图

3. 变送器的分类和特点

变送器的分类方法很多，若按被测量性质可分为温度变送器、压力变送器、流量变送器、液位变送器、重量变送器、电流变送器和电压变送器等；若按工作原理可分为电压型、电流型、电阻型、电感型和电容型等；若按输出信号可分为电流型、电压型和数字型等；若按接线方式可分为两线制和三线制；若按安装方式可分为法兰式、投入式和螺接式等。

工业现场中常见变送器实物如图 5-2 所示。

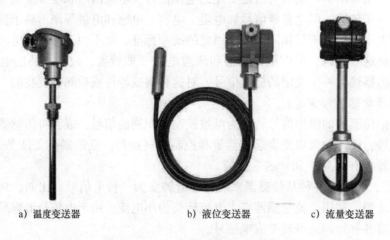

a) 温度变送器　　　　　b) 液位变送器　　　　　c) 流量变送器

图 5-2　工业变送器实物图

由变送器的工作原理和组成结构可知，变送器的突出特点是：实现了传感器和调理电路的一体化、输出信号更易于远距离传输和被控制器所识别、工作性能更加安全稳定、便于用户使用和维护等。

4. 工程应用与发展趋势

变送器是自动检测与过程控制系统中的一个重要组成部分，在各种工业过程自动控制系统中应用广泛，如在石油化工行业中对温度、压力、液位、流量、成分等物理量进行测量。

随着计算机微处理技术的发展，由变送器（传感器）和微处理器相结合而成了一种新型变送器，它充分利用了微处理器的运算和存储能力，可对传感器的数据进行处理，包括对测量信号的调理（如滤波、放大、A-D 转换等）、数据显示、自动校正和自动补偿等，我们把这类变送器称为智能变送器，如图 5-3 所示。

a）智能压力变送器　　　　b）智能温度变送器

图 5-3　智能变送器实物图

微处理器是智能式变送器的核心。它不但可以对测量数据进行计算、存储和处理，还可以通过反馈回路对传感器进行调节，以使采集数据达到最佳。由于微处理器具有各种软件和硬件功能，因而它可以完成传统变送器难以完成的任务。所以智能变送器降低了传感器的制造难度，并在很大程度上提高了传感器的性能，此外智能变送器还具有以下特点。

1）具有自动处理能力。可通过软件对传感器的非线性、温漂、时漂等进行自动补偿。可自诊断，通电后可对传感器进行自检，以检查传感器各部分是否正常，并做出判断。数据处理方便准确，可根据内部程序自动处理数据，如进行统计处理、去除异常数值等。

2）具有双向通信功能。微处理器不但可以接收和处理传感器数据，还可将信息回馈至传感器，从而对测量过程进行调节和控制。可进行信息存储和记忆，能存储传感器的特征数据、组态信息和补偿特性等。

3）具有数字量接口输出功能。可将输出的数字信号方便地和计算机或现场总线等设备连接。

智能变送器除了本身的智能性外，还具有以下保护功能：输入过载保护、输出过电流保护、工作电源过电压极限保护等。

本章主要结合实际工程题目介绍热电偶温度变送器、热电阻温度变送器、热敏电阻温度变送器和数字式温度变送器应用电路的设计和制作。

5.1　温度变送器及其应用

1. 温度变送器

温度变送器采用热电偶、热电阻、热敏电阻等传感器作为测温元件，输出信号送到变送器模块，经过稳压滤波、运算放大、调零电路、非线性校正、信号转换及反向保护等电路处理后，转换成与温度呈线性关系的标准信号。输出信号主要有电压和电流两种类型，电流信号一般是直流 4～20mA 或 0～20mA，电压信号一般是直流 1～5V 或 0～10V。

2. 工作原理图

温度变送器从工作原理方面分析，可分为测量和放大两部分，如图 5-4 所示。测量部分主要是通过检测元件温度传感器，如金属热电阻、半导体热敏电阻和热电偶等把待测温度 T_i 转换成电阻或电动势 X_i，对于不易于传输的电阻信号要通过转换电路（如直流电桥）变成直流电压信号 U_i，在经过调零和反馈信号的叠加放大后，最终得到标准电流输出信号 4 ~ 20mA，或者电压信号 0 ~ 10V。

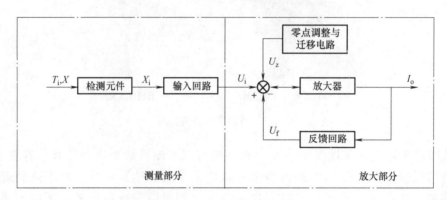

图 5-4　温度变送器结构图

3. 结构与特点

温度变送器的实物外形图如图 5-5 所示，主要由温度变送器和外壳等部件组成。其内部结构简单，一般由温度传感器、内部调理电路、接线端子及安装保护外壳等构成，如图 5-6 所示。温度变送器具有测量精度高、输出信号大、抗干扰能力强、线性度好、有反接保护和限流保护、工作可靠等优点。

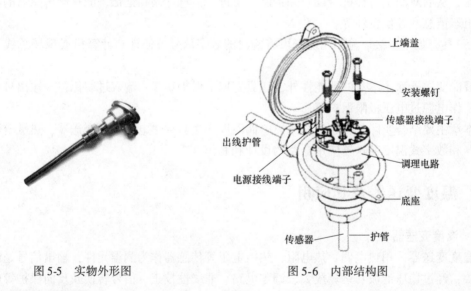

图 5-5　实物外形图　　　　　　图 5-6　内部结构图

4. 主要应用领域

温度变送器主要用于管道与通风系统、液压与气动系统、冷却系统与加热系统、空调系统和自动化系统的温度测量与控制。

5.1.1　热电偶温度变送器

本次工作的任务是应用热电偶温度变送器制作一个锅炉炉膛温度控制器。

1. 工作目标

了解锅炉炉膛温度控制器的工艺要求。

1）掌握实际工程应用中温度变送器的选型。

2）掌握温度变送器的主要性能技术指标。

3）掌握温度控制器初步设计方法和步骤。

4）掌握温度控制器的电路设计和参数计算。

5）掌握温度控制器的电路制作和调试方法。

2. 工作内容

利用热电偶温度变送器和 ICL7107 数字显示模块设计制作一个锅炉炉膛温度控制器，炉膛温度低于 350℃ 时开启鼓风机快速加温，炉膛温度高于 400℃ 时关闭鼓风机停止加温。控制器各项技术指标要求如下。

1）测量范围：0 ~ 500℃。

2）控制精度：≤2%。

3）上限报警：350℃，下限报警：400℃。

4）控制输出：2 路上下限继电器，触点容量为 5A。

5）供电电源：DC ±5V。

3. 工作方案

各小组成员查阅热电偶温度变送器的相关资料，了解锅炉炉膛温度控制器的工艺要求，选择一款适合本设计题目的温度变送器，确定各自的技术实施方案，组长负责全组的技术方案讨论与总结，确定最终技术方案。

锅炉炉膛温度控制器设计与制作的主要技术方案应包括以下关键环节：热电偶温度变送器分度号选择、温度显示电路设计与参数计算、温度上下限比较电路设计和参数计算、继电器驱动电路设计和参数计算、电路板的设计制作与安装调试、整机性能指标测试。

4. 工作过程

根据工作内容和工作方案要求，整个工作过程应包括以下工艺流程。

1）热电偶温度变送器分度号选择。

2）温度显示控制电路设计与参数计算。

3）温度上下限比较电路设计和元器件参数计算。

4）控制器电路板制作、元器件焊接和电路检查等。

5）温度显示电路 ICL7107 模块调试。

6）温度下限和上限报警电路调试。

7）温度控制器整机调试和性能指标测试。

5. 工作评价

各小组分别展示各自的制作成果，采取成员自评、小组互评和教师评价的综合方法评定每个同学的工作成绩，评定参考标准见表 5-1。

表 5-1　热电偶温度变送器评定标准表

评 价 体 系	评 价 内 容	分 值	学生自评分 （20%）	小组互评分 （30%）	教师评分 （50%）
专 业 能 力 （70分）	查找阅读整理材料	5			
	技术实施计划方案	10			
	放大补偿电路设计	5			
	控制输出电路设计	5			
	印制电路板的设计	5			
	整机电路安装调试	15			
	焊接安装工艺质量	10			
	性能指标测试等级	15			
	创新思维能力（附加）				
	最佳作品奖励（附加）				
综合能力 （30分）	工作学习态度	10			
	实训报告书质量	15			
	团队合作精神	5			

6. 作业与思考

简述变送器的工作原理、性能特点和应用场所。

1）如何保证温度上、下限报警温度的精度。

2）热电偶温度变送器应用时有哪些注意事项。

7. 背景资料

（1）热电偶温度变送器简介

1）基本概念。

热电偶温度变送器由基准源、冷端补偿、放大单元、线性化处理、V/I 转换、断偶处理、反接保护、限流保护等电路单元组成。它是将热电偶产生的热电动势经冷端补偿放大后，再经由线性电路消除热电动势与温度的非线性误差，最后放大转换为 4~20mA 电流输出信号。为防止热电偶测量中由于电偶断丝而使控温失效造成事故，变送器中还设有断电保护电路，热电偶温度变送器内部接线图如图 5-7 所示。

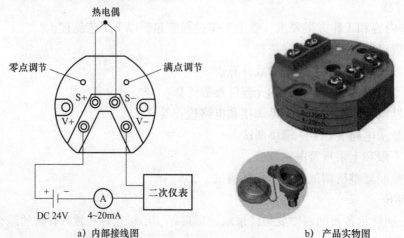

a）内部接线图　　　　　　　b）产品实物图

图 5-7　热电偶温度变送器内部接线图与实物图

2）技术指标。

这里介绍一款国产温度变送器，产品型号为 SBWR-2660。该变送器为 DC24V 供电、二线制的一体化变送器。产品采用进口集成电路，将热电偶的信号放大，并转换成 4～20mA 或 0～10mA 的输出电流，或 0～5V 的输出电压。该产品特点是可直接安装在传感器接线盒内、测量精度高、传输距离远（最大 1000m）、抗干扰强、稳定性好、免维护。该产品已广泛应用于工业控制测温各领域，主要技术指标如下。

产品规格：K 分度号。

温度范围：0～1300℃。

输出类型：DC 4～20mA。

接线方式：两线制。

测量精度：0.5% FS。

供电电源：DC 24V。

（2）量程转换显示电路

数字显示电路主要用于被测量参数显示，假设 ICL7107 数字显示模块的参考电压 $U_{REFH} = 1V$，则输入值范围为 $U_2 = 0～2V$。温度变送器输出有电流和电压两种形式，必须经过转换电路才能实现被测参数值的正确显示，温度量程转换显示电路如图 5-8 所示，可实现将 0～800℃ 的温度变送器输出电压 $U_1 = 0～10V$ 转换成 0～800mV，以显示实际测量温度值。

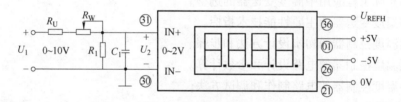

图 5-8　量程转换显示电路

转换显示电路参数计算过程如下：取电阻 $R_1 = 20k\Omega$，假设数字显示模块的输入电阻 $R_i \geq R_1$，由分压公式 $10 \times \dfrac{R_1}{(R_1 + R_U + R_W)} = 0.8$ 得 $R_U + R_W = 500k\Omega$，为了保证分压调整范围，取 $R_U = 470k\Omega$、$R_W = 100k\Omega$。

（3）限位报警电路

由于温度变送器输出的电压值代表温度值，因此采用电压比较器就可以做温度限位报警器，温度上限报警电路如图 5-9 所示。

工作原理如下：首先将转换开关 S 打到设定端，此时电压 U_S 接入显示模块，调节电位器 RP 设定电压值 U_S（温度值）；再将转换开关 S 打到测量端，此时电压 U_P 接入显示模块显示测量温度值。若 $U_P < U_S$，即测量温度值小于温度设定值，比较器 LM358 输出负值，晶体管 T9013 截止，继电器 KA 不动作，发光二极管 LED 不亮；若 $U_P > U_S$，即测量温度值大于温度设定值，比较器输出正值，晶体管 T9013 饱和导通，继电器 KA 吸合有输出，同时发光二极管 LED 被点亮。

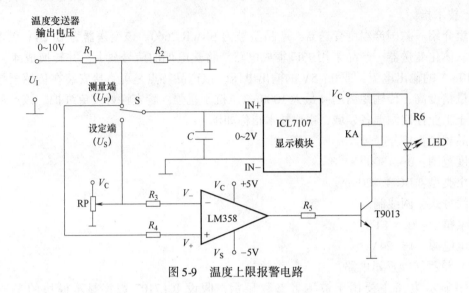

图 5-9　温度上限报警电路

5.1.2　热电阻温度变送器

本次工作的任务是应用热电阻温度变送器制作饮水机温度控制器。

1. 工作目标

1）了解饮水机温度控制器的控制要求。

2）掌握实际工程应用中温度变送器的选型。

3）掌握温度变送器的主要性能技术指标。

4）掌握温度控制器的初步设计方法和步骤。

5）掌握温度控制器的电路设计和参数计算。

6）掌握温度控制器的电路制作和调试方法。

2. 工作内容

利用热电阻温度变送器和 ICL7107 数字显示模块设计制作一个饮水机温度控制器，温度低于沸点（100℃）20℃时启动加热器升温，温度达到沸点时，延时 1min 时间，关闭加热器停止加温，控制器各项技术指标要求如下。

1）测量范围：0～120℃。

2）控制精度：≤1%。

3）上限报警值：沸点（低于100℃）。

4）继电器容量：DC5V/3A。

5）供电电源：AC220V/50Hz。

3. 工作方案

各小组成员查阅热电阻温度变送器的相关资料，了解饮水机温度控制器的电气控制要求，选择一款适合本设计题目的温度变送器，确定各自的技术实施方案，组长负责全组的技术方案讨论与总结，确定最终技术方案。

饮水机控制器设计与制作主要技术方案应包括以下关键环节：热电阻温度变送器选择、显示电路设计与参数计算、控制延时电路设计和参数计算、继电器驱动电路设计和参数计算、电路板的设计制作与安装调试、整机性能指标测试。

4. 工作过程

根据工作内容和工作方案要求，整个工作过程应包括以下工艺流程。

1）热电阻温度变送器分度号选择。

2）温度显示电路设计与参数计算。

3）温度控制和延时电路设计和元器件参数计算。

4）输出继电器驱动电路设计和参数计算。

5）控制器电路板制作、元器件焊接和电路检查等。

6）温度控制器整机调试和性能指标测试。

7）编写饮水机温度控制器报告书一份。

5. 工作评价

各小组分别展示各自的制作成果，采取成员自评、小组互评和教师评价的综合方法评定每个同学的工作成绩，评定标准见表 5-2。

表 5-2　热电阻温度变送器设计制作评定标准表

评 价 体 系	评 价 内 容	分　　值	学生自评分 （20%）	小组互评分 （30%）	教师评分 （50%）
专业能力 （70 分）	查找阅读整理材料	5			
	技术实施计划方案	10			
	信号处理电路设计	5			
	控制输出电路设计	5			
	印制电路板的设计	5			
	整机电路安装调试	15			
	焊接安装工艺质量	10			
	性能指标测试等级	15			
	创新思维能力（附加）				
	最佳作品奖励（附加）				
综合能力 （30 分）	工作学习态度	10			
	实训报告书质量	15			
	团队合作精神	5			

6. 作业与思考

1）热电阻温度变送器应用时有哪些注意事项。

2）如何保证加热温度、停止加热温度的精度。

7. 背景资料

（1）温度变送器 JWB 简介

JWB 温度变送器是采用先进的电路模块集成技术设计的变送器，可与不同的温度传感器连接，用以实现对环境温度和介质的测量，输出标准的电流信号或电压信号，可与控制器和计算机板卡直接连接。

该变送器体积小巧、轻便，安装方便且便携，性能稳定可靠；采用专有电路，线性好，负载能力强，传输距离长，抗干扰能力强。可广泛应用于电力、石油、建材、科研等行业的温度测量。

1）产品型号。

JWB 温度变送器的型号主要与适配传感器、安装方式及输出电压/电流等技术参数有关，命名格式见表5-3。

表5-3　JWB温度变送器产品型号命名表

代　码				代 码 说 明
JWB –				温度变送器
安装方式	K			铠装型
	H			滑轨型
	B			壁挂型
	D			DIN 轨道型
配装的温度传感器类型		P –		配 Pt100 温度传感器
		C –		配 Cu50 温度传感器
		K –		配 K 分度热电偶温度传感器
		S –		配 S 分度热电偶温度传感器
		E –		配 E 分度热电偶温度传感器
		T –		配 T 分度热电偶温度传感器
		J –		配 J 分度热电偶温度传感器
接线方式			A	4 ~20mA 两线制电流输出
			V	0 ~5V 电压输出

2）主要技术参数。

供电电压：DC 24V。

变送输出：4 ~20mA 、0 ~5V。

精度：±0.25% FS。

负载能力电流输出型：≤500Ω。

电压输出型输出阻抗：250Ω。

环境温度：0 ~50℃。

整机功率：0.5W。

安装方式：铠装安装、滑轨安装、螺钉安装、IN 轨道安装。

3）接线图。

① JWB-KP 系列温度变送器。

Pt100 输入、电流输出接线方式如图 5-10 所示。

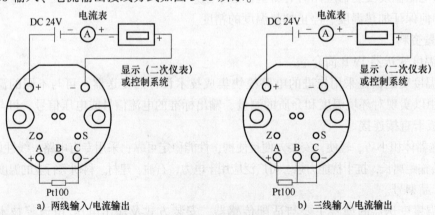

a）两线输入/电流输出　　　　　b）三线输入/电流输出

图 5-10　Pt100 输入、电流输出接线方式图

Pt100 输入、电压输出接线方式如图 5-11 所示。

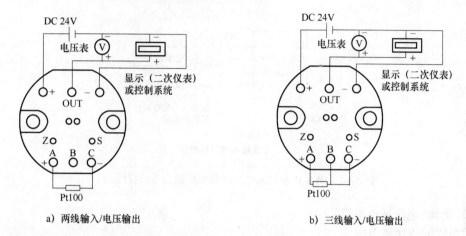

　　　a) 两线输入/电压输出　　　　　　　　　　　b) 三线输入/电压输出

图 5-11　Pt100 输入、电压输出接线方式图

② JWB-KS 系列温度变送器。

热电偶输入接线方式如图 5-12 所示。

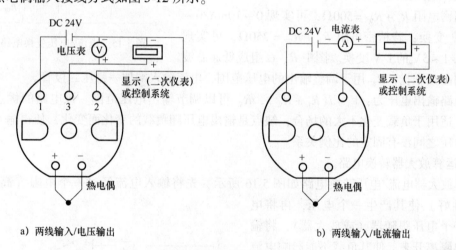

　　a) 两线输入/电压输出　　　　　　　　　　　b) 两线输入/电流输出

图 5-12　热电偶输入接线方式图

③ JWB-H 系列温度变送器。

电流输出接线方式如图 5-13 所示。

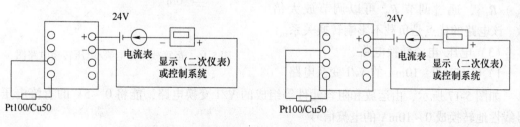

　　　a) 两线输入/电流输出　　　　　　b) 三线输入/电流输出

图 5-13　JWB-H 系列温度变送器电流输出方式接线图

电压输出接线方式如图 5-14 所示。

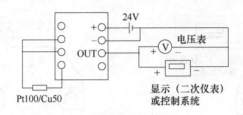

三线输入/电压输出

图 5-14　JWB-H 系列温度变送器电压输出方式接线图

（2）电流/电压转换电路

1）阻容网络转换电路。

在实际应用中，对于不存在共模干扰的电流输入信号，可以直接利用一个精密的线绕电阻，实现电流/电压的变换，电路如图 5-15 所示。

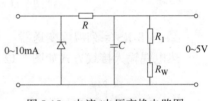

图 5-15　电流/电压变换电路图

若精密电阻 $R_1 + R_W = 500\Omega$，可实现 $0 \sim 10\text{mA}/0 \sim 5\text{V}$ 的 I/V 变换；若精密电阻 $R_1 + R_W = 250\Omega$，可实现 $4 \sim 20\text{mA}/1 \sim 5\text{V}$ 的 I/V 变换。图中 R、C 组成低通滤波器，抑制高频干扰，R_W 用于调整输出的电压范围，电流输入端加一稳压二极管。

该电路输出电压为：$V_o = I(R_1 + R_W)$，R_W 可以调节输出电压范围。该电路的优点是电路简单，适用于负载变化不大的场合；缺点是输出电压随负载的变化而变化，使得输入电流与输出电压之间没有固定的比例关系。

2）运算放大器转换电路。

运算放大器电流/电压转换电路如图 5-16 所示，先将输入电流经过一个电阻（高精度、热稳定性好）使其产生一个电压，再将电压经过一个电压跟随器（或放大器），将输入、输出隔离开来，使其负载不能影响电流在电阻上产生的电压。C_1 滤除高频干扰，应为 pF 级电容。

该电路输出电压为：$V_o = I_i R_4 [1 + (R_3 + R_W)/R_1]$，通过调节 R_W 可以调节放大倍数。该电路的优点是负载不影响转换关系。

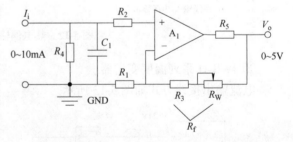

图 5-16　运算放大器电流/电压转换电路图

（3）电压/电流转换电路

1）$0 \sim 5\text{V}/0 \sim 10\text{mA}$ 的 V/I 变换电路

如图 5-17 所示，由运放和阻容元件等组成的 V/I 变换电路，能将 $0 \sim 5\text{V}$ 的直流电压信号线性地转换成 $0 \sim 10\text{mA}$ 的电流信号。

集成运放 A_1 是比较器、A_3 是电压跟随器，构成负反馈回路，输入电压 V_i 与反馈电压 V_f 比较，在比较器 A_1 的输出端得到输出电压 V_L，V_1 控制运放 A_1 的输出电压 V_2，从而改变晶体

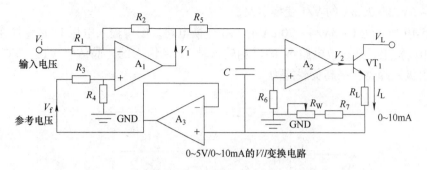

图 5-17　由运放和阻容元件等组成的 V/I 变换电路

管 VT_1 的输出电流 I_L，而输出电流 I_L 又影响反馈电压 V_f，达到跟踪输入电压 V_i 的目的。输出电流 I_L 的大小可通过下式计算：$I_L = V_f/(R_W + R_7)$，由于负反馈的作用使 $V_i = V_f$，因此 $I_L = V_i/(R_W + R_7)$，当 $R_W + R_7$ 取值为 500Ω 时，可实现 $0 \sim 5V/0 \sim 10mA$ 的 V/I 转换，如果所选用器件的性能参数比较稳定，运放 A_1、A_2 的放大倍数较大，那么这种电路的转换精度一般能够达到较高的要求。

2）$0 \sim 10V/0 \sim 10mA$ 的 V/I 变换电路。

如图 5-18 所示是 $0 \sim 10V/0 \sim 10mA$ 的 V/I 变换电路。图中 V_f 是输出电流 I_L 流过电阻 R_f 产生的反馈电压，即 V_1 与 V_2 两点之间的电压差，此信号经电阻 R_3、R_4 加到运放 A_1 的两个输入端 V_P 与 V_N，反馈电压 $V_f = V_1 - V_2$，对于运放 A_1 有

$$V_P = V_N \tag{5-1}$$

$$V_P = V_1 \times R_2/(R_2 + R_3) \tag{5-2}$$

$$V_N = V_2 + (V_i - V_2) \times R_4/(R_1 + R_4) \tag{5-3}$$

依据 $V_f = V_1 - V_2$ 及式（5-1）、式（5-2）和式（5-3）可推导出

$$\frac{V_1 R_2}{R_2 + R_3} = \frac{V_1 R_1}{R_1 + R_4} + \frac{V_i R_4 - V_f R_1}{R_1 + R_4} \tag{5-4}$$

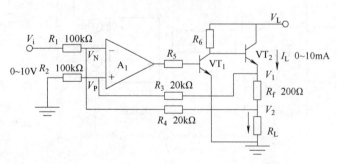

图 5-18　$0 \sim 10V/0 \sim 10mA$ 的 V/I 变换电路

在式（5-4）中，若 $R_1 = R_2 = 100k\Omega$，$R_3 = R_4 = 20k\Omega$，则有：$V_f \times R_1 = V_i \times R_4$，得出：$V_f = R_1/(V_i \times R_4)$，如果忽略反馈回路 R_3、R_4 的电流，则有：$I_L = V_f/R_f = V_i/(5R_f)$。由此可知，当运放的开环增益足够大时，输出电流 I_L 与输入电压 V_i 满足线性关系，而且关系式中只与反馈电阻 R_f 的阻值有关。显然，当 $R_f = 200\Omega$ 时，此电路能实现 $0 \sim 10V/0 \sim 10mA$ 的 V/I 变换。

3）1～5V/4～20mA 的 V/I 变换电路。

如图 5-19 所示为 1～5V/4～20mA 的 V/I 变换电路。图中输入电压 V_i 是叠加在基准电压 V_B（$V_B = 10V$）上，从运放电路 A_1 的反相输入端 V_N 端输入的，晶体管 VT_1、VT_2 组成复合管，作为射极跟随器，提高负载能力。

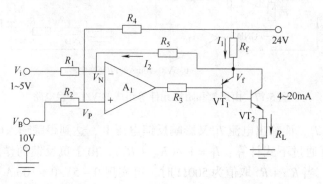

图 5-19　1～5V/4－20mA 的 V/I 变换电路

4）集成电路 V/I 变换电路。

这里介绍一款专用电压/电流转换集成电路 AM462，用它可以构成一个二线制的电流变送电路。集成电路 AM462 是由 Analog Microelectronics（AMG 公司）开发生产的一个专用集成电路，它的工作电源范围较宽，最大可达 35V。集成电路 AM462 可以将测量的单端接地电压输入信号转换变送成工业标准的 4～20mA 电流输出信号。

转换变送集成电路 AM462 的应用电路如图 5-20 所示。它是由一个多级放大电路和一些其他功能电路以及保护电路所组成的，它们都可以任意组合选用。这些以模块形式组成的电路比如运算放大器、电压/电流转换、参考电压源等可以通过外面电路连接组合单独使用。

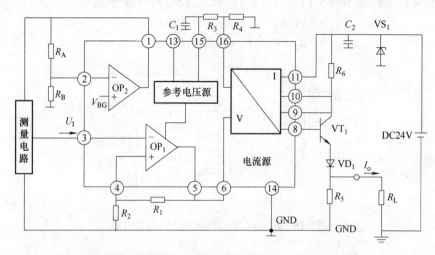

图 5-20　集成电路 AM462 二线制 4～20mA 应用电路

运算放大器 OP_1 用来放大单端接地电压信号（正信号），放大倍数可通过外接电阻 R_1 和 R_2 来调整，这样就使输入电压信号的范围比较灵活，可以是标准的 DC0～10V 或 0～5V，也可以是 DC0～2V 等。

附加的运算放大器 OP_2 可用作电压源或电流源来使用，也可以为外接电路提供工作电源。OP_2 的正输入端连接在内置的固定电位 V_{BG} 上，这样可以通过外面的两个电阻调整输出的电压或输出的电流大小。

电压/电流转换模块提供一个电压控制的电流信号到集成电路的输出端，该信号直接控制外置的晶体管并最终输出工业标准的电流信号。由于功耗的原因将晶体管外置，在极性反接时附加一个二极管 VD_1 起到保护作用。

AM462 上的参考电压源可为外接电路比如传感器、微处理器等提供工作电源，这样也简化了二线制的电路。参考电压源可提供 $5 \sim 10V$ 的电压并且可调。同时 AM462 还具有很多保护功能，比如 OP_1 具有输入信号过载保护功能。在整个工作电压范围内，电流输出级具有极性保护功能和输出电流限制功能，并保护晶体管不被损坏。

在二线制方式中，OP_2 的工作电流和集成电路本身的工作电流都被限制在 4mA 之内，就是说系统的总工作电流（AM462 和所有外接的元器件）不能超过 4mA，特别要考虑到环境对工作电流的影响，比如环境温度会使工作电流发生变化。

5.2 压力变送器及其应用

1. 压力变送器

一般意义上的压力变送器主要通过压阻式、电感式、谐振式、电容式和应变式传感器作为测压元件，将传感器感受到的气体、液体等物理压力参数转变成电信号，再送入变送模块转换成与压力成线性比例关系的标准信号。压力变送器的输出信号主要有电压和电流两种类型，电流信号一般是直流 $4 \sim 20mA$ 或 $0 \sim 20mA$，电压信号一般是直流 $1 \sim 5V$ 或 $0 \sim 10V$。

压力变送器的输出信号易于被控制器或其他设备识别，可传输到中心控制室以供给指示报警仪、记录仪、调节器等二次仪表进行测量、指示和过程调节。

2. 工作原理

当压力直接作用在测量膜片的表面上时，会使膜片产生微小的形变，测量膜片上的高精度电路将这个微小的形变变换成为与压力成正比的高度线性、与激励电压也成正比的电压信号，然后采用变送模块将这个电压信号转换为工业标准的 $4 \sim 20mA$ 电流信号或者 $1 \sim 5V$ 电压信号。工作原理如图 5-21 所示。

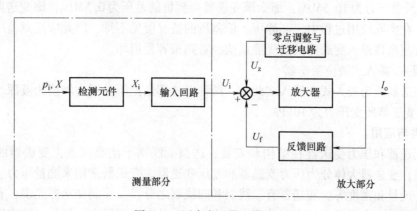

图 5-21 压力变送器工作原理

从压力变送器工作原理框图可知，测量部分主要是通过压力传感器，把待测液体、气体压力 p_i 转换成电阻、电容或电感等参数 X_i，通过转换电路变成直流电压信号 U_i，再经过调零和反馈信号的叠加放大后，最终得到标准电流输出信号 $4\sim20\text{mA}$，或者电压信号 $0\sim10\text{V}$。

3. 结构与特点

压力变送器实物图如图 5-22 所示，主要由压力变送器和保护外壳等部件组成。

图 5-22   压力变送器实物图

压力变送器内部结构简单，一般由压力传感器、内部调理电路、管道接口、接线端子及安装保护外壳等构成。压力变送器具有测量精度高、输出信号大、抗干扰能力强、线性度好、有反接保护和限流保护、工作可靠等优点。

4. 压力变送器的分类

（1）表压型压力变送器

表压型压力变送器是以当地大气压作为参考零点的压力变送器。

（2）绝对压力变送器

绝对压力变送器是以真空度为参考零点的一款压力变送器，其外形与表压型压力变送器一样。在使用过程中，传感器的参考零点可以随地点地域的变换而自动调整而不需要校正。

（3）差压变送器

差压变送器是测量两压腔之间所受压力差值的压力变送器，差压变送器分别有"＋"和"－"两个压腔。通常把压力较大的一端作为"＋"压腔，在订购时应关注差压变送器特有的一项参数——耐受静压。比如差压变送器在使用时"＋"压端所受压力为 10MPa、"－"压端所受压力为 10.5MPa，那么该变送器所测量的差压为 0.5MPa，该变送器所受静压为 10MPa。在实际应用过程中，高静压、低差压的情况屡见不鲜，因此应注意差压变送器所受静压不宜超出该差压变送器的耐受静压值，否则很容易损坏。

（4）投入/插入式液位变送器

液位变送器分为投入式和插入式两种，两种形式都是把所受压力转换为液深。如当水深为 1m 时，变送器所受压力为 10kPa。

5. 分类与应用

差压变送器和压力变送器在结构和安装、选型上区别于诸类仪表，变送器的应用最广泛、最普遍，变送器大体分为压力变送器和差压变送器。变送器常用来测量压力、差压、真空、液位、流量和密度等。变送器有二线制和四线制之分，二线制变送器尤多；有智能和非智能之分，智能变送器居多；有气动和电动之分，电动变送器居多；另外，按应用场合有本安型和隔爆型之分；按应用工况变送器的主要种类如下。

1）按传感器工作原理分类，可分为电阻、电容、电感、半导体等。

2）按传感器芯片分类，可分为陶瓷、扩散硅、蓝宝石等。

3）按测量范围分类，可分为差压、表压、绝压等。

5.2.1　压力变送器应用电路的设计与制作

本次工作的任务是应用压力变送器制作管道压力控制器，采用本节中任意一种压力变送器均可。

1. 工作目标

1）了解压力变送器的控制要求。

2）掌握实际工程应用中压力变送器的选型。

3）掌握压力变送器的主要性能技术指标。

4）掌握压力控制器初步设计方法和步骤。

5）掌握压力控制器的电路设计和参数计算。

6）掌握压力控制器的电路制作和调试方法。

2. 工作内容

设计制作一个三通密闭管道，一端安装压力变送器，另外两端安装电磁阀，分别控制充气和放气，放气的电磁阀孔径要小。

利用压力变送器和 ICL7107 数字显示模块设计制作一个压力变送器控制器，利用气泵和充气电磁阀的打开向管道内充气，此时放气电磁阀关闭；当管道压力高于 2MPa 时关闭充气电磁阀，打开放气电磁阀进行放气；当气压降到 1.5MPa 时，关闭放气电磁阀，重新打开充气电磁阀进行充气，如此循环。电磁阀由继电器控制，充气和放气分别用两个 LED 进行指示。控制器各项技术指标要求如下。

测量范围：0 ~ 3MPa。

控制精度：≤3%。

继电器容量：DC5V/3A。

供电电源：AC220V/50Hz。

3. 工作方案

各小组成员查阅管道压力变送器的相关资料，了解管道压力控制器的电气控制要求，选择一款适合本设计题目的温度变送器，确定各自的技术实施方案，组长负责全组的技术方案讨论与总结，确定最终技术方案。

压力控制器设计与制作主要技术方案应包括以下关键环节：压力变送器选择、压力显示电路设计与参数计算、压力控制电路设计和参数计算、继电器驱动电路设计和参数计算、电路板的设计制作与安装调试、整机性能指标测试。

4. 工作过程

根据工作内容和工作方案要求，整个工作过程应包括以下工艺流程。

1）压力变送器选择。

2）压力显示电路设计与参数计算。

3）管道压力控制电路设计和元器件参数计算。

4）输出继电器驱动电路设计和参数计算。

5）控制器电路板制作、元器件焊接和电路检查等。

6）管道压力控制器整机调试和性能指标测试。

7）编写管道压力控制器报告书一份。

5. 工作评价

各小组分别展示各自的制作成果，采取成员自评、小组互评和教师评价的综合方法评定每个同学的工作成绩，评定标准见表5-4。

表5-4　管道压力控制器设计制作评定标准表

评价体系	评价内容	分　值	学生自评分 （20%）	小组互评分 （30%）	教师评分 （50%）
专业能力 （70分）	查找阅读整理材料	5			
	技术实施计划方案	10			
	信号处理电路设计	5			
	控制输出电路设计	5			
	印制电路板的设计	5			
	整机电路安装调试	15			
	焊接安装工艺质量	10			
	性能指标测试等级	15			
	创新思维能力（附加）				
	最佳作品奖励（附加）				
综合能力 （30分）	工作学习态度	10			
	实训报告书质量	15			
	团队合作精神	5			

6. 作业与思考

1）压力变送器应用时有哪些注意事项。

2）如何保证充气、放气的精度。

3）简述电磁阀电路的设计原理。

5.2.2　压阻式压力变送器

1. 压阻式压力变送器简介

压阻式传感器是压力式传感器的一种，又称扩散硅压力传感器。压阻式压力变送器的工作原理是利用半导体的压阻效应，在半导体（典型材质为硅）受到压力时，其阻值会依据压力大小有接近线性的变化。在实际应用中，压阻压力变送器分为干和湿两种情况，湿的即是充硅油的扩散硅压力变送器/传感器。

下面以FB0803系列扩散硅压力变送器为例介绍一下扩散硅压力变送器的主要特点和使用方法。

FB0803系列扩散硅压力变送器具有多种型号、多种量程、多种连接形式及材料，可广泛用于石油、化工、电力、冶金、制药、食品等许多工业领域，可适应工业各种场合及介质，是传统压力表及传统压力变送器的理想升级换代产品，是工业自动化领域理想的压力测量仪表。FB0803 系列扩散硅压力变送器特性参数见表 5-5。

表 5-5　FB0803 系列扩散硅压力变送器特性参数

工作电压	DC 12～30V
输出信号	4～20mA（模拟，二线制）
测量范围	表　　压：0～5kPa 至 0～3.5MPa 密封表压：0～7MPa 至 0～35MPa 绝　　压：0～20kPa 至 0～35MPa 负　　压：-0.1～2MPa
测量精度	精度等级：0.1、0.25 温　漂：+0.15%F.S/10℃ 稳 定 性：优于±0.2%F.S/年 位置影响：安装位置不影响零点
工作条件	正常工作温度：-20～+70℃ 膜　片：-20～+80℃（短时可达 130℃） 贮存温度：-20～+80℃ 高低温型：-65～+150℃，10～+350℃ 相对湿度：0～95%RH 大气压力：86～106kPa
振动影响	在任何方向上振动频率为 20～200Hz 时，变化量小于±0.02%FS
冲击影响	任何方向 100g 冲击 11ms 后，变化量小于±0.02%FS
防护等级	优于 IP65
负载特性	二线制负载 $R \leqslant 50\Omega$

2. 工作原理和构造

（1）工作原理

如图 5-23 所示，FB0803 系列扩散硅压力变送器由传感器和信号处理电路组成。其中传感器受压面设有惠斯顿电桥，当增加压力时，电桥各桥臂电阻值发生变化，通过信号处理电路转换成电压变化，最终将其转换成标准 4～20mA 电流信号输出。

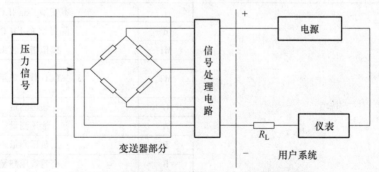

图 5-23　FB0803 系列扩散硅压力变送器原理图

（2）产品结构

FB0803 系列扩散硅压力变送器的外形结构和尺寸如图 5-24 所示。

3. 产品选型

FB0803 系列扩散硅压力变送器选型见表 5-6。

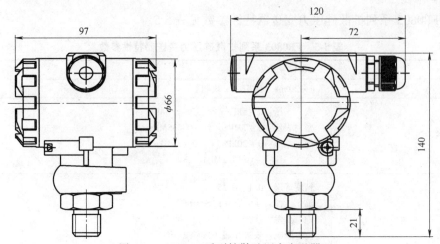

图 5-24　FB0803 系列扩散硅压力变送器

表 5-6　FB0803 系列扩散硅压力变送器选型谱表

FB0803			扩散硅压力变送器	
测量范围	A		0 ~ 5 ~ 20kPa	
	B		0 ~ 20 ~ 70kPa	
	C		0 ~ 70 ~ 350kPa	
	D		0 ~ 200 ~ 700kPa	
	E		0 ~ 700kPa ~ 3.5MPa	
	F		0 ~ 2.0 ~ 7.0MPa	
	G		0 ~ 7.0 ~ 35.0MPa	
输出信号	E		DC 4 ~ 20mA	
	9		特殊要求	
精度等级		1	0.1%	
		2	0.25%	
压力连接			R	M20 × 1.5mm 外螺纹
			O	按用户提供尺寸加工
选项				i	本安型 Exia II CT6
				d	隔爆型 Exd II CT6
				M1	模拟指示表头
				M3	$3\frac{1}{2}$LCD 数字显示表头
				G	表压测量
				A	绝压测量
				F	负压测量
				B	密封表压测量
				S	散热器及过程连接件
				Y	用户约定

4. 接线原理图

FB0803 系列扩散硅压力变送器接线原理图如图 5-25 所示。

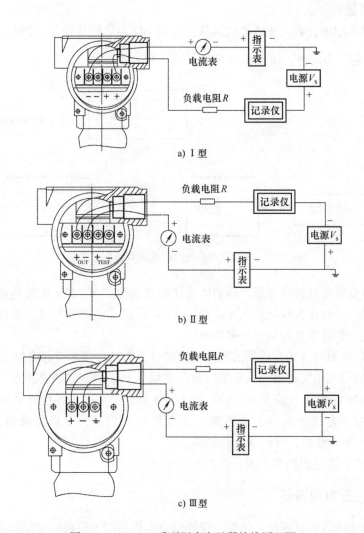

a) Ⅰ型

b) Ⅱ型

c) Ⅲ型

图 5-25 FB0803 系列压力变送器接线原理图

5. 精度调校

变送器出厂前已根据用户需求将量程、精度调到最佳状况，一般不需校验。但由于运输途中可能会出现跌落、强烈震颤和碰撞，长时间运行后出现大于精度范围内的误差，使用单位的例行检验等特殊情况需重新校验。

（1）调校接线示意图

在实际工程应用中，采用变送器检测仪的压力变送器调校系统如图 5-26 所示。

图 5-26 压力变送器校验接线图

（2）变送器量程校正

在实际工程应用中，若无变送器检测仪，可用 DC 24V 稳压电源、250Ω 或 50Ω 标准电阻、$4\frac{1}{2}$ 位数字电压表代替，如图 5-27 所示。

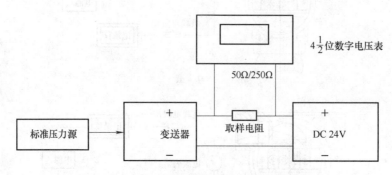

图 5-27　无变送器检测仪的变送器校验接线图

调整前，检查电源极性和电压，切勿将变送器直接与交流 220V 电源连接，然后检查气路连接是否泄漏，一切正常后接通电源，稳定 5min 即可。变送器零点、量程电位器在电路板一侧的舱室内。变送器量程调整步骤如下。

1）当压力信号源与待测变送器的连接头连接时，应注意使之良好密封。

2）用压力信号源给变送器输入零位时的压力信号，应把变送器直接与大气相通，此时变送器输出电压为 1.000V（或 4.00mA），若不等于此值，可调整零位电位器。

3）使用标准压力信号源给变送器输入满量程压力信号，变送器输出为 5.000V（或 20.00mA），若不等于此值，可调整量程电位器。

4）反复调零和满量程调节几次，即可校正变送器量程。

5.2.3　电感式压力变送器

电感式压力变送器的原理是：弹性元件受压力作用后产生位移，带动铁心移动，改变磁路中空气隙的大小，使线圈的电感发生改变，从而把压力变化的信号转换成线圈电感变化的信号。对于电感式压力变送器，当被测介质的压力导入弹簧管内时即产生弹性变形（位移），管端位移时，一方面经传动机构放大，由指示装置在度盘上指示压力值，同时通过位移杆带动电感圈内的铁心改变其位置，从而使电感线圈的电感量发生变化，经电子电路转换成直流电压信号，并由电压－电流转换成直流电流信号，通过电子放大器放大后输出。

电感压力（微压）变送器主要适用于在工业生产过程和测量系统中测量各种非结晶和非凝固性的对钢或铁及其合金不起腐蚀作用的流体介质的压力或负压。电感压力变送器既能将测介质的压力值转换成标准直流信号，以便于较长距离传送测量值，而最终能在中央控制室中与二次仪表进行配套，以实现生产过程的自动检测与控制，又具有机械指针直接指示压力值的特点，以便于现场工艺检查和调校。

电感式压力变送器由机械式指标压力表和转换器及电子放大器组成。外壳为防溅型结构，具有较好的密封性，能保护内部机件免受污秽侵入。YSG 系列压力变送器为电感压力（微压）变送器，下面以 YSG 系列压力变送器为例，简单介绍电感压力变送器的主要特点和使用方法。

1）YSG 系列压力变送器的实物图及外形尺寸分别如图 5-28 和图 5-29 所示。

图 5-28　YSG 系列压力变送器实物图

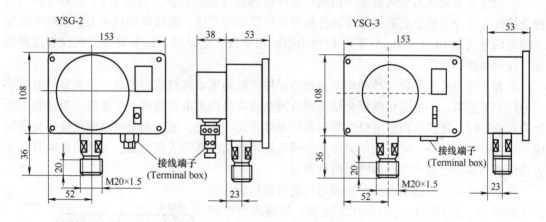

图 5-29　YSG 系列压力变送器外形尺寸

2）YSG 系列压力变送器系列产品较多，主要性能指标见表 5-7。

表 5-7　YSG 系列压力变送器选型谱表

型号及名称	YSG-2 压力变送器	YSG-02 压力变送器	YSG-3 压力变送器	YSG-03 压力变送器	YSG-4 压力变送器	YSG-04 压力变送器
工作电压	AC220V		DC24V		AC220V	
输出信号	DC 0～10mA		DC 4～20mA		DC 0～20mA	
负载电阻	≤1.5kΩ		≤350Ω		≤50kΩ	
接线端子	①②③④⑤ +输出－ 220V 地		①② +输出－		①②③④⑤ +输出－ 220V 地	
重量	1.0kg	1.3kg	1.0kg	1.3kg	1.0kg	1.3kg
配套二次仪表 XMY	20/22 压力数字显示仪		30/32 压力数字显示仪		40/42 压力数字显示仪	

3）YSG-2 压力变送器的接线图如图 5-30 所示。

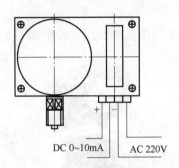

DC 0~10mA   AC 220V

图 5-30　YSG-2 压力变送器的接线图

5.2.4　电容式压力变送器

　　一般意义上的压力变送器主要由测压元件传感器（也称作压力传感器）、测量电路和过程连接件 3 部分组成。它能将测压元件传感器感受到的气体、液体等物理压力参数转变成标准的电信号（如 DC 4～20mA 等），以供给指示报警仪、记录仪、调节器等二次仪表进行测量、指示和过程调节。

　　电容式压力变送器是一种利用电容敏感元件将被测压力转换成与之成一定关系的电量输出的压力传感器。一般采用圆形金属薄膜或镀金属薄膜作为电容器的一个电极，当薄膜感受压力而变形时，薄膜与固定电极之间形成的电容量发生变化，通过测量电路即可输出与电压成一定关系的电信号。电容式压力传感器属于极距变化型电容式传感器，可分为单电容式压力传感器和差动电容式压力传感器两种类型。

　　单电容式压力传感器由圆形薄膜与固定电极构成，如图 5-31 所示。薄膜在压力的作用下变形，从而改变电容器的容量，其灵敏度大致与薄膜的面积和压力成正比，而与薄膜的张力和薄膜到固定电极的距离成反比。另一种形式的固定电极取凹形球面状，膜片为周边固定的张紧平面，膜片可用塑料镀金属层的方法制成，这种形式适于测量低压，并有较高过载能力。还可以采用带活塞的动极膜片制成测量高压的单电容式压力传感器，这种形式可减小

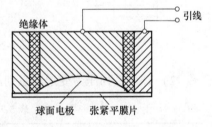

图 5-31　单电容式压力传感器结构图

膜片的直接受压面积，以便采用较薄的膜片提高灵敏度。它还可以与各种补偿和保护部件以及放大电路整体封装在一起，以便提高抗干扰能力，这种传感器适于测量动态高压和对飞行器进行遥测。单电容式压力传感器还有传声器式（即话筒式）和听诊器式等型式。

　　差动电容式压力传感器的受压膜片电极位于两个固定电极之间，构成两个电容器，如图 5-32 所示。在压力的作用下一个电容器的容量增大而另一个则相应减小，测量结果由差动式电路输出。它的固定电极是在凹曲的玻璃表面上镀金属层而制成，过载时膜片受到凹面的保护而不致破裂。差动电容式压力传感器比单电容式的灵敏度高、线性度好，但加工较困难，而且不能实现对被测气体或液体的隔离，因此不宜于工作在有腐蚀性或杂质的流体中。

　　下面以 1151 系列电容式压力变送器为例介绍一下电容式压力变送器的主要特点和使用方法。

1151 系列电容式压力变送器有一可变电容敏感元件，它能将测量膜片与电容极板之间的电容差经振荡器振荡、调制解调、放大器放大、电压/电流转换成标准信号，可用于气体、液体、蒸汽的测量，实物如图 5-33 所示。

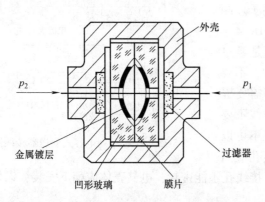

图 5-32　差动式电容压力传感器结构图

图 5-33　1151 系列电容式变送器

1. 技术参数

电源电压：DC 24V；无负载时，变送器可以工作在 DC 12V；最大为 DC 45V。

输出电流：4 ~ 20mA。

测量精度：调校量程的 ±0.2%、±0.25%、±0.5%，包括线性、变性和重复性的综合误差。

温度范围：放大器工作在 -29 ~ 93℃；敏感元件工作在 -40 ~ 104℃。

储存温度：-50 ~ 120℃。

相对湿度：0 ~ 85%。

正负迁移：不管输出如何，正负迁移后，其量程上、下限均不得超过量程的极限。最大负迁移为最小校准量程的 600%，最大正迁移为最小校准量程的 500%。

2. 外形尺寸（图 5-34）

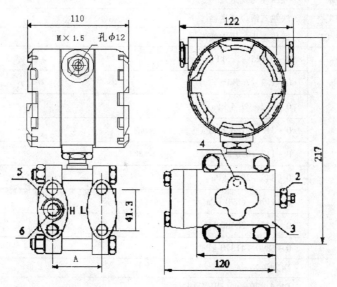

图 5-34　1151 系列电容式变送器外形尺寸

3. 接线方法

电源–信号端子位于电气壳体内的接线侧。接线时，将铭牌上标有"接线侧"那边的盖子拧开，上部端子是电源–信号端子，下部端子为测试或指示表的端子，也可用作毫伏输出端子。测试端子有与电源–信号端子相同的电流信号 DC 4 ~ 20mA，它用于连接指示仪表或测试。电源是经过信号线送到变送器的，不需要附加线。注意，不要把电源–信号线接到测试端子上；信号线不需要屏蔽，但用两根扭在一起的线效果最好；信号线不要与其他电源线一起通过导线管或明线槽，也不可以在大功率设备附近穿过；电气壳体上的接线孔应当密封或塞住，以防在电气壳体内积水。如果接线孔不能密封，电气壳体应朝下安装，以便排液。具体的接线图如图 5-35 所示。

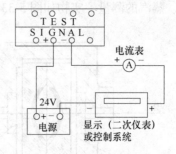

图 5-35　1151 系列电容式变送器接线图

4. 型号选择

电容式压力变送器 1151 系列产品选型见表 5-8。

表 5-8　1151 系列电容式压力变送器选型表

内容		代 号 说 明	
1151		产品系列代号	
压力形式	DR	微差压变送器	
	DP	差压变送器	
		△p 流量变送器	
	HP	高静压差压变送器	
		△p 流量变送器	
	AP	绝对压力变送器	
	GP	表压压力变送器	
	LT	法兰式液位变送器	
	DP/GP	远传差压、压力变送器	
量程范围		0 ~ 0.125 ~ 1.5kPa	
		0 ~ 1.3 ~ 7.5kPa	
		0 ~ 6.2 ~ 37.4 kPa	
		0 ~ 31.1 ~ 186.8 kPa	
		0 ~ 117 ~ 690 kPa	
		0 ~ 345 ~ 2068 kPa	
		0 ~ 1170 ~ 6890 kPa	
		0 ~ 3450 ~ 20680 kPa	
		0 ~ 6890 ~ 41370 kPa	
输出信号		DC 4 ~ 20mA	
		DC 4 ~ 20mA（DR 专用）	

5.3　液位变送器及其应用

液位变送器又称液位计，是对压力变送器技术的延伸和发展，根据不同比重的液体在不同高度所产生压力呈线性关系的原理，实现对水、油及糊状物的体积、液高、重量的准确测量和传送。

由于被转换的被测非电量千差万别，因此起转换作用的液位传感器也多种多样。如电感式液位传感器能将位移量转换成电感量，电阻应变片将机械力作用在弹性元件上产生的表面变形转为电阻的变化。浮球液位传感器工作性能的好坏直接影响到测试结果，要求其具有较高的灵敏度，较好的静态特性、动态特性和线性关系，还要结构简单、工作可靠。

液位传感器是利用物理、化学原理，在非电量作用下产生电效应，即把非电量转换成电量的装置。液位传感器种类繁多，分类方法也同样多种多样。本书主要介绍电容式、差压式、浮球式、投入式和超声波几种常用的液位变送器。

5.3.1　电容式液位变送器及其应用

电容式液位传感器是通过测量电容的变化来测量液面的高低的。它是一根金属棒插入盛液容器内，金属棒作为电容的一个极，容器壁作为电容的另一极，两电极间的介质即为液体及其上面的气体。由于液体的介电常数 ε_1 和液面上的介电常数 ε_2 不同，如图 5-36 所示。假设 $\varepsilon_1 > \varepsilon_2$，则当液位升高时，电容式液位计两电极间总的介电常数值随之加大，因而电容量增大；反之当液位下降时，ε 值减小，电容量也减小。所以，电容式液位计可通过两电极间的电容量的变化来测量液位的高低。电容液位计的灵敏度主要取决于两种介电常数的差值，而且，只有 ε_1 和 ε_2 的恒定才能保证液位测量准确，因被测介质具有导电性，所以金属棒电极都有绝缘层覆盖。电容液位计体积小，容易实现远传和调节，适用于具有腐蚀性和高压的介质的液位测量。

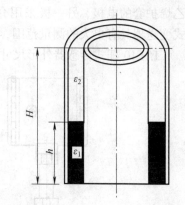

图 5-36　电容式液位计原理示意图

电容式液位变送器的测量原理与振荡电路的振荡频率和电容值有关，液位的改变引起系统电容的变化，进而改变振荡电路的振荡频率。传感器中的振荡电路可以把液位变化引起的电容量改变转换为频率的变化，并送给频率检测模块，通过计算分析处理后转换为工程量显示出来，从而实现液位的连续测量。

下面以 LTC 系列电容式液位变送器为例，介绍一下电容式液位变送器的主要特点和使用方法。该系列产品传感器与变送器被设计为两个部分，在下面的介绍中要注意传感器和变送器的区分。

LTC 系列电容式液位变送器是根据电容与电极面积及两极间介电常数相关的原理而设计的。可根据选用的变送器不同，实现自由设定参数、自校正、自诊断报警输出、7 对独立报警接点等功能，适用于电力、冶金、化工、食品、制药、污水处理、锅炉气泡等的液位测量。

传感器采用电容式测量方式，原理为：测量非导电液体时，以导杆和用导电材料制造的容器壁分别构成电容的两极，由于流过电容器的电流正比于电容两极间介质的高度，故将此电流转换成对应的 4～20mA 信号，就可以测量出容器中液位的高度；测量导电液体时，探极线的金属内芯与导电液体分别构成电容的两极，中间填充高稳定性的聚四氟乙烯，即将探极线的绝缘外层作为两极之间的介质，当探极线被导电液体包围的面积随着液位改变时，电容器两极的相对面积使得电容随之改变。

1. LTC 系列电容式液位变送器简介

LTC 系列电容式液位变送器的传感器分为杆式（LTC10）和缆式（LTC20），液位变送器实物如图 5-37 所示。

LTC10 杆式变送器分为单极型、双极型以及同心圆型。单极型适用于导电性大于水的介质，双极型适用于导电性比水小的介质，但在精度要求较高的情况下应选用双极型，同心圆型适用于介电常数较低的场合，双极型及同心圆型均适用于这种场合。LTC20 缆式变送器一极采用聚四氟乙烯护套的电极，另一极采用介质或容器壁，缆式变送器具有更大的测量范围，但注意在安装时需要侧向安装。

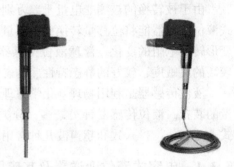

a) 杆式液位变送器   b) 缆式液位变送器

图 5-37 LTC 系列电容式液位传感器外形图

LTC10 杆式传感器外形尺寸如图 5-38 所示；LTC20 缆式传感器外形尺寸如图 5-39 所示。

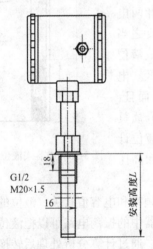
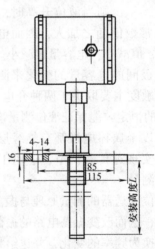

图 5-38 LTC10 杆式传感器外形尺寸

2. LTC 系列电容式液位传感器的主要参数

检测量程：LTC10：125～3000mm；LTC20：125～20000mm。

测量介质：LTC10：水；LTC20：油。

工作电压：CN、CH 为 DC 24V，CW 可选 DC 24V 及 AC 220V。

精度等级：双极型：0.2；单极型：0.5。

稳定性：0.25%FS/年。

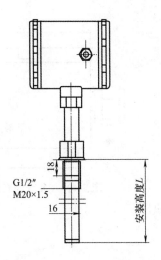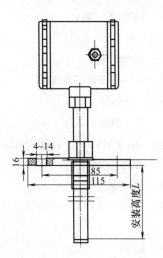

图 5-39　LTC20 缆式传感器外形尺寸

温度影响：< ±0.07% FS/10℃。

传感器材质：电极采用 SUS304 不锈钢，包层采用聚四氟乙烯。

连接方式：螺纹、法兰或特殊要求。

工作压力：≤1MPa。

环境条件：-40~80℃，≤95% RH，避免强腐蚀性气体。

壳体防护等级：IP65。

变送器类型：CN、CH 变送器。

3. CN 系列电容式液位变送器的主要参数

CN 变送器能够将现场的物理信号变送成相应的标准模拟量信号传送出去。选用不同型号的变送器具有各自不同的特点，如二线制变送器可以输出标准模拟量信号，变送控制器能够在输出模拟信号的同时输出报警及控制信号。

CN 变送器端子接线图如图 5-40 所示，CN 变送器电气接线图如图 5-41 所示。

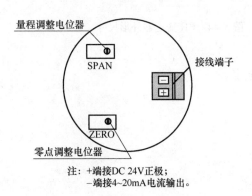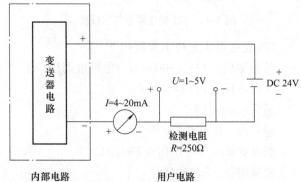

图 5-40　CN 变送器端子接线图　　　　图 5-41　CN 变送器电气接线图

CN 变送器外形尺寸如图 5-42 所示，CN 变送器主要技术参数如下。

检测量程：125~3000mm，也可根据用户需要选定。

工作电压：DC 12～36V。

最大功耗：1W。

稳定性：0.25% FS/年。

温度影响：＜±0.07% FS/10℃。

负载阻抗：＜750Ω。

输出信号：4～20mA。

绝缘阻抗：DC 100V 时，≥100MΩ。

出线方式：菲尼克斯端子。

密封材料：氟橡胶。

环境条件：－40～80℃，≤95% RH，避免强腐蚀性气体。

防护等级：IP65。

4. CH 系列电容式液位变送器的主要参数

CH 智能型变送器加入了微电子智能芯片，使变送器做到智能化。LH 具有背光 LCD 显示，可实现线性自校正、自诊断报警显示、零点与满量程菜单设定、单位自由切换、百分比光柱显示等功能。

CH 变送器电气接线图如图 5-43 所示，CH 变送器外形尺寸如图 5-44 所示。

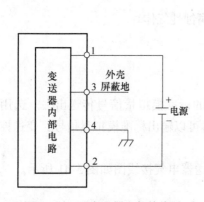

图 5-43　CH 变送器电气接线图

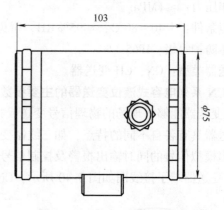

图 5-44　CH 变送器外形尺寸

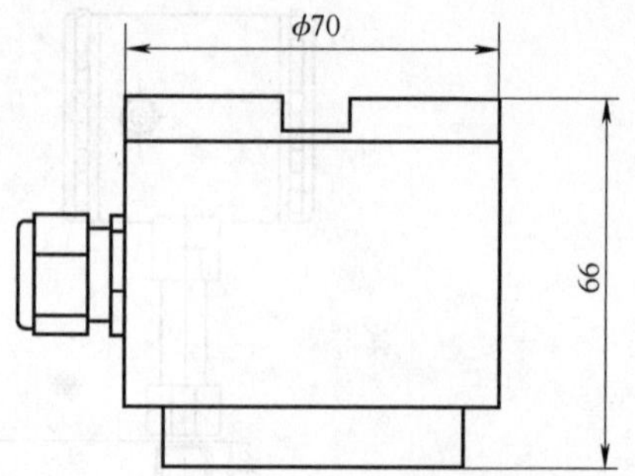

图 5-42　CN 变送器外形尺寸

CN 变送器主要技术参数如下。

检测量程：125～3000mm，也可根据用户需要选定。

工作电压：DC 14～36V。

最大功耗：1W。

稳定性：0.10% FS/年。

温度影响：＜±0.07% FS/10℃。

负载阻抗：＜750Ω。

输出信号：4～20mA。

绝缘阻抗：DC 100V 时，≥100MΩ。

出线方式：菲尼克斯端子。

密封材料：氟橡胶。

环境条件: $-40 \sim 80℃$, ≤95% RH, 避免强腐蚀性气体。

防护等级: IP65。

5.3.2 差压式液位变送器及其应用

通过测量容器两个不同点处的压力差来计算容器内物体液位（差压）的仪表称之为差压式液位变送器，实物如图 5-45 所示。

常规的差压式液位变送器通过测量容器中的液位压力来进行液位的测量。然而，在许多应用中，在液体之上有额外的蒸汽压力。由于蒸汽压力不是液位测量的一部分，需要使用引压管和有密封件的毛细管来抵消它的存在。差压式液位变送器是利用容器内的液

图 5-45 差压式液位变送器实物图

位改变时，由液柱产生的静压也相应变化的原理工作的。用差压式液位变送器测量的原理可用图 5-46 表示，将差压式液位变送器的一端接液相，另一端接气相。

对密闭贮槽或反应罐，设底部压力为 p，液面上的压力为 p_S，液位高度为 H，则有

$$p = p_S + Hg\rho \tag{5-5}$$

式中 ρ——介质密度;

g——重力加速度。

由式 (5-5) 可知:

$$\Delta p = p - p_S = Hg\rho \tag{5-6}$$

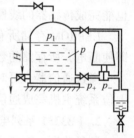

由于液体密度 ρ 一定，故差压 Δp 与液位高度 H 成一一对应关系，知道了差压值就知道了液位的高度。这样就把测量液位的问题归结为测量差压的问题，而用差压变送器可以很方便地把差压测量出来，并转换成统一标准信号。这就是差压液位变送器测量的原理。

图 5-46 差压式液位变送器测量的原理

测量液位时一般情况下要选择一个参考点来计量初始零液位，这时就遇到零点迁移的问题。

应用差压变送器测量液面时，如果差压变送器的正、负压室与容器的取压点处在同一水平面上，就不需要迁移。而在实际应用中，出于对设备安装位置和便于维护等方面的考虑，测量仪表不一定都能与取压点在同一水平面上；又如被测介质是强腐蚀性或重黏性的液体时，不能直接把介质引入测压仪表，必须安装隔离液罐，用隔离液来传递压力信号，以防被测仪表被腐蚀。这时就要考虑介质和隔离液的液柱对测压仪表读数的影响。

差压变送器测量液位安装方式主要有 3 种，为了能够正确指示液位的高度，差压式液位变送器必须做一些技术处理——即迁移。迁移分为无迁移、负迁移和正迁移。

下面以 FB3351 系列电容式差压变送器为例，介绍一下差压式液位变送器的主要特点和使用方法。

1. FB3351 系列电容式差压变送器的特点

FB3351 系列智能电容式差压变送器适用于精确地测量微差压到大差压、低压力到高压

力、液位、真空度和比重，配合节流装置还可测量流量，可适应工业各种场合及介质，广泛应用于石油、化工、冶金、电力、食品、造纸、医药、纺织等行业。图 5-47 所示是 FB3351 系列智能电容式差压变送器的基本工作原理框图。

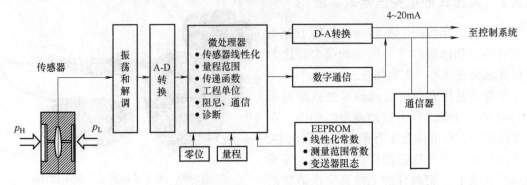

图 5-47　FB3351 系列智能电容式差压变送器的基本工作原理框图

A-D 转换电路采用 16 位低功耗集成电路，将解调器输出的模拟量转换成数字量，提供给微处理器作为输入信号。

智能变送器的微处理器控制 A-D 和 D-A 转换工作，不仅能完成自诊断及实现数字通信，也能完成传感器的线性化、量程比、阻尼时间等数据处理功能。

EEPROM 存储所有的组态、特性化及数字微调的参数，此存储器为非易失性的，因此即使断电，所存储的数据仍能完好保持，以随时实现智能通信。

通过通信器，可对智能变送器进行测试和组态；或者通过任意支持 HART 通信协议的上位系统主机完成通信。

2. FB3351 系列电容式差压变送器的技术参数

测量范围：$0 \sim 0.125\text{kPa} \sim 41.37\text{MPa}$。

使用对象：液体、气体和蒸汽；

输出信号：DC $4 \sim 20\text{mA}$，由用户选择线性输出或开方输出。

供电电源：DC $12 \sim 45\text{V}$。

环境温度：$-20 \sim +70℃$。

储藏温度：$-40 \sim +100℃$。

负载特性：负载特性与供电电源有关，在某一电源电压时它的带负载能力如图 5-48 所示，负载阻抗 R_L 与电源电压 V 的关系式为 $R_L \leqslant 50$（Ω）（$V_S = 12\text{V}$）；差压变送器与计算机

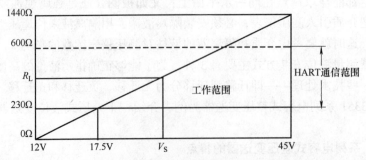

图 5-48　负载能力特性

或手持式通信器通信时，R_L 为 $230 \sim 600\Omega$。

指示仪表：$3\dfrac{1}{2}$ 位 LCD 液晶显示 $0 \sim 100\%$。

静压和过载压力：4MPa、10MPa、25MPa、32MPa。

容积变化量：$\leqslant 0.16cm^3$。

启动时间：2s，不需预热。

3. FB3351 系列电容式差压变送器外形尺寸

FB3351 系列电容式差压变送器外形尺寸如图 5-49 所示。

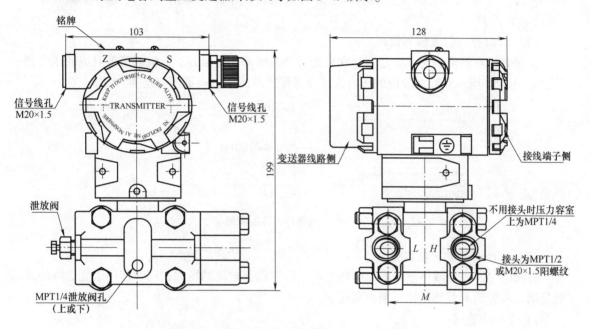

图 5-49　FB3351 系列电容式差压变送器外形尺寸

4. FB3351 系列电容式差压变送器接线

变送器外部电路接线图如图 5-50 所示，信号回路可在任意点接地或悬空。

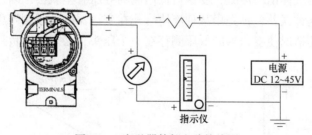

图 5-50　变送器外部电路接线图

信号端子位于电气盒的一个独立舱内，在接线时，可拧下接线侧的表盖，左边的端子是信号端子，右边的端子是测试或指示表端子（图 5-50 画出了端子的位置，测试端子用于接任选的指示表头或供测试，电源是通过信号线送到变送器的，不需要另外的接线）。

信号线不需要屏蔽，但采用绞合线效果最佳。信号线不要与其他电源线一起穿金属管或同放在一个线槽中，也不要在强电设备附近通过。变送器电气壳体上的穿线孔应当密封或者塞住（用密封胶），以避免电气壳内潮气积聚。如果穿线孔不密封，则安装变送器时，应使穿线孔朝下，以便容易排除液体。

信号线可以浮空或在信号回路中任何一点接地，变送器外壳可以接地或不接地。电源不一定要稳压，即使电源电压波动1V（峰－峰值），对输出信号的影响几乎可以忽略。

5. FB3351 系列电容式差压变送器液位测量

用来测量液位的差压变送器，实际上是测量液柱的静压头。这个压力由液位的高低和液体的密度所决定，其大小等于取压口上方的液面高度乘以液体的密度，而与容积的体积（或形状）无关。

（1）开口容器的液位测量

测量开口容器液位时，变送器装在靠近容器的底部，测量其上方液面高度对应的压力即可，如图 5-51 所示。容器液位的压力连接变送器的高压侧，而低压侧连通大气。

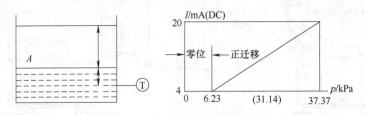

图 5-51　测量开口容器液位

（2）密闭容器的液位测量

在密闭容器中，液体上面容器的压力影响容器底部被测的压力，同时作用于变送器的高低压测，所得到的差压正比于液面高度。

1）干导压连接。

如果液体上面的气体不冷凝，变送器低压侧的连接管就保持干燥，这种情况称为干导压连接。决定变送器测量范围的方法与开口容器液位测量的方法相同。

2）湿导压连接。

如果液体上面的气体出现冷凝，变送器低压侧的导压管里就会渐渐地积存液体，引起测量误差。为了消除这种误差，预先用某种液体罐充在变送器的低压侧导压管中，这种情况称为湿导压连接。上述情况使变送器的低压侧存在一个压头，必须进行负迁移如图 5-52 所示。

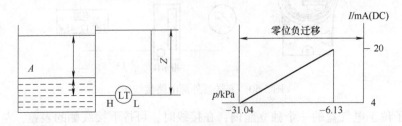

图 5-52　密闭容器导压连接测量

（3）吹气法测量液位

测量开口容器的液位也可用"吹气法"，此时变送器安装在开口容器的上方，如图 5-53

所示。整个装置由气源、稳压阀、恒定流量计、变送器和插入容器下面的管子组成。因为通过管子的气体流速是恒定的，所以保持气体恒定流动的压力（即送入变送器的压力）就等于管口处液体所产生的压力。

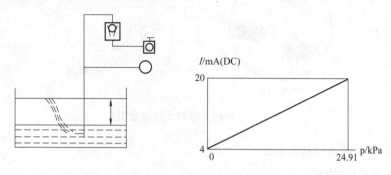

图 5-53　吹气法测量液位

5.3.3　浮球式液位变送器及其应用

浮球式液位变送器是根据液体的上下移动带动浮球的位置变化，而浮球内的磁铁又控制与改变连杆内由磁簧开关与电阻组成的分压回路。浮球式液位变送器如图 5-54 所示。

当磁浮球随液位变化、沿连杆而上下浮动时，浮球内的磁钢吸合传感器内相应位置上的干簧管，使传感器的总电阻（或电压）发生变化，再由变送器将变化后的电阻（或电压）信号转换成 4～20mA 的电流信号输出。连杆上感测元件的工作原理如图 5-55 所示。

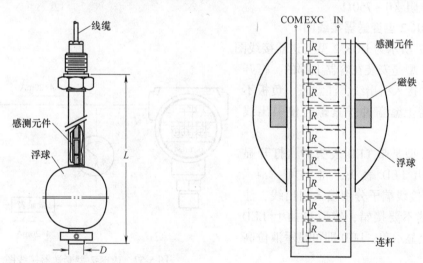

图 5-54　浮球式液位变送器示意图　　　　　图 5-55　连杆上感测元件的工作原理

感测元件示意图如图 5-56 所示。磁簧开关（感测元件）间的距离越小则精度越高。

浮球液位计变送器的特点是构造简单，使用寿命长；不受蒸汽、泡沫、液体挥发性气体影响；电路设计稳定可靠。浮球液位计可广泛适用于高温、高压、黏稠、脏污介质、沥青、含蜡等油品以及易燃、易爆、腐蚀性等介质的液位（界位）的连续测量。

下面以 UQK-2 型变送器为例，介绍一下投入式液位变送器的主要特点和使用方法。UQK-2

型在变送器头部配 LED 数字表头，增加了被测液位的就地指示。

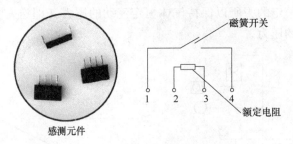

感测元件

图 5-56　连杆上感测元件示意图

1. UQK-2 型变送器的基本参数

测量范围：$L \leqslant 6000$mm。

介质温度：$\leqslant 120$℃。

介质黏度：$\geqslant 0.1$Pa.S。

介质比重：$\geqslant 0.8$（浮球 $\phi 75$mm）；< 0.8（浮球 $\phi 95$mm）。

容器法兰：DN80 ~ DN150。

压力等级：0.6 ~ 6.3MPa。

输出信号：DC 4 ~ 20mA。

供给电源：DC 24V $\pm 5\%$。

测量精度：$L = 500 \sim 1000$mm 时，$\leqslant \pm 1.5\%$ FS；$L > 1000$mm 时，$\leqslant \pm 1.0\%$ FS。

负载电阻：0 ~ 750Ω。

2. UQK-2 型变送器接线图

图 5-57 所示为 UQK-2 型变送器接线图。

UQK-1 型是安装在容器上部的，打开接线盒盖，接入引出线，注意正、负板不能接错，盖上盒盖并拧紧螺钉使引出线固定。

UQK-2 型是带 LED 表头的，打开显示盖，拔出 LED 表头，将中间"+""−"两个接线端子分别接入引出线，注意正、负端不要接错，然后再插上 LED 表头，盖上显示盖，LED 即可显示液位高度了。

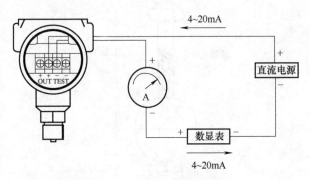

图 5-57　UQK-2 型变送器接线图

5.3.4　投入式液位变送器及其应用

投入式液位变送器一般利用扩散硅或陶瓷敏感元件的压阻效应，将静压转成电信号，再经过温度补偿和线性校正，转换成 DC 4 ~ 20mA 标准电流信号输出，如图 5-58 所示。

投入式液位传感器是静压液位测量，液体介质中某一个深度产生的压力就是测量点以上的介质自身的重量所产生的，它与介质的密度和当地的重力加速度成正比。所以投入式液位传感器测量的物理量其实是压力，通过传感器的标定单位也可以得知液位。

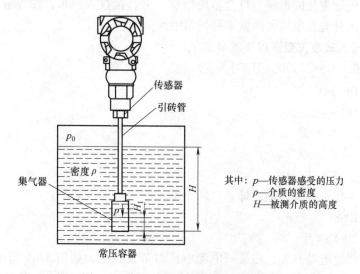

其中：p—传感器感受的压力
ρ—介质的密度
H—被测介质的高度

图 5-58　投入式液位变送器测量示意图

而实际的液位必须知道密度和重力加速度这两个参数后，再通过换算获得，这样的换算在工业领域中通常是通过二次仪表或者 PLC 进行的。投入式液位变送器实物图如图 5-59 所示。投入式液位传感器直接投入到液体中，变送器部分可用法兰或支架固定，安装使用极为方便。

投入式液位传感器的优点是稳定性好、精度高、可靠性高、响应速度快、安装简单和使用方便等。缺点是测量信号需要换算；无法测量超过 125℃的高温介质温度；测量介质的密度必须均匀一致。

下面以 WP311 投入式液位变送器为例，介绍一下投入式液位变送器的主要特点和使用方法。WP311 液位变送

图 5-59　投入式液位变送器实物图

器的探头是采用传感器和高精度集成放大电路组成。传感器是利用惠斯通电桥在受到外力作用下桥臂电阻产生变化的原理，通过转换电路来实现由压力变化产生电信号变化的作用，系统框图如图 5-60 所示。

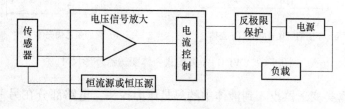

图 5-60　WP311 液位变送器系统框图

WP311 液位变送器采用特制的通气电缆，使感压膜片的背压腔与大气相通良好，测量液位不受外界大气压变化的影响，符合船用标准，可直接投入到水、油等液体中长期使用。聚四氟乙烯材料的外壳及电缆可测量多种强腐蚀性液体。

1. WP311 投入式液位变送器技术参数

测试量程：$0 \sim 0.5 \sim 200m$（H_2O）。

供电电源：DC 24V。

输出信号：DC $4 \sim 20mA$。

精度：0.1 级、0.2 级、0.5 级。

环境温度：$-20 \sim 85℃$。

过电压能力：150%FS。

测量介质：不锈钢或聚四氟乙烯兼容的介质。

保护等级：IP68。

稳定性：0.2%FS／年。

负载特性与供电电源有关，在某一电源电压时带负载能力如图 5-61 所示，负载阻抗与电源电压的关系式为 $R_L \leqslant 50\Omega$（$V_S = 12V$）（工厂一般用 DC 24V 供电，负载为 250Ω）。

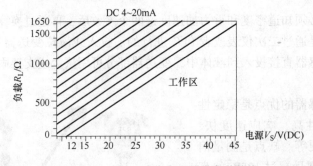

图 5-61　WP311 液位变送器带负载能力

2. WP311 投入式液位变送器外形尺寸

WP311 投入式液位变送器分为 A 类缆式一体、B 类接线盒和 C 类接线盒 3 种类型，它们的外形尺寸分别如图 5-62、图 5-63 和图 5-64 所示。

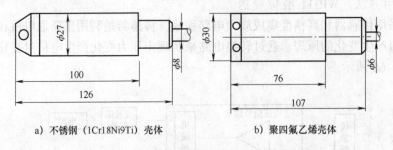

a) 不锈钢（1Cr18Ni9Ti）壳体　　　　　b) 聚四氟乙烯壳体

图 5-62　WP311A 类缆式一体变送器外形尺寸

WP311 接线盒类变送器投入到液体中的只是压力探头，电路部分在另一端的接线盒里，可方便用户调校。

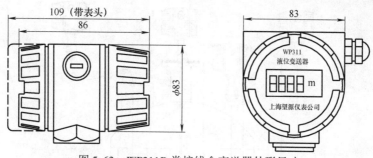

图 5-63　WP311B 类接线盒变送器外形尺寸

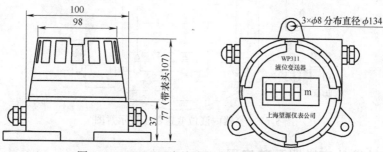

图 5-64　WP311C 类接线液位变送器外形尺寸

3. WP311 投入式液位变送器电气接线图

WP311 投入式液位变送器的电气端子接线图如图 5-65 所示。

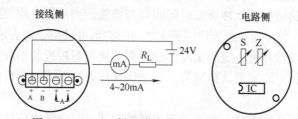

图 5-65　WP311 投入式液位变送器电气接线图

4. 典型投入式液位变送器安装图

安装图适合没有特殊要求的液位变送器，如图 5-66 和图 5-67 所示。图 5-66 是将变送器安装于外界的流动水环境和静止水环境中的安装示意图，图 5-67 是将变送器安装于容器内的安装示意图。

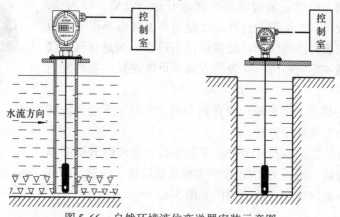

图 5-66　自然环境液位变送器安装示意图

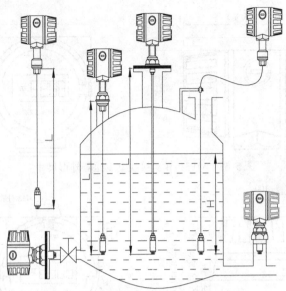

图 5-67　容器内液位变送器安装示意图

5.3.5　超声波液位变送器及其应用

超声波物位变送器的工作原理是由换能器（探头）发出高频超声波脉冲遇到被测介质表面被反射回来，部分反射回波被同一换能器接收，转换成电信号。超声波脉冲以声波速度传播，从发射到接收到超声波脉冲所需时间间隔与换能器到被测介质表面的距离成正比。超声波液位计此距离值 s 与声速 c 和传输时间 t 之间的关系可以用公式表示：$s = ct/2$。

由于发射的超声波脉冲有一定的宽度，使得距离换能器较近的小段区域内的反射波与发射波重叠，无法识别，不能测量其距离值，这个区域称为测量盲区。盲区的大小与超声波物位计的型号有关。

超声波物位变送器的特点是：由于采用了微处理器，超声波物位计可以应用于各种复杂工况；换能器内置温度传感器，可实现测量值的温度补偿，并使其发射功率能更有效地辐射出去，提高信号强度，从而实现准确测量。

超声波物位变送器的安装要求：换能器发射超声波脉冲时，都有一定的发射开角。从换能器下缘到被测介质表面之间，由发射的超声波波束所辐射的区域内，不得有障碍物，因此安装时应尽可能避开罐内设施，如人梯、限位开关、加热设备、支架等。另外需注意超声波波束不得与加料料流相交。安装仪表时还要注意：最高料位不得进入测量盲区；仪表与罐壁必须保持一定的距离；仪表的安装尽可能使换能器的发射方向与液面垂直。

下面以 IMP 一体式超声波液位变送器为例，介绍一下超声波液位变送器的主要特点和使用方法。

IMP 超声波液位变送器既可用按键设置参数，也可由 RS232 串行接口与计算机连接，通过 PCIMP 软件实现参数设置、备份、加载与回波分析。超声波物位变送器实物图如图 5-68 所示。

图 5-68　IMP 超声波液位变送器实物图

1. 变送器主要技术参数

IMP 超声波液位变送器主要技术参数见表 5-9。

表 5-9　IMP 超声波液位变送器主要技术参数

技术指标	IMP3	IMP6	IMP10
量程	0.20～3.00m	0.30～6.00m	0.30～10.00m
精度	±0.25% F.S.		
分辨率	±0.1% 或 2mm		
波束角	≤10°@3dB		
声波频率	125kHz	75kHz	41kHz
输出类型	二线制，4～20mA，光电隔离		
	三线制，4～20mA（非隔离），0～5V 或 10V，2×SPDT 继电器，DC 1A/30V		
串行接口	RS232		
人机接口	LCD 显示 + 按键操作或计算机 + RS232 通信接口 + PCIMP 通信软件		
温度补偿	内置数字温度传感器自动补偿		
环境温度	−20～+60℃		
过程温度	−40～+85℃		
信号电缆	二芯屏蔽双绞电缆，芯线截面积：0.5～2.5mm^2，电缆直径：3.5～10mm		
重量	1kg		
电源	DC24V		

2. 变送器外形尺寸

IMP 超声波液位变送器外形尺寸如图 5-69 所示。

3. 变送器安装

1）水池等敞口容器安装示意图如图 5-70 所示。

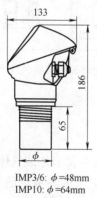

IMP3/6：ϕ=48mm
IMP10：ϕ=64mm

图 5-69　IMP 超声波液位变送器外形尺寸

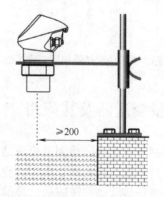

图 5-70　水池等敞口容器安装示意图

2）容器罐安装时使探头表面伸出容器内沿，如图 5-71 所示。

3）为增加量程或防止液位进入盲区而通过接管和法兰提升安装时，如图 5-72 所示。接管直径和高度参考表 5-10。实际应用时应尽可能加大接管管径 D，减小接管高度 L。

图 5-71　容器罐安装示意图

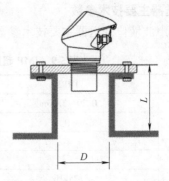

图 5-72　提升安装示意图

表 5-10　提升安装接管直径 D 和高度 L 参考表

D	L（最大值）
80mm	220mm
100mm	280mm
150mm	420mm
200mm	560mm

4）IMP 超声波液位变送器接线图。

在采用二线连接时，电压输出和继电器都无效，接线图如图 5-73 所示。

在采用三线连接时，液位计输出 4～20mA，0～10V 和两路控制（含报警继电器），接线图如图 5-74 所示。

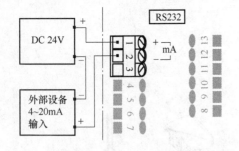

图 5-73　IMP 超声波液位变送器使用二线接线图

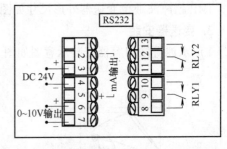

图 5-74　IMP 超声波液位变送器使用三线接线图

5.4　流量变送器及其应用

为保证制造业无故障检测及检测结果的可靠性，许多过程都需要液体或气体介质的流入和流出量保持一致。在自动化生产过程中，除了压力和温度，流量的测量也是非常重要的。根据对流量进行持续监控或限值监控的要求，流量传感器的输出信号可以选择为对应当前流速的模拟量或开关量。每一种应用对于流量传感器都有特殊的要求。

我国开展近代流量测量技术的工作相对较晚，早期所需的流量仪表均从国外进口。流量测量是研究物质量变的基础，质量互变规律是事物联系发展的基本规律，因此其测量对象已不限于传统意义上的管道液体，凡需掌握量变的地方都有流量测量的问题。对于一定的流体，只要知道这 3 个参数就可计算其具有的能量，在能量转换的测量中必须检测此 3 个参数。能量转换是一切生产过程和科学实验的基础，因此流量仪表和压力、温度仪表一样得到了非常广泛的应用。

流量测量技术与仪表的应用大致有以下几个领域。

1. 工业生产过程

流量仪表是过程自动化仪表与装置中的大类仪表之一，它被广泛适用于冶金、电力、煤炭、化工、石油、交通、建筑、轻纺、食品、医药、农业、环境保护及人民日常生活等国民经济各个领域，是发展工农业生产、节约能源、改进产品质量、提高经济效益和管理水平的重要工具，在国民经济中占有重要的地位。在过程自动化仪表与装置中，流量仪表有两大功用：作为过程自动化控制系统的检测仪表和测量物料数量的总量表。

2. 能源计量

能源分为一次能源（煤炭、原油、煤层气、石油气和天然气）、二次能源（电力、焦炭、人工燃气、成品油、液化石油气、蒸汽）及载能工质（压缩空气、氧、氮、氢、水）等。能源计量是科学管理能源、实现节能降耗、提高经济效益的重要手段。流量仪表是能源计量仪表的重要组成部分，水、人工燃气、天然气、蒸汽和油品等这些常用的能源都使用着数量极其庞大的流量仪表，它们是能源管理和经济核算不可缺少的工具。

3. 环境保护工程

烟气、废液、污水等排放严重污染着大气和水资源，严重威胁人类的生存环境。国家把可持续发展列为国策，环境保护将是 21 世纪的最大课题。空气和水的污染要得到控制，必须加强管理，而管理的基础是污染量的定量控制。我国是以煤为主要能源的国家，全国有上百万个烟囱不停地向大气排放烟气。烟气排放控制是根治污染的重要项目，每个烟囱必须安装烟气分析仪表和流量测量仪表，组成连续排放监视系统。烟气的流量测量有很大难度，它的难度为烟囱尺寸大且形状不规则、气体组分变化不定、流速范围大、脏污、灰尘、腐蚀、高温、无直管段等。

4. 交通运输

交通运输有 5 种方式，分别是铁路、公路、航空、水运和管道运输。其中管道运输虽早已有之，但应用并不普遍。随着环保问题的突出，管道运输的特点引起了人们的重视。管道运输必须装备流量测量仪表，它是控制、分配和调度的眼睛，也是安全监测和经济核算的必备工具。

5. 生物技术

21 世纪将迎来生命科学的世纪，以生物技术为特征的产业将获得迅速发展。生物技术中需监测计量的物质很多，如血液、尿液等，仪表开发的难度极大，品种繁多。

6. 科学实验

科学实验需要的流量测量仪表不但数量多，而且品种极其繁杂。据统计，在上百种流量测量仪表中，很大一部分是应科研之需而采用的，它们并不批量生产，不在市面出售，许多科研机构和大企业都设置专门小组研制专用的流量测量仪表。

流量变送器是用以测量管路中流体流量（单位时间内通过的流体体积）的仪表，也称为流量计。流量测量仪表的种类繁多，分类方法也很多，迄今为止，可供工业用的流量仪表种类达数十种之多。品种如此之多的原因就在于至今还没找到一种对任何流体、任何量程、任何流动状态以及任何使用条件都适用的流量仪表。

这数十种流量仪表，每种产品都有它特定的适用性，也都有它的局限性。按测量对象划分可分为封闭管道和明渠两大类；按测量原理分有力学原理、热学原理、声学原理、电学原理、光学原理、原子物理学原理等；按测量目的又可分为总量测量和流量测量，其仪表分别称作总量表和流量计。

总量表测量一段时间内流过管道的流量，是以短暂时间内流过的总量除以该时间的商来表示，实际上流量计通常亦备有累积流量装置，做总量表使用，而总量表亦备有流量发讯装置。因此，以严格意义来区分流量计和总量表已无实际意义。

按流量变送器机构原理分有容积式、叶轮式、差压式、变面积式、动量式、冲量式、电磁、超声波、质量、流体振荡式、转子式。

按工程使用频率分又有叶片式、涡街式、压差式、电磁式和超声波等。

下面分别阐述几种常用流量变送器的原理、特点及应用概况。

5.4.1 叶轮式流量变送器

叶轮式流量变送器的工作原理是：将叶轮置于被测流体中，叶轮受流体流动的冲击而旋转，以叶轮旋转的快慢来反映流量的大小。叶轮式流量变送器结构示意图如图 5-75 所示。典型的叶轮式流量变送器是水表和涡轮流量计，其结构可以是机械传动输出式或电脉冲输出式。一般机械传动输出式的水表准确度较低，误差约 ±2%，但结构简单，造价低，国内已批量生产，并已实现标准化、通用化和系列化。电脉冲信号输出的涡轮流量计的准确度较高，一般误差为 ±0.2% ~0.5%。

下面以 DHLWGB 型流量变送器为例，介绍一下叶轮式流量变送器的主要特点和使用方法。DHLWGB 型涡轮流量变送器实物图如图 5-76 所示。

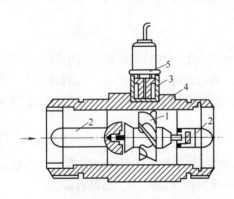

图 5-75　叶轮式流量变送器结构示意图
1—叶轮　2—导流器　3—电磁感应转换器
4—外壳　5—前置放大器

图 5-76　DHLWGB 型涡轮流量变送器实物图

DHLWGB 型涡轮流量变送器是利用 DHLWGY 基本型涡轮流量传感器进行流量检测的。DHLWGB 型涡轮流量变送器的结构示意图如图 5-77 所示。

DHLWGY 基本型涡轮流量传感器测量流体的原理是：流体流经传感器壳体，由于叶轮的叶片与流向有一定的角度，流体的冲力使叶片具有转动力矩，克服摩擦力矩和流体阻力之后叶片旋转，在力矩平衡后转速稳定，在一定的条件下，转速与流速成正比；由于叶片有导磁性，它处于信号检测器（由永久磁钢和线圈组成）的磁场中，旋转的叶片切割磁力线，周期性改变线圈的磁通量，从而使线圈两端感应出电脉冲信号，此信号经过放大器的放大整形，形成有一定幅度的连续的矩形脉冲波，可远传至显示仪表，显示出流体的瞬时流量或总量。

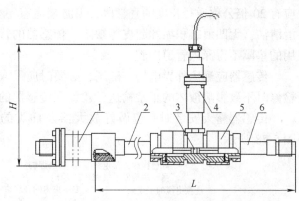

图 5-77　DHLWGB 型涡轮流量变送器的结构示意图
1—过滤器　2—前直管段　3—叶轮　4—前置放大器
5—壳体　6—后直管段

在一定的流量范围内，脉冲频率 f 与流经传感器的流体的瞬时流量 Q 成正比，瞬时流量方程为

$$Q = 3600 \times \frac{f}{k} \tag{5-7}$$

式中　Q——流体的瞬时流量（工作状态下），单位为 m^3/h；

f——脉冲频率，单位为 Hz；

k——传感器的仪表系数，单位为 $1/m^3$；

3600——换算系数。

若以 $[1/L]$ 为单位，则瞬时流量方程为

$$Q = 3.6 \times \frac{f}{k} \tag{5-8}$$

DHLWGY 基本型涡轮流量传感器的选型见表 5-11。

表 5-11　DHLWGY 基本型涡轮流量传感器的选型

产品型号	公称通径 /mm	L/mm	H/mm	G	L'/mm	D/mm	d/mm	孔数
DHLWGY-4	4	275	145	G1/2	215			
DHLWGY-6	6	275	145	G1/2	215			
DHLWGY-10	10	455	165	G1/2	350			
DHLWGY-15	15	75	173	G1				
DHLWGY-25	25	100	180	G5/4				
DHLWGY-40	40	140	178	G2				
DHLWGY-50	50	150	252			125	18	4
DHLWGY-80	80	200	287			160	18	8
DHLWGY-100	100	220	322			180	18	8
DHLWGY-150	150	300	367			250	25	8
DHLWGY-200	200	360	415			295	23	12

传感器可水平、垂直安装，垂直安装时流体方向必须向上。液体应充满管道，不得有气泡。安装时，液体流动方向应与传感器外壳上指示流向的箭头方向一致。传感器上游端至少

应有 20 倍公称通径长度的直管段，下游端应有不少于 5 倍公称通径的直管段，其内壁应光滑清洁，无凹痕、积垢和起皮等缺陷。传感器的管道轴心应与相邻管道轴心对准，连接密封用的垫圈不得深入管道内腔。

传感器应远离外界电场、磁场，必要时应采取有效的屏蔽措施，以避免外来干扰。为了检修时不致影响液体的正常输送，建议在传感器的安装处，安装旁通管道。

传感器露天安装时，应做好放大器及插头的防水处理。传感器与显示仪表的接线如图 5-78 所示。

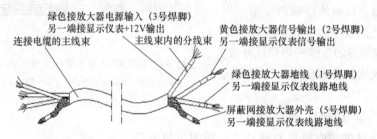

图 5-78　传感器与显示仪表接线示意图

当流体中含有杂质时，应加装过滤器，过滤器网目根据流量杂质情况而定，一般为 20~60 目。当流体中混有游离气体时，应加装消气器。整个管道系统都应良好密封。用户应充分了解被测介质的腐蚀情况，严防传感器受腐蚀。

DHLWGB 型涡轮流量变送器是在 DHLWGY 基本型涡轮流量传感器的基础上增加了 DC 24V 供电、4~20mA 二线制电流变送功能，适合于与显示仪、工控机、DCS 等计算机控制系统配合使用。DHLWGB 型涡轮流量变送器的流量计算公式为

$$Q = \frac{I-4}{16} Q_F \tag{5-9}$$

式中　Q——实际流量，单位为 m^3/h；

　　　Q_F——流量测量上限值，单位为 m^3/h；

　　　I——电流输出，单位为 mA。

涡轮流量变送器的供电电压为 24V（允许 12~30V），供电电压与负载电阻的关系为

$$R_{Lmax} = \frac{U-12}{0.02} - 50 \tag{5-10}$$

式中　R_{Lmax}——最大负载电阻，单位为 Ω；

　　　U——供电电压，单位为 V。

DHLWGB 型涡轮流量变送器接线：红线接 +24V；黑（绿）线接 0V。

5.4.2　涡街流量变送器

涡街流量变送器是根据卡门涡街理论，利用了流体的自然振动原理，以压电晶体或差动电容作为检测部件而制成的一种速度式流量仪表。涡街流量变送器实物图如图 5-79 所示。

涡街流量变送器由设计在流场中的旋涡发生体、检测探头及相应的电子电路等组成。当流体流经旋涡发生体时，它的两侧就形成了交替变化的两排旋涡，这种旋涡被称为卡门涡街，如图 5-80 所示。斯特罗哈尔在卡门涡街理论的基础上又提出了卡门涡街的频率与流体

的流速成正比，并给出了频率与流速的关系式：

$$f = S_t \times V / d \qquad (5\text{-}11)$$

式中　f——涡街发生频率，单位为 Hz；

　　　V——旋涡发生体两侧的平均流速，单位为 m/s；

　　　S_t——斯特罗哈尔系数（常数）。

这些交替变化的旋涡就形成了一系列交替变化的负压力，该压力作用在检测探头上，便产生一系列交变电信号，经过前置放大器转换、整形、放大处理后，输出与旋涡同步成正比的脉冲频率信号（或标准信号）。

图 5-79　涡街流量变送器实物图

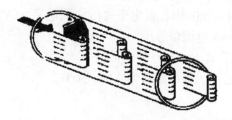

图 5-80　涡街流量传感器工作原理示意图

下面以 LUGB 系列流量变送器为例，介绍一下涡街流量变送器的主要特点和使用方法。LUGB 型涡街流量变送器结构图如图 5-81 所示。

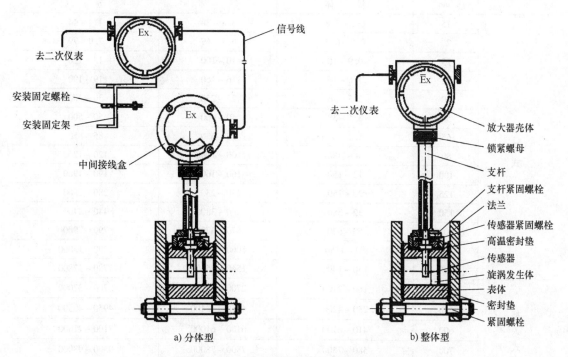

图 5-81　LUGB 型涡街流量变送器结构图

1. LUGB 型涡街流量变送器技术参数

测量介质：液体、气体、蒸汽。

测量范围：见表 5-12。

公称通径：见表 5-12，非标产品可根据用户要求特殊定做。

温度范围：压电式为 −40 ~ 350℃；电容式为 −60 ~ 500℃。

压力规格：PN1.6MPa；PN2.5MPa；PN4.0MPa；更高压力规格可特殊定做。

压力损失系数：C_d ≤ 2.6。

系统测量精度：液体、气体示值的 ±1%。

　　　　　　　蒸汽示值的 ±1.5%。

　　　　　　　插入式示值的 ±2.5%。

供电电压：传感器 DC +12V、DC +24V（可选）；变送器 DC +24V。

输出信号：传感器为脉冲频率信号 0.1 ~ 3000Hz，低电平 ≤ 1V，高电平 ≥ 6V。

　　　　　变送器为二线制 DC 4 ~ 20mA 电流信号。

允许振动加速度：压电式 ≤ 0.2g；电容式 ≤ 1.0g。

环境温度：传感器为 −30 ~ 65℃；变送器、现场显示为 −10 ~ 50℃。

环境湿度：相对湿度 5% ~ 85%。

大气压力：86 ~ 106kPa；

传输距离：≤ 500m。

表 5-12　LUGB 型涡街流量变送器参数

结构形式	公称通径 /mm	工况流量范围/(m³/h)		
		液　体	气　体	蒸　汽
满管式	15	0.3 ~ 3.8	3.8 ~ 38	4.4 ~ 44
	20	0.5 ~ 6.2	6.7 ~ 67	7.9 ~ 79
	25	0.9 ~ 10	10 ~ 100	12 ~ 120
	32	1.6 ~ 16	16 ~ 160	19 ~ 190
	40	2.5 ~ 26	25 ~ 250	30 ~ 300
	50	3.5 ~ 38	40 ~ 400	50 ~ 500
	65	5.2 ~ 65	68 ~ 680	85 ~ 850
	80	8 ~ 100	100 ~ 1000	120 ~ 1200
	100	12 ~ 150	160 ~ 1600	190 ~ 1900
	125	20 ~ 250	230 ~ 2300	280 ~ 2800
	150	32 ~ 380	380 ~ 3800	440 ~ 4400
	200	50 ~ 620	670 ~ 6700	790 ~ 7900
	250	80 ~ 1150	1060 ~ 10600	1200 ~ 12000
	300	130 ~ 1400	1540 ~ 15400	1780 ~ 17800
插入式	400	180 ~ 2700	2700 ~ 27000	3200 ~ 32000
	500	280 ~ 4200	4240 ~ 42400	4950 ~ 49500
	600	410 ~ 6100	6100 ~ 61000	7100 ~ 71000
	700	580 ~ 7300	7800 ~ 78000	9300 ~ 93000
	800	720 ~ 10800	10850 ~ 108500	12660 ~ 126600

（续）

结 构 形 式	公称通径 /mm	工况流量范围/(m³/h)		
		液　体	气　体	蒸　汽
插入式	900	970～12000	13000～130000	15500～155000
	1000	1130～16900	17000～170000	20000～200000
	1100	1450～18000	19000～190000	23000～230000
	1200	1630～24400	24400～244000	28500～285000
	1300	2020～25300	27000～270000	32000～320000
	1400	2350～29500	31000～310000	37200～372000
	1500	2550～38000	38200～382000	44500～445000

2. LUGB 型涡街流量变送器外形尺寸

LUGB 型涡街流量变送器外形尺寸如图 5-82 所示，图中的参数查询见表 5-13。

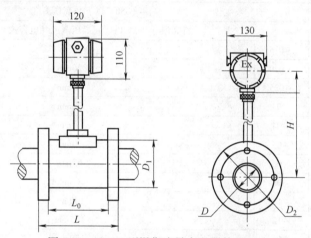

图 5-82　LUGB 型涡街流量变送器外形尺寸

表 5-13　LUGB 型涡街流量变送器外形尺寸参数

口径/D	管 道 规 格	H	L	L₀	D₁	D₂
15	$\phi19\times1.5$	290	116	80	68	135
20	$\phi26\times3$	290	116	80	68	135
25	$\phi32\times3.5$	290	116	80	68	135
32	$\phi39\times3.5$	290	116	80	68	135
40	$\phi49\times4.5$	295	120	80	80	140
50	$\phi59\times4.5$	300	124	80	88	145
65	$\phi74\times4.5$	308	128	80	105	165
80	$\phi89\times4.5$	315	128	80	120	180
100	$\phi109\times4.5$	328	132	80	148	210
125	$\phi133\times4.5$	340	137	85	174	235
150	$\phi159\times4.5$	351	146	90	196	270
200	$\phi219\times9$	378	169	105	250	325
250	$\phi273\times11$	402	184	120	300	375
300	$\phi325\times12$	428	199	135	350	425

3. LUGB 型涡街流量变送器选型（见表 5-14）

表 5-14　LUGB 型涡街流量变送器选型

		LUGB（E）型涡街流量计型谱表	
安装方式	2	法兰卡装式	
	3	简易插入式	直径≥250mm 可做插入式
	4	球阀插入式	
	5	法兰连接式	
	6	螺纹连接式	
被测介质	2	常温液体（50℃以下）	
	3	常温气体（50℃以下）	
	4	蒸汽及高温气体（250℃以下）	
	5	高温液体（250℃以下）	
	6	高温（350℃以下）高压蒸汽	
	7	特高温（450℃以下）高压蒸汽（电容式）	
公称通径	−015	15mm	
	−020	20mm	
	−025	25mm	
	−03	32mm	
	−04	40mm	
	−05	50mm	
	−06	65mm	
	−08	80mm	
	−10	100mm	
	−12	125mm	
	−15	150mm	
	−25	250mm	
	⋮	⋮	
	−150	1500mm	
介质压力	−	2.5 MPa	
	−4	4.0 MPa	
	−6	6.4 MPa	
输出类型		脉冲频率信号	
	B	4～20mA 电流信号	
	X	电池供电现场显示型	
补偿类型	P	带一体化压力补偿	
	T	带一体化温度补偿	
	PT	带一体化温度、压力补偿	
特殊规格	Q	潜水型	
	F	分体式	
	A	本安防爆	
	N	耐腐蚀	

仪表的选型是仪表应用中非常重要的工作，选型的正确与否直接影响仪表的计量精度。因此，必须正确对仪表进行选型，具体的选型方法可参照以下几条。

根据被测介质的管道通径大小选型，若被测介质的流量范围在表5-14所列的范围之内，则选择与公称通径相同的流量计即可；若被测介质的流量范围不在表5-14所列的范围之内，则选择介质流量范围与表5-13所列范围包容的流量范围所对应的公称通径的流量计。如果同时有多个选择，则应选择最大满足下限流量要求的流量变送器。

涡街流量变送器所提供的流量范围均是指工作状态下的体积流量范围，如果仅知道被测介质的质量流量或者标准状况下的体积流量，则应先换算为工况下的体积流量，再与表5-14给定的流量范围相对照。

由质量流量换算工况下的体积流量按下式计算：

$$Q_V = Q_m/\rho \tag{5-12}$$

式中　Q_V——工况下的体积流量，单位为 m^3/h；

　　　Q_m——工况下的质量流量，单位为 kg/h；

　　　ρ——工况下的介质密度，单位为 kg/m^3。

由标准状况下的体积流量换算工况下的体积流量按下式计算：

$$Q_V = \frac{0.101325 \times (273.15 + T)Q_b}{293.15 \times (0.101325 + p)} \tag{5-13}$$

式中　Q_V——工况下的体积流量，单位为 m^3/h；

　　　Q_b——标况下的体积流量，单位为 m^3/h；

　　　p——介质的工作压力，单位为表压 MPa；

　　　T——介质的工作温度，单位为℃。

当被测介质为液体时，为了防止气蚀，应使通过流量计的介质压力符合下式要求：

$$p \geqslant 2.6 \times \Delta p + 1.25 p_S \tag{5-14}$$

式中　p——介质的压力损失（单位为 Pa）。

介质的压力损失可以按下式计算：

$$p = 1.2\rho v^2 \tag{5-15}$$

式中　v——介质的平均流速，单位为 m/s；

　　　p——介质的密度，单位为 kg/m^3。

4. LUGB 型涡街流量变送器接线

拧开 LUGB 型涡街流量变送器表壳后盖，将信号线从防水接头送入。按照图5-83所示的接线图正确接线，端子功能见表5-15。将防水接头拧紧，并保证线缆在进入防水接头之前必须向下压弯，以确保水汽不会顺着线缆进入壳体内。

表 5-15　端子功能说明

端子功能	传　感　器	变　送　器
电源 +	DC +12V 或 +24V	DC +24V
电源 −	DC 0V	DC 0V
信号	脉冲信号	空
接地	接屏蔽线	接屏蔽线

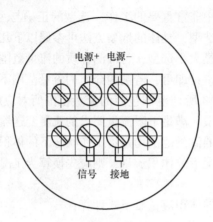

图 5-83　接线端子示意图

5.4.3　差压式流量变送器

　　差压式流量测量是基于流体流动的节流原理，利用流体流经节流装置时产生的压力差而实现流量测量，是目前生产中测量流量最成熟的常用方法之一。通常节流装置产生的压差信号，通过差压流量变送器转换成相应的标准电信号，以供显示、记录或控制用。其实物图如图 5-84 所示。

图 5-84　差压式流量变送器实物

　　差压式流量测量的历史已逾百年，至今已开发出的差压式流量计超过 30 多种，其中应用最普遍、最具代表性的差压式流量测量装置有：19 世纪末出现的经典文丘里管、20 世纪初出现的孔板、20 世纪 30 年代出现的环形孔板、20 世纪 80 年代出现的 V 锥。结构示意图如图 5-85 所示。

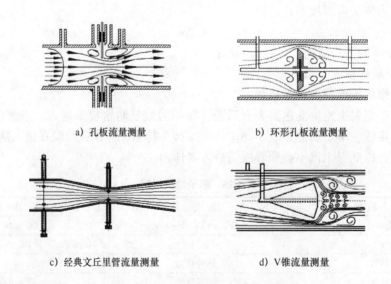

　　a) 孔板流量测量　　　　　　　　　　b) 环形孔板流量测量

　　c) 经典文丘里管流量测量　　　　　　d) V锥流量测量

图 5-85　常用的差压式流量测量装置

充满管道的流体，当它流经管道内的节流件时，如图 5-86 所示，流速将在节流件处形成局部收缩，因而流速增加，静压力降低，于是在节流件前后便产生了压差。流体流量越大，产生的压差越大，这样可依据压差来衡量流量的大小。这种测量方法是以流动连续性方程（质量守恒定律）和伯努利方程（能量守恒定律）为基础的。压差的大小不仅与流量有关，还与其他许多因素有关，例如，当节流装置形式或管道内流体的物理性质（密度、稠度）不同时，在同样大小的流量下产生的压差也是不同的。

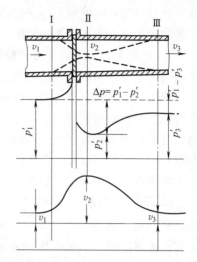

图 5-86　孔板附近的流速和压力分布图

总地说来，节流式差压流量计的工作基于如下事实：如果流体流经一个收缩（节流）件时，流体将被加速；流体的加速使它的动能增加，而同时按照能量守恒定律，在流体被加速处它的静压力一定会降低一个相对应的值。能量守恒定律告诉我们：在一个封闭的系统中，流体的总能量是一个常数，由流量方程得

$$q_v = \frac{C \cdot \varepsilon}{\sqrt{1 - \beta^4}} \cdot \frac{\pi}{4} \cdot d^2 \cdot \sqrt{\frac{2\Delta p}{\rho_1}} \tag{5-16}$$

$$q_m = q_v \rho_1 \tag{5-17}$$

式中　q_m——质量流量，单位为 kg/h；

　　　q_v——体积流量，单位为 m³/h；

　　　C——流出系数；

　　　ε——可膨胀性系数；

　　　β——直径比 $\beta = d/D$；

　　　d——靶板直径，单位为 m；

　　　D——测量管内径，单位为 m；

　　　ρ_1——上游流体密度，单位为 kg/m³；

　　　Δp——差压，单位为 Pa。

由上式可见，流量为 C、ε、d、ρ_1、Δp、$\beta(D)$ 6 个参数的函数，此 6 个参数可分为实测量 $[d, \rho, \Delta p, \beta(D)]$ 和统计量（C、ε）两类。

1）d、D 与流量为二次方关系，其精确度对流量总精度影响较大，误差值一般应控制在 $\pm 0.05\%$ 左右，还应计及工作温度对材料热膨胀的影响。标准规定管道内径 D 必须实测，需在上游管段的几个截面上进行多次测量求其平均值，误差不应大于 $\pm 0.3\%$。除对数值测量精度要求较高外，还应考虑内径偏差会对节流件上游通道造成不正常节流现象所带来的严重影响。因此，当不是成套供应节流装置时，在现场配管应充分注意这个问题。

2）ρ_1 在流量方程中与 Δp 处于同等位置，当追求差压变送器高精度等级时，ρ_1 的测量精度也应与之相匹配。否则 Δp 的提高将会被 ρ_1 的降低所抵消。

3）Δp 的精确测量不应只限于选用一台高精度差压变送器。实际上差压变送器能否接收到真实的差压值还决定于一系列因素，其中正确的取压孔及引压管线的制造、安装及使用是保证获得真实差压值的关键，这些影响因素很多是难以定量或定性确定的，只有加强制造及安装的规范化工作才能达到目的。

4）C 是无法实测的量（指按标准设计制造安装，不经校准使用），在现场使用时最复杂的情况出现在实际的 C 值与标准确定的 C 值不相符合，它们的偏离是由设计、制造、安装及使用一系列因素造成的。应该明确，上述各环节全部严格遵循标准的规定，其实际值才会与标准确定的值相符合，现场是难以完全满足这种要求的。应该指出，与标准条件的偏离，有的可定量估算（可进行修正），有的只能定性估计（不确定度的幅值与方向）。但是在现实中，有时不仅是一个条件偏离，这就造成非常复杂的情况，因为一般资料中只介绍某一条件偏离引起的误差。如果许多条件同时偏离，则缺少相关的资料可查。

5）可膨胀性系数 ε 是对流体通过节流件时密度发生变化而引起的流出系数变化的修正，它的误差由两部分组成：一为常用流量下 ε 的误差，即标准确定值的误差；二为由于流量变化 ε 值将随之波动带来的误差。一般在低静压高差压情况下，ε 值有不可忽略的误差。当 $\Delta p/p \leqslant 0.04$ 时，ε 的误差可忽略不计。

下面以 LNV 型 V 形锥流量变送器为例，介绍一下差压式流量变送器的主要特点和使用方法。LNV 型 V 形锥流量变送器结构简图如图 5-87 所示。

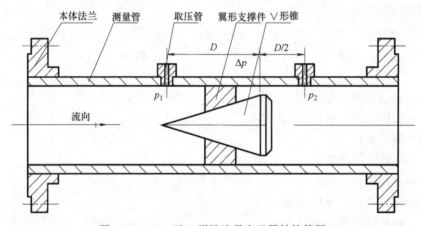

图 5-87 LNV 型 V 形锥流量变送器结构简图

1. LNV 型 V 形锥流量变送器工作原理

LNV 型 V 形锥流量变送器基于伯努里方程和流体流动连续性方程的原理，经过推导和单位换算，其流量基本方程式如下：

$$q_m = 0.12643 \cdot \frac{C \cdot \beta^2}{\sqrt{1-\beta^4}} \cdot \frac{\pi}{4} \cdot \varepsilon \cdot D^2 \cdot \sqrt{\Delta p \cdot \rho_1} \qquad (5-18)$$

式中 q_m——流体的质量流量，单位为 kg/h；

C——流出系数，经过流量标定或抽样标定、几何尺寸检查即可知；

ε——可膨胀性系数，对液体 $\varepsilon = 1$；

β——径比，$\beta = d/D$；

d——节流件工作条件下的等效流通直径单位为 mm；

D——仪表测量管工作条件下的内径，单位为 mm；

Δp——节流件上、下游取压口处产生的差压，单位为 kPa；

ρ_1——仪表安装处上游侧工作条件下流体的密度，单位为 kg/m^3。

在给定流量计的条件下，只要知道流体的有关参数，用差压变送器测得差压值即可得知流量。在流体温度、压力变化的情况下，同时配用温度变送器、压力变送器、智能流量显示仪或计算机，即可得知流体的质量流量或标准状态下的体积流量。

2. LNV 型 V 形锥流量变送器主要技术参数

公称通径：$D_N = 40 \sim 2000mm$；

公称压力：$P_N \leqslant 20MPa$；

流量精确度：实流标定：$\pm 0.5\%$；干式标定：$\pm 1\%$；

重复性：$\pm 0.2\%$；

3. LNV 型 V 形锥流量变送器的安装

1）对新设管路系统，须先经扫线后再安装 V 形锥流量传感器，以防管内杂物堵塞或损伤节流件。

2）安装前应仔细核对 V 形锥流量传感器的型号、规格是否与管道情况、流量范围等参数相符。在取压口附近标有 " + " 的一端应与流体上游管路连接，标有 " – " 的一端应与流体下游管路连接。

3）V 形锥流量传感器的中心线应与管道中心线同轴，其不同轴度不得大于 $0.015D$ $\left(\dfrac{1}{\beta} - 1\right)$，其中 D 为管道内径，β 为孔径比。

4）取压口的位置原则上应当能保证（在测量气体介质流量时）自动疏水或（在测量液体介质流量时）自动排气，即测液体时，取压口在下方 45° 以内选择，测气体时，取压口在上方 45° 以内选择，测含杂质的气体流量应当接近垂直方向。具体取压口位置如图 5-88 所示。

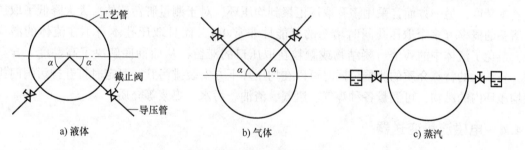

图 5-88　取压口位置安装示意图

引压管内径与管路长度有关，通常在 45m 以内用内径 $12 \sim 16mm$ 的管道，具体参数见表 5-16。

表 5-16　引压管路内径与长度参照表

长度/m 内径/mm 被测流体	< 16	16 ~ 45	45 ~ 90
水、水蒸气、干气体	7 ~ 10	10	13
湿气体	13	13	13
低中黏度油脂	13	19	25
脏的液体或气体	25	25	38

取压口引出的短管应在同一水平面内，若垂直管道上安装节流装置，引压短管之间相距一定的距离（垂直方向），这对差压变送器的零点有影响，应通过"零点迁移"来校正。

差压管路应有牢固的支架托承，避免过重的负荷和振动，同时为避免由于温差导致取压误差，两根取压管线应尽可能靠近并用保温材料一同包扎，在寒冷季节加热防冻。

在差压信号管路上，不得有积留液体或气体的袋形空间，如不能避免，应设集气器（或排气阀）和沉降器（或疏水器）。在差压管线很长时（超过30m），则应分段倾斜并在各段装设集气器（或排气阀）和沉降器（或疏水器）。

4. LNV 型 V 形锥流量变送器的性能特点

1）直管段要求低。V 形锥流量变送器采用独特的中心流线型结构和翼形支撑件的整流作用，巧妙地解决了长直管段整流的问题，它能够重塑流速曲线，在紧靠锥体上游和下游的区域内，将流速不规则的流体直接整流成接近理想流体，可充分满足伯努利定理的要求，获得很高的测量精度和重复性。

2）精度高，重复性好。其独特的锥形结构，使得流体在经过节流件时，流通面积是逐渐变化到最小，而不是突然收缩，因此只产生高频低幅的小旋涡，使得输出差压非常稳定，能够得到较高的精度和重复性。

3）量程比宽，压损低。量程比宽通常为 10:1，选择合适的参数最高可做到 15:1；压损小，同样的 β 值，压损是孔板 1/5 ~ 1/10。

4）耐磨损，不堵塞，不黏附，长期稳定性好。流线型锥形体节流后，在锥形体表面产生真空层效应，使得锥形体不易磨损，β 率可长期不变，并保证长期精确测量；测量脏污流体时可采用管壁多孔取压，然后汇总到均压环中，这样所取差压为上、下游取压管处横截面的静压平均值之差，减弱了上游局部阻力形成的速度分布畸变对精度的影响，实际精度更接近基本精度；另一方面，采用多孔取压汇聚到均压环，对于测量脏污流体，大大降低了取压孔堵塞的概率（多个取压孔同时堵塞的可能性非常小），而且取压孔本身不在流体的滞流区，避免了流体中的残渣、凝结物或颗粒在取压口的滞留，从而彻底解决了高黏度、含杂质、易结垢的特殊介质的测量，同时可以在均压环下方安装排污管，可定时打开排污阀门排除均压环内的脏物，可测量各种煤气、废气、渣油、污水、煤浆等介质。

5.4.4　电磁流量变送器

电磁流量变送器的工作原理是基于法拉第电磁感应定律。在电磁流量传感器中，测量管内的导电介质相当于法拉第试验中的导电金属杆，上、下两端的两个电磁线圈产生恒定磁场，当有导电介质流过时，则会产生感应电压，工作原理如图 5-89a 所示，管道内部的两个电极测量产生的感应电压。测量管道通过不导电的内衬（橡胶、特氟隆等）实现与流体和测量电极的电磁隔离。电磁流量变送器结构示意图如图 5-89b 所示。

在图 5-89 中，当导电流体以平均流速 v（m/s）通过装有一对测量电极的一根内径为 D(m) 的绝缘管子流动时，并且该管子处于一个均匀的磁感应强度为 B 的磁场中。那么，在一对电极上就会感应出垂直于磁场和流动方向的电动势 E。由电磁感应定律可得

$$E = kBDv \qquad (5\text{-}19)$$

式中　k——比例系数。

通常，体积流量可以表示为

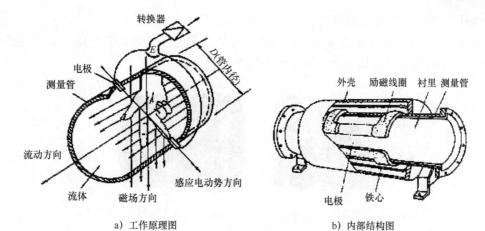

a) 工作原理图   b) 内部结构图

图 5-89 电磁流量变送器

$$q_v = \frac{\pi D^2}{4} v \tag{5-20}$$

应用式（5-19）代换式（5-20）中的 v 可得到

$$q_v = \frac{\pi D}{4k} \frac{E}{B} \tag{5-21}$$

因此电动势可表示为

$$E = \frac{4kB}{\pi D} q_v \tag{5-22}$$

当 B 是个常数时，设 $\dfrac{\pi D}{4k} \cdot \dfrac{1}{B} = A$，则可将体积流量 q_v 改写为

$$q_v = AE \tag{5-23}$$

由式（5-23）可见，体积流量 q_v 与电动势 E 成正比。

市场上电磁流量变送器的功能差别较大，简单的就只是测量单向流量，只输出模拟信号带动后位仪器仪表；多功能仪表有检测双向流、量程切换、上下限流量报警、空管和电源稳压器切断报警、小信号切除、流量显示和总量计算、自动核对和故障自诊断、与上位机通信和运动组态等。有些型号仪表的串行数字通信功能可选多种通信接口和专用芯片（ASIC），以连接 HART 协议系统、PROFIBUS、Modbus、FF 现场总线等。

电磁流量计有一系列优良特性，可以解决有些流量变送器不易应用的问题，如脏污流、腐蚀流的测量。20 世纪七八十年代电磁流量在技术上有重大突破，其应用十分广泛。

优点：测量通道是光滑直管，不会阻塞，适用于测量含固体颗粒的液固二相流体，如纸浆、泥浆、污水等；不产生流量检测所造成的压力损失，节能效果好；所测得体积流量实际上不受流体密度、黏度、温度、压力和电导率变化的明显影响；流量范围大、口径范围宽；可应用于腐蚀性流体。

缺点：不能测量电导率很低的液体，如石油制品；不能测量气体、蒸汽和含有较大气泡的液体；不能用于较高温度。

电磁流量变送器应用领域广泛，大口径仪表较多应用于给水排水工程；中小口径常用于高要求或难测量的场合，如钢铁工业高炉风口冷却水控制、造纸工业纸浆液和黑液测量、化学工业强腐蚀液测量，有色冶金工业矿浆测量；小口径、微小口径常用于医药工业、食品工业、生物化学等有卫生要求的场所。

下面以 Promag 系列电磁流量变送器为例，介绍一下差压式流量变送器的主要特点和使用方法。Promag 系列电磁流量变送器实物图如图 5-90 所示。

图 5-90　Promag 系列电磁流量变送器实物图

测量系统包括一台变送器和一个传感器，有两种结构类型供用户选择：一体式结构变送器和传感器组成一个整体机械单元；分体式结构变送器和传感器均为单独的机械单元，需分体安装。

1. Promag 系列电磁流量变送器基本参数

测量变量：流速（与感应电压成比例）；

测量范围：液体测量时的典型值为 $v = 0.01 \sim 10 \text{ m/s}(0.033 \sim 33 \text{ ft/s})$；

量程比：大于 $1000 : 1$；

输入信号：状态输入（辅助输入）$U = \text{DC } 3 \sim 30\text{V}$，$R_i = 5\text{k}\Omega$；

电流输出：① 有源信号：$0/4 \sim 20\text{mA}$，$R_L < 700\Omega$；

　　　　　② 无源信号：$4 \sim 20\text{mA}$，$R_L \geqslant 150\Omega$；

脉冲输出：脉冲值和脉冲极性可选，最大脉冲宽度可调；

频率输出：截止频率为 $2 \sim 1000\text{Hz}$，最大脉冲宽度为 10s；

通信接口：PROFIBUS DP 接口和 PROFIBUS PA 接口。

2. Promag 系列电磁流量变送器测量单元外形

Promag 系列电磁流量变送器测量单元分为现场型外壳、现场型不锈钢外壳和墙装型外壳，如图 5-91 所示。

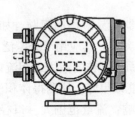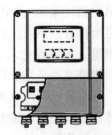

a）现场型外壳　　　　　b）现场型不锈钢外壳　　　　　c）墙装型外壳

图 5-91　Promag 系列电磁流量变送器测量单元外形

3. Promag 系列电磁流量变送器电气连接

变送器的电气连接示意图如图 5-92 所示。连接电缆的最大横截面积为 2.5mm^2。变送器的电气连接示意图说明如下。

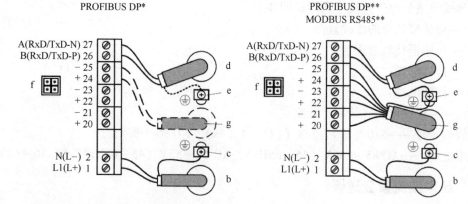

图 5-92　变送器的电气连接示意图

*——固定通信模块；

**——可更换通信模块；

b——供电电缆 AC 85～260V，AC 20～55V，DC 16～62V；

1——1 号端子 L1 接 AC，L＋接 DC；

2——2 号端子 N 接 AC，L－接 DC；

c——保护性接地端；

d——信号电缆/现场总线电缆；

26——26 号端子 DP（B）/PA（＋）（PA 带极性反接保护）；

27——27 号端子 DP（A）/PA（－）（PA 带极性反接保护）；

e——信号电缆屏蔽层/现场总线电缆 /RS485 连接线的接地端；

f——服务接口用于连接手操器 FXA 193（Fieldcheck、FieldCare）；

g——信号电缆/外部终端电缆（仅适用于固定通信模块的 PROFIBUS DP 型仪表）；

24——24 号端子 5V；

25——25 号端子 DGND。

分体式仪表的电气连接示意图如图 5-93 所示。

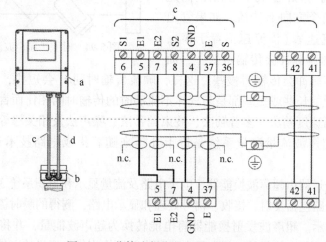

图 5-93　分体式仪表的电气连接示意图

分体式仪表的电气连接示意图说明如下。

a——墙装型外壳的接线盒；

b——传感器接线盒盖；

c——信号电缆；

d——线圈电缆；

n. c. ——绝缘电缆屏蔽层，悬空；

接线端子号——5/6（棕），7/8（白），4（绿），37/36（黄）；

供电电压——AC 85～250V（45～65Hz），AC 20～55V（45～65Hz），DC 16～62V。

5.4.5　超声波流量变送器

众所周知，目前的工业流量测量普遍存在着大管径、大流量测量困难的问题，这是因为一般流量测量方法随着测量管径的增大会带来制造和运输上的困难，存在造价提高、能损加大、安装不易等缺点，而超声波流量测量方法均可避免。

超声测量仪表的流量测量准确度几乎不受被测流体温度、压力、黏度、密度等参数的影响，又可制成非接触及便携式测量仪表，故可解决某些类型仪表所难以测量的强腐蚀性、非导电性、放射性及易燃易爆介质的流量测量问题。另外，鉴于非接触测量的特点，再配以合理的电子电路，一台仪表可适应多种管径测量和多种流量范围测量。超声波流量测量仪表的适应能力是有些仪表不可比拟的。由于超声波流量测量系统具有上述优点，因此它越来越受到重视并且向产品系列化、通用化发展，现已制成不同声道的标准型、高温型、防爆型、湿式型仪表，以适应不同介质、不同场合和不同管道条件的流量测量。

超声波在流动的流体中传播时会载上流体流速的信息，因此通过接收到的超声波就可以检测出流体的流速，从而换算成流量。超声波流量计工作原理如图 5-94 所示。

超声脉冲穿过管道从一个传感器到达另一个传感器，就像一个渡船的船夫在横渡一条河。当气体不流动时，声脉冲以相同的速度 c（声速）在两个方向上传播。如果管道中的气体有一定流速 v（该流速不等于零），则顺着流动方向的声脉冲会传输得快些，而

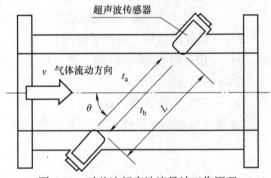

图 5-94　时差法超声波流量计工作原理

逆着流动方向的声脉冲会传输得慢些。这样，顺流传输时间 t_a 会短些，而逆流传输时间 t_b 会长些，这里所说的长些或短些都是与气体不流动时的传输时间相比而言。根据检测的方式不同，可分为传播速度差法、多普勒法、波束偏移法、噪声法及相关法等不同类型的超声波流量测量系统，超声波流量测量系统是近十几年来随着集成电路技术迅速发展才开始应用的。

超声波流量变送器由超声波换能器、电子电路及流量显示和累积系统 3 部分组成。超声波流量测量的电子电路包括发射、接收、信号处理和显示电路，测得的瞬时流量和累积流量值用数字量或模拟量显示。超声波发射换能器将电能转换为超声波能量，并将其发射到被测流体中，接收器接收到的超声波信号，经电子电路放大并转换为代表流量的电信号供给显示和计算

仪表进行显示和计算，这样就实现了流量的检测和显示。超声波流量测量常用压电换能器，它利用压电材料的压电效应，采用合适的发射电路把电能加到发射换能器的压电元件上，使其产生超声波振动，超声波以某一角度射入流体中传播，然后由接收换能器接收，并经压电元件变为电能，以便检测。发射换能器利用压电元件的逆压电效应，而接收换能器则是利用压电效应。

超声波流量测量系统属于非接触式仪表，适于测量不易接触和观察的流体以及大管径流量。因为各类超声波流量测量系统均可管外安装、非接触测流，仪表造价基本上与被测管道口径大小无关，而非超声波流量计随着口径增加，造价会大幅度增加，故口径越大超声波流量测量系统比相同功能非超声波流量测量系统的功能价格比越优越，被认为是较好的大管径流量测量仪表。多普勒法超声波流量计可测双相介质的流量，故可用于下水道及排污水等脏污流的测量。在发电厂中，用便携式超声波流量测量仪表测量轮机进水量、汽轮机循环水量等大管径流量，比过去的皮托管流速方法方便得多。超声波流量测量系统还可用于气体测量。管径的适用范围从 2cm 到 5m，从几米宽的明渠、暗渠到 500m 宽的河流都可适用。

但是，超声波流量测量系统也有不足，主要是由于超声波传感器本身可测流体的温度范围受超声波换能器及换能器与管道之间的耦合材料耐温程度的限制，以及高温下被测流体传声速度的原始数据不全，目前我国只能测量 200℃ 以下的流体。另外，超声波流量测量电路比一般流量测量方法复杂。这是因为，一般工业计量中液体的流速常常是每秒几米，而声波在液体中的传播速度约为 1500m/s 左右，被测流体流速（流量）变化带给声速的变化量最大也是 10^{-3} 数量级。若要求测量流速的准确度为 1%，则对声速的测量准确度要求为 $10^{-5} \sim 10^{-6}$ 数量级，因此必须有完善的测量电路才能实现，这也正是超声波流量测量系统只有在集成电路技术迅速发展的前提下才能得到实际应用的原因。

下面以 Proline Prosonic Flow 91W 超声波流量测量系统为例，介绍一下超声波流量变送器的主要特点和使用方法，实物图如图 5-95 所示。

测量系统基于时差法原理进行测量，超声波信号在两个传感器间进行双向传播，传感器既是声波信号发生器，也是声波信号接收器。顺流方向上声波的传播速度高于逆流方向上声波的传播速度，因此，会产生声波信号运行时间差，该时间差与流体的流速成比例。测量示意图如图 5-96 所示，其中 a 和 b 为传感器。

图 5-95　超声波流量测量系统实物图

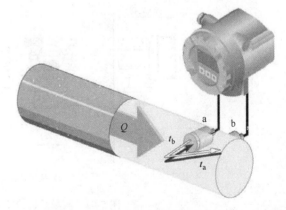

图 5-96　超声波流量测量原理示意图

基于时差法原理进行流量测量的公式为

$$Q = v \cdot A \tag{5-24}$$

式中　　Q——体积流量；

　　　　v——流体流速；

　　　　Δt——声波信号运行时间差，$\Delta t = t_a - t_b$；

　　　　A——管道横截面积。

　　基于声波信号运行时间差和管道横截面积，测量系统可计算流体的体积流量。测量系统除了测量声波运行时间差，还同时测量声波信号在流体中的传播速度。声波信号在流体中的传播速度可用于区分不同的流体类型，或用于鉴定产品的品质。

　　Proline Prosonic Flow 91W 超声波流量测量系统包括一台变送器和两个传感器。变送器用于控制传感器，发送、处理和评估测量信号，并将信号转换成指定类型的输出。传感器既是声波信号发生器，也是声波信号接收器。通过不同的传感器安装方式，进行单行程测量或双行程测量，以满足不同应用工况条件的要求。

1. Proline Prosonic Flow 91W 超声波流量测量系统外形尺寸及安装

　　Proline Prosonic Flow 91W 超声波流量测量系统的变送器分为现场型和柱式安装两个种类，如图 5-97 所示；传感器分为单行程和双行程测量两种形式，如图 5-98 所示。

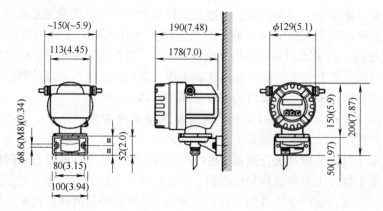

a）现场型外壳的外形尺寸（单位：mm(inch)）

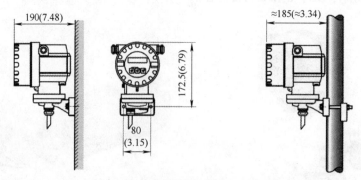

b）柱式安装尺寸（单位：mm(inch)）

图 5-97　测量系统的变送器外形及安装尺寸

2. Proline Prosonic Flow 91W 超声波流量测量系统电气接线

变送器的电气连接示意图如图 5-99 所示。

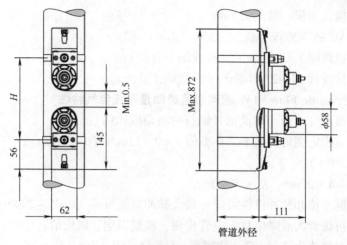

a）单行程测量时的传感器安装位置示意图

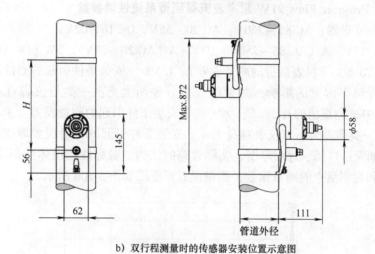

b）双行程测量时的传感器安装位置示意图

图 5-98　测量系统的传感器安装尺寸

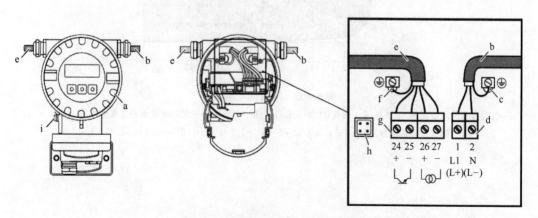

图 5-99　变送器的电气连接示意图

a—接线腔盖　b—供电电缆　c—电源连接端　d—供电电缆接线端　e—信号电缆
f—信号电缆接地端　g—信号电缆接线端　h—服务接口　i—电动势平衡接地端

连接电缆的横截面积：最大 2.5mm^2；

供电电缆：AC 85～260V/AC 20～55V/DC 16～62V；

供电电缆：接线端 1～2 号端子（接线端子分配）；

信号电缆：接线端 24～27 号端子（接线端子分配）。

3. Proline Prosonic Flow 91W 超声波流量测量系统电气特性

测量变量：流速（流速与声波信号运行时间差成比例）；

测量范围：在指定测量精度下，典型值 $v=0～15m/s$（0～50ft/s）；

量程比：>150：1；

有源输出：0/4～20mA，$R_L<700\Omega$。

脉冲输出：脉冲值和脉冲极性可选、最大脉冲宽度可调（0.05～2000ms）；

状态输出：可设置为故障信息、空管检测、流量识别、限位值；

温度系数：典型值为 2μA/℃，分辨率：1.5μA。

4. Proline Prosonic Flow 91W 超声波流量测量系统性能参数

供电电压：变送器：AC 85～260V，AC 20～55V，DC 16～62V；

功率消耗：12V·A（AC 85～250V），7V·A（AC 20～28V），5W（DC 11～40V）；

测量误差：0.5%（仪表自身的测量误差）、1.5%（安装条件引起的测量误差）。

测量误差受诸多因素的影响，测量误差被分成两大类：一类是仪表自身的测量误差（Prosonic Flow 91 = 测量值的 0.5%）；另一类是安装条件引起的测量误差（典型值为测量值的 1.5%），后一类误差大小与仪表自身无关。安装条件引起的测量误差取决于仪表的现场安装条件（例如管道口径、管壁厚度、实际管路的结构、对称性和流体类型等）。上述两类测量误差的总和为测量点的测量误差，测量误差示意图如图 5-100 所示。

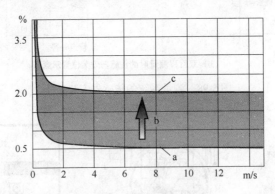

图 5-100　测量误差示意图

a—仪表自身的测量误差（0.5% o.r. ±0.02% o.f.s）　b—安装条件引起的测量误差（典型值为 1.5% o.r.）

c—测量点测量误差（0.5%o.r. ±0.02%o.f.s. +1.5% o.r. =2%o.r. ±0.02% o.f.s.）

传感器工程应用实例

在工业生产和日常生活中，经常使用到的传感器主要有温度、压力、流量、物位和成分传感器等，本章通过展示这些典型的传感器工程应用实例，力求增强学生的学习兴趣，开拓学生的知识视野，激发学生的创新热情，唤起学生的创新意识，培养学生的创新精神，提高学生的创新能力。

6.1 温度传感器应用实例

1. 浴池水温控制器

浴池的水温一般应控制在 38~45℃ 比较适宜，基本工作原理是将锅炉蒸汽通过管道加入水中，最终达到控制浴池水温的目的。控制方法有人工控制和自动控制两种，常用的人工控制方法是通过调节蒸汽阀门，并靠人感觉探知水温来控制浴池水温，这种方法控制精度较差、时间惯性较大、操作也很不方便。

这里介绍一种比较简单的浴池水温自动控制器，可实现浴池水温的自动调节，控制器的电路工作原理图如图 6-1 所示。水银温度计是膨胀式温度计的一种，它结构简单、读数直观。由于水银的凝固点是 -39℃，沸点是 356.7℃，因此它可以测量 -39~357℃ 范围以内的温度。电路中的两个温度传感器采用电接点玻璃水银温度计 B_1 和 B_2，分别设定浴池水温的上、下限；PSSR 为固态继电器，它起着隔离交流电和水温自控无触点交流开关的双重作用。

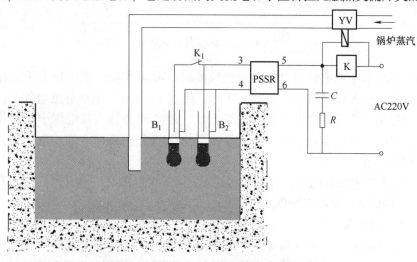

图 6-1　浴池水温控制器电路工作原理图

当浴池水温低于设定的下限温度 T_L 时，传感器 B_1、B_2 的水银接点均处于断开状态，固态继电器 PSSR 的低无源电阻控制端 3、4 开路，交流无触点输出端 5、6 接通，继电器 K 吸合使电磁阀 YV 通电打开阀门，锅炉蒸汽便通过管道注入浴池水中加热。当水温加热到下限温度 T_L 以上时，传感器 B_1 的水银接点接通，但由于继电器 K 一直处于工作状态，其常闭触点 K_1 为开路状态，浴池中的水仍继续加热。当水温升到设定的上限温度 T_H 时，传感器 B_2 的水银接点接通，PSSR 的 3、4 端直接接通，输出端 5、6 断开，电磁阀 YV 断电关闭，浴池停止加热。与此同时继电器 K 停止工作，其触点 K_1 回到常闭状态。随着水温的降低，在水温处于 T_L 和 T_H 之间时，由于 K_1 闭合，B_1 的水银接点也处于接通状态，电磁阀 YV 仍不会工作。只有当浴池水温降低到下限温度以下时，B_1 的水银接点断开，PSSR 的 5、6 端又回到接通状态，电磁阀重新开启，蒸汽又给浴池水加热，如此往复循环，始终保证了浴池水温的上下限温度控制。

2. 电热杯恒温器

电热杯恒温器电路如图 6-2 所示。电路由 C_1、C_2、$VD_1 \sim VD_4$ 组成简易的电容降压稳压电路，供恒温器作为电源使用。由集成电路 IC、$R_2 \sim R_4$、RP_1 及热敏电阻 RT 组成温度检测电路，由 VT_1 及继电器 K 组成控制电路，通过继电器常开触点 K_1 控制电热杯热丝 R_L 的加热。

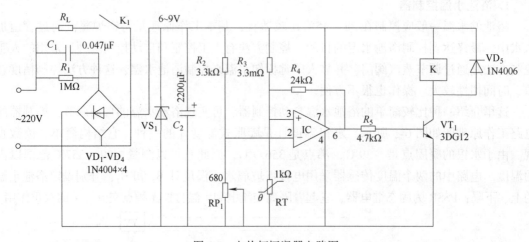

图 6-2　电热杯恒温器电路图

当电热杯水温低于由电位器 RP_1 设定的温度时，IC 同相输入端电压大于反相输入端电压，IC 输出高电平，VT_1 导通，继电器 K 工作，触点 K_1 吸合，电热杯通电加热。当水温加热到设定的温度时，由于热敏电阻 RT 阻值减小，使 IC 同相输入端电压小于反相输入端电压，IC 输出低电平，VT_1 截止，使继电器停止工作，K_1 触点释放，停止电热杯的加热，使电热杯的水温基本保持恒定。

热敏电阻 RT 应紧挨着电热杯的杯壁设置，温度的设定由电位器 RP_1 完成，其设定范围为 $40 \sim 55\text{℃}$，特别适合奶液的加热。

3. 室内空气加热器

PTC 元件由于具有升温快、能自控、无明火、安全、节电、成本低、组成电器的结构简单等特点，是很多发热元件所无法比拟的，因此它在各种御寒用品上得到了广泛的应用。

图 6-3 所示是空气加热器的电路及结构示意图。其中 PTC 元件上有许多小孔，后面装有散热用的鼓风机。当接通电源后，在鼓风机工作的同时，PTC 元件由于阻值小会有大电流通过而开始加热。由于鼓风机不断把吸入的空气从 PTC 元件小孔排出，而 PTC 元件又有良好的散热条件，因而吹出的空气便把 PTC 元件产生的热量带向室内空间。由于空气流速和 PTC 热量的自动平衡，出风口的温度达 50～60℃。当鼓风机由于故障原因停止转动时，PTC 元件的阻值会急剧增大，从而限制了电流的通过，热功率会下降到很低程度，防止发生意外事故。

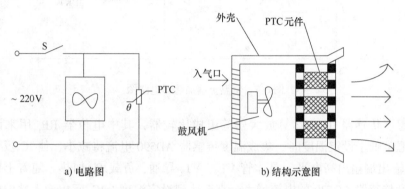

a) 电路图　　　　　　　　b) 结构示意图

图 6-3　空气加热器的电路及结构示意图

4. 电热水器控温器

图 6-4 所示是电热水器温度控制器，电路主要由热敏电阻、比较器、驱动电路及加热器等组成。该电路可自动控制加热器的通断，使水温保持在 90℃。

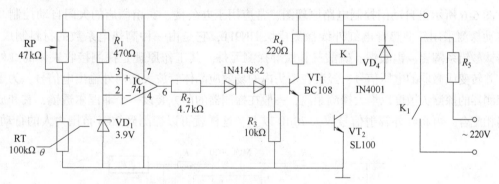

图 6-4　电热水器温度控制器电路图

热敏电阻在 25℃时阻值为 100kΩ，温度系数为 1kΩ/℃。在比较器 IC 的反相端加有基准电压，在比较器 IC 的同相端加有可调电阻 RP 和热敏电阻 RT 的分压电压。当水温低于 90℃时，比较器 IC 输出高电位，驱动晶体管 VT_1 和 VT_2 饱和导通，使继电器 K 工作，接通加热器电路；当水温高于 90℃时，比较器 IC 输出端变为低电位，晶体管 VT_1 和 VT_2 截止，继电器则断开加热器电路。改变可调电阻 RP 的阻值可以得到控制要求的水温。

5. 恒温土壤加热器

要想使蘑菇等植物苗壮成长，仅靠玻璃或农膜构成的温室是不够的，还必须有温暖的土壤。恒温土壤加热器的电路如图 6-5 所示，本加热器可使小温室内的土壤温度基本维持恒定。

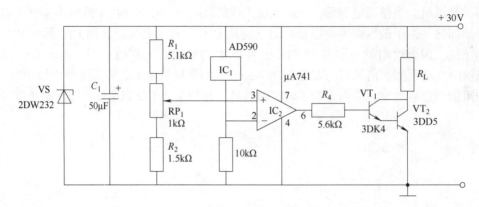

图 6-5　恒温土壤加热器电路图

由集成温度传感器 IC_1、运算放大器等组成比较器，其中电位器 RP_1 用来设定控制温度。当土壤温度低于设定温度时，集成温度传感器 AD590 电流将减小，使 IC_2 反相输入端电位降低，IC_2 输出端输出高电平，晶体管 VT_1、VT_2 导通，负载 R_L 加热。随着土壤温度的升高，集成温度传感器 AD590 的电流增大，直至达到设定温度，IC_2 反相输入端的电压高于同相输入端的电压，此时 IC_2 输出低电平，晶体管 VT_1、VT_2 截止，停止对负载 R_L 的加热，这样就基本上保持了土壤温度的恒定。集成温度传感器必须放置在土壤中合适的位置，导线和加热器应有较好的绝缘。

6. 自动门控制电路

图 6-6 所示是自动门控制电路原理图，常应用于办公楼、宾馆酒店的大门自动控制。人体移动探测采用新型热释电红外线探测模块 HN911，它是由一种高热电系数的材料制成的，如锆钛酸铅系陶瓷、钽酸锂、硫酸三甘肽等探测元件。其工作原理是探测接收人体的红外辐射，并转变成微弱的电压信号，经装在探头内的场效应晶体管放大后向外输出电信号。为了提高探测器的探测灵敏度以增大探测距离，一般在探测器的前方装设一个菲涅尔透镜，它和放大电路相配合，可将红外辐射信号放大 70dB 以上，这样就可以探测到 20m 范围内人的行动。

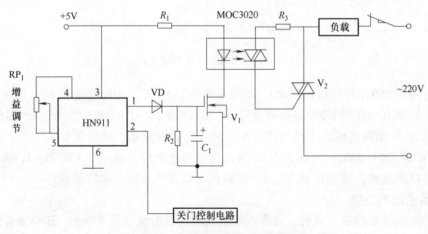

图 6-6　自动门控制电路原理图

　　电路主要由热释电红外线探测模块、检测控制电路和输出驱动电路组成。电路中 V_1 用作延时控制，通过调节电位器 RP_1 便可改变延时控制的时间。光耦 MOC3020 起交直流隔离作用，当无人通过自动门时，HN911 输出端为低电平，V_1 无控制信号输出，双向晶闸管关闭，负载电动机不工作，门处于关闭状态。当有人接近自动门时，HN911 模块检测到人体红外能量，输出端 1 为高电平输出，双向晶闸管导通，负载电动机工作，打开自动门。当自动门运行到位时，由限位开关 S 切断电源。由于 HN911 模块输出端 2 输出的电平正好和输出端 1 的电平相反，故可用输出端 2 的输出控制自动门关闭。

7. 采用热释电红外传感器的灯控器

　　采用热释电红外传感器制作的灯控器，可实现"人来灯亮，人走灯灭"的功能，既省电又方便，特别适用于宾馆、机关、居民楼道及家庭使用，灯控器的电路如图 6-7 所示。

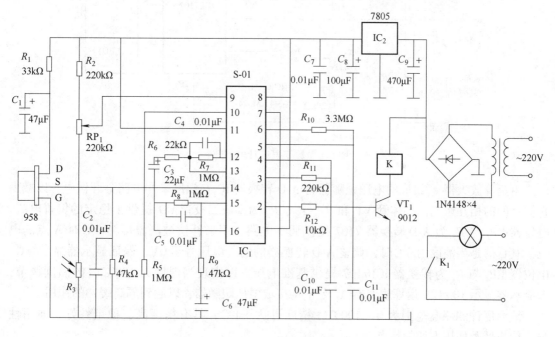

图 6-7　灯控器电路图

　　该电路主要由热释电红外传感器、红外线处理集成电路、控制电路及供电电源等组成。在集成电路 IC_1 内部，它包括放大器、比较器、状态控制器、延时器等。在 IC_1 外部连接的 R_2、RP_1 和 R_3 是专为白天自动关灯而设置的调节装置，其中 R_3 为光敏电阻，它的阻值随光照而改变，白天阻值为几百欧至几千欧之间，夜晚将增大到 $1M\Omega$ 以上。RP_1 电位器调节时应使电路在夜幕降临时 IC_1 的 2 脚输出高电平，而在天亮后输出低电平为宜。电路中的 R_6、R_7、R_8、R_9 是为确定 IC_1 内部放大器的增益而设置的。除此之外，IC_1 外接的 R_{11}、C_{10} 为延时网络，延时约 2min。

　　当热释电红外传感器 958 检测到人体红外信号时，它将输出微弱的电信号传至 IC_1 的 14脚，经 IC_1 内部两级放大器放大，再经电压比较器与其设定的基准电压进行比较后，输出高电平，再经延时处理后，由 IC_1 的 2 脚输出，驱动晶体管 VT_1 使继电器 K 工作，其触点接通电灯电源，点亮电灯。当人离去时，2min 后灯光自行熄灭。该电路还有连续触发的功能，当灯处于导通点亮状态时，如果再出现第二次触发，则延时重新开始，保持灯光亮。若是现场有人一直停留而不离去，灯光就会持续点亮而不熄灭。

8. 温敏二极管数字式温度计

图 6-8 是温敏二极管数字式温度计电路，它主要由 A-D 转换器 ICL7107、运算放大器 LM1324、3 位半 LED 显示电路、温敏二极管等组成。

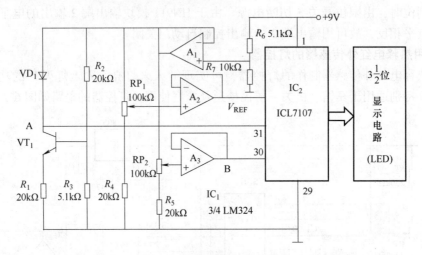

图 6-8　数字温度计电路图

由运算放大器 A_1 组成的电压跟随器将 A-D 转换器 IC_2 与温度采样电路分开供电，以减少它们之间的相互影响。晶体管 VT_1 和 R_1、R_2、R_3 为温敏二极管 VD_1 提供了稳定的偏置电流。电位器 RP_2 与 R_5 为 A-D 转换器 7107 提供调零电路，用来补偿被测温度为 0℃ 时 A 点的电位，其目的是当温度为 0℃ 时，调整 A-D 转换器的输入电压等于 0V，保证显示器显示 0℃。电位器 RP_1 与 R_4 为转换器 ICL7107 提供基准电压，以实现当温度为 100℃ 时的满度调节，即显示器显示 100℃，运算放大器 A_2 及 A_3 均接成电压跟随器，以起到隔离缓冲的作用。

该温度计的测温范围为 0 ~ 100℃，精度可达 ±1℃，具有精度高、稳定性好、通用性强、价格低及使用方便的特点。

9. 电冰箱温度超标指示器

电冰箱冷藏室温度一般都保持在 5℃ 以下，利用热敏电阻制成的电冰箱温度超标指示器，可在温度超过 5℃ 时，提醒用户及时采取措施，该指示器的电路如图 6-9 所示。

电路由热敏电阻 RT 和运放比较器 IC 等组成，在 IC 反相端加有 R_1 和热敏电阻 RT 的分压电压，该电压随冰箱冷藏室温度的变化而变化。在 IC 的同相端加有基准电压，此电压相当于冰箱的预定最高温度，电位器 RP 调整预定温度的大小，当冰箱冷藏室的温度上升时，热敏电阻 RT 的阻值变小，使分压电压随之减小。当分压电压小至

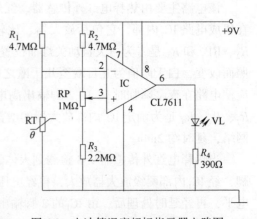

图 6-9　电冰箱温度超标指示器电路图

设定的基准电压时，IC 输出端呈现高电位，使 VL 指示灯点亮，表示温度已超过 5℃。

10. 水开报警器

图 6-10 是水开报警器电路图，电路由温度传感器、放大电路和报警电路组成。

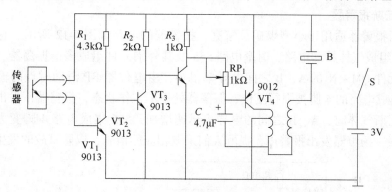

图 6-10　水开报警器电路图

由于半导体晶体管的漏电流 I_{cbo} 和穿透电流 I_{ceo} 的大小是随温度而变化的。如果选择一个半导体晶体管的 I_{ceo} 值在接近 100℃ 时会发生突变，那就可以用它作为水开报警器的温度传感器。

电路的工作原理如下：将温度传感器放在水壶盖上的适当位置予以固定，然后使用软导线把传感器和电子电路连接起来，这样就组成了水开报警器。当作为温度传感器的半导体晶体管周围温度接近 100℃ 时，它的穿透电流 I_{ceo} 增大，引起 VT_1 的基极电流增大，这个变化经 VT_1、VT_2、VT_3 放大后驱动 VT_4 振荡电路工作，压电发音片便会发出告警声。

11. 客房火灾报警器

图 6-11 所示是客房火灾报警电路。在每个客房中设置有由 TT201 温控晶闸管组成的火灾传感器，在每一路中又都串有发光二极管 LED，其总线串接报警电路与电源相接。为便于了解灾情，发光二极管及报警电路均设置在总监控台。

若某一房间发生火灾时，房内的环境温度升高，当环境温度达到温控晶闸管的开启电压时，该支路的温控晶闸管导通，总监控台上的该路发光二极管发光显示。与此同时，由于温控晶闸管的导通，会使总线电流增大，产生报警信号，该信号经报警电路检测处理后，立即发出火灾警笛声响。

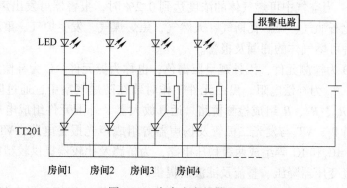

图 6-11　客房火灾报警电路

6.2　气体传感器应用实例

1. 实用瓦斯报警器

这种瓦斯报警器适用于小型煤矿及家庭，报警器的电路如图 6-12 所示。它由气敏元件和电位器 RP 组成气体检测电路，时基电路 555 及其外围元件组成多谐振荡器。当无瓦斯气体时，气敏元件 QM – N_5 的 A、B 之间电导率很小，由电位器 RP 滑动触点的输出电压小于 0.7V，555 集成电路的 4 脚被强行复位，振荡器处于不工作状态，报警器不发出声响。当周围空气中有瓦斯气体时，A、B 之间的电导率迅速增加，555 集成电路 4 脚变为高电平，振荡器电路起振，扬声器发出报警声，提醒人们采取相应的措施，以防事故的发生。

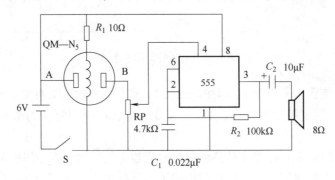

图 6-12　瓦斯报警器电路图

报警器除了对瓦斯气体的有无可报警外，对烟雾和有害的气体也可以报警。调节 RP 可使报警器适应在不同气体、不同浓度环境条件下的报警。

2. 可燃气体泄露报警器

目前，无论在生产上还是在人们的日常生活中，可燃气体已得到了广泛的应用。由于可燃气体的易燃、易爆和有毒的特性，及时发现可燃气体的泄漏将是安全使用可燃气体的一个重要环节，在各种类型的可燃气体报警器中，大都采用高灵敏度的半导体气敏元件作为检测探头，但往往忽略了半导体气敏元件存在的稳定性和可靠性不良的方面。可燃气体泄漏报警器电路如图 6-13 所示。

该报警器采用载体催化型气敏元件作为检测探头，报警器电路简单，报警灵敏度可从 0.2% 起连续可调，当空气中可燃气体的浓度达到 0.2% 时，报警器可发出声光报警。因此，它特别适用于液化石油气、煤矿瓦斯气、天然气、焦炉煤气、发生炉气、重油裂解气、氢气和一氧化碳等各种可燃气体的测漏及报警。

电路图中的 D 为检测元件，因外观呈黑褐色，也称为黑元件，C 为补偿元件，外观呈白色，又称白元件。R_C 为补偿电阻。黑白元件工作时装在防爆气室中，通过防爆网罩与大气接触。而 C、D、R_C、R_3、R_4 组成检测桥路。运算放大器及外围元件组成电压比较器，半导体管 VT_2、VT_3、VT_4、VT_5 与发光二极管及扬声器等组成声光报警电路，VT_1、VD_3 及 R_8 组成控制开关电路，IC_2 和 IC_3 等组成两级稳压电路，为桥路及比较器提供较精密的电源。报警器的电源由市电经变压器降压、整流及滤波后提供。

当没有可燃气体泄漏时，A 点电位低于 B 点电位，电桥处于相对平衡状态，比较器 IC_1

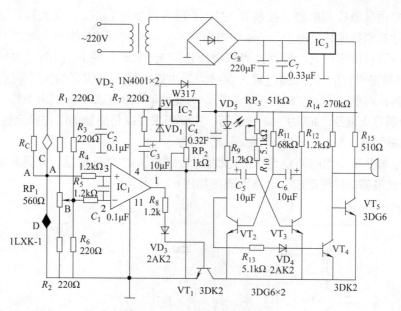

图 6-13　可燃气体泄漏报警器电路图

输出低电平，使 VT_1 截止，此时发光二极管 VD_4 不发光，蜂鸣器无报警声。当有可燃气体泄漏时，在 D 元件表面发生化学反应，使 D 元件电阻增加，A 点电位上升至高于 B 点电位时，比较器 IC_1 输出高电平，VT_1 导通，打开报警电路，在 VT_2 和 VT_3 组成的多谐振荡器的作用下，发光二极管与蜂鸣器同步地发出闪光和报警声。

3. 酒精检测报警控制器

一般酒精报警采用二氧化锡气敏元件，这种气敏元件不仅对酒精味敏感，而且对汽油味、香烟味也同样敏感，常会使检测人员出现错误的判断。为防止这种现象的发生，该报警器采用 $QM - NJ_9$ 型酒精气敏元件探测空气中散发的酒精，并能在驾驶人员饮酒上车后，强制切断点火电路，使车辆无法启动。该报警器可以安装在各种机动车辆上用来限制驾驶员酒后开车。图 6-14 所示是酒精检测报警控制器的电路图。

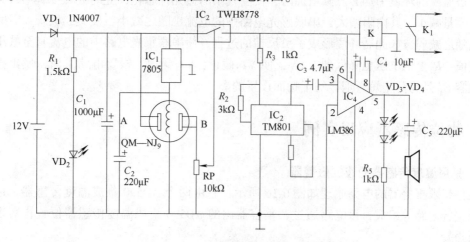

图 6-14　酒精检测报警控制器电路图

电路主要由气敏检测电路、控制开关 IC_2、语音报警电路 IC_3、放大器等组成。当酒精气敏元件接触到酒精味后，由于 A、B 间内阻减小，使电位器 RP 输出的电压升高，其电压值随检测到的酒精浓度增大而提高。当该电压达到 1.6V 时，使 IC_2 控制开关导通，语音报警器 IC_3 发出报警语音信号，经 IC_4 放大器放大后由扬声器发出响亮的"酒后别开车"的报警声，放大器同时驱动发光二极管闪光报警。与此同时，继电器 K 因得电工作，其常开触点 K_1 断开、切断点火电路。IC_1 为三端稳压器，主要用来提高传感器的工作稳定性。

4. 烟雾报警器

烟雾报警器是一个由红外发光管、光敏晶体管构成的串联反馈感光电路和半导体管开关电路、IC 集成报警电路等组成，电路原理图如图 6-15 所示。

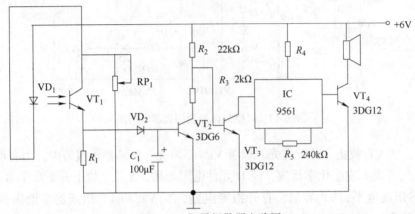

图 6-15　烟雾报警器电路图

当被监视的环境洁净无烟雾时，红外发光二极管 VD_1 以预先调好的起始电流发光，该红外光被光敏晶体管 VT_1 接收后使其内阻减小，使得 VD_1 和 VT_1 串联电路中的电流增大，红外发光二极管 VD_1 的发光强度相应增大，光敏晶体管内阻进一步减小，如此循环便形成了强烈的正反馈过程，直至使串联感光电路中的电流达到最大值，在 R_1 上产生的电压经 VD_2 使 VT_2 导通，VT_3 截止，报警电路不工作。

当被监视的环境中烟雾急骤增加时，使空气中的透光性恶化，此时光敏晶体管 VT_1 接收到的光通量减小，其内阻增大，串联感光电路中的电流也随之减小，发光二极管 VD_1 的发光强度也随之减弱，如此循环便形成了负反馈的过程，使串联感光电路中的电流直至减小到起始电流值，R_1 上的电压也降低到 1.2V，使 VT_2 截止，VT_3 导通，报警电路工作，发出报警信号。电容 C_1 是为防止短暂烟雾的干扰而设置的。

6.3　物位传感器应用实例

1. 采用温度传感器的液位报警器

液位超限报警器的电路原理如图 6-16 所示，它由两个 AD590 集成温度传感器、运算放大器及报警电路等组成，该电路通过调整容器内的 AD590 集成温度传感器位置，实现液位的超限报警。

电路图中的传感器 B_2 设置在警戒液面的位置，而 B_1 传感器设置在外部。平时两个传感器在相同的温度条件下，调节电位器 RP_1，使运算放大器的输出为零，无报警信号输出；当液面升高时，传感器 B_2 将会被液体淹没，由于液体温度与环境温度不同，使运算放大器输出控制信号经报警电路报警。

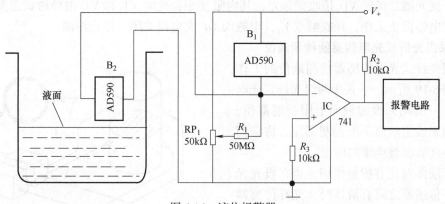

图 6-16　液位报警器

2. 采用光电开关的注油液位控制装置

图 6-17 是油箱液位控制装置图。DF 是控制进油的电磁阀，油箱的一侧有一根可显示液位的透明玻璃管，在玻璃管上套有一个光电传感器，传感器由指示灯泡和光敏二极管组成，它可以在玻璃管上来回移动，以设定所控注油的液位。

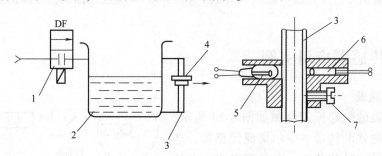

图 6-17　注油液位控制装置示意图

1—电磁阀　2—油箱　3—透明玻璃管　4—光电传感器　5—灯泡　6—光敏二极管　7—紧固螺钉

图 6-18 是该装置的电路原理图。当液位低于设定的位置时，灯泡发出的光经玻璃管壁

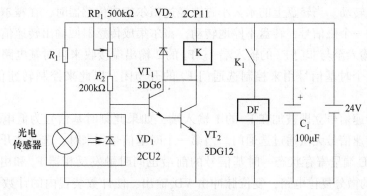

图 6-18　液位控制电路图

的散射，到达光敏二极管的光微弱，光敏二极管 VD₁ 呈现较大的阻值，此时 VT₁ 和 VT₂ 导通，继电器 K 工作，其常开触点 K₁ 闭合，电磁阀 DF 得电工作，由关闭状态转为开启状态，油源开始向油箱注油。当油位上升超过设定的液位时，灯泡发出的光经透明玻璃管内油柱形成的透镜，使光敏二极管 VD₁ 接收到强光，其内阻变小，此时 VT₁ 和 VT₂ 由导通状态变为截止状态，继电器停止工作，释放触点 K₁，电磁阀 DF 失电而关闭，停止注油。

3. 采用光纤式光电传感器检测液位

采用光纤式光电传感器检测液位的工作原理如图 6-19 所示。它采用两组光纤式光电传感器，一组用来设定液面上限控制部位，另一组用来设定液面下限控制部位，将它们按某一角度装在玻璃罐的两侧。

由于液体对光有折射作用，当在投光光纤与光纤传感器之间有液体时，光纤传感器可接收到光信号，并由放大器内的光敏元件转换成电信号输出。而无液体时，投光光纤发出的光线则不被光纤传感器接收。因此上下限安装的光纤式光电传感器通过检测光信号，再转换成电信号，经控制电路便可对上下限之间的液位进行控制，液面的控制精度可达 ±1mm。

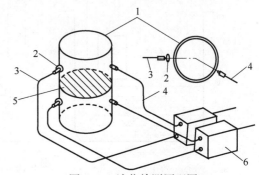

图 6-19　液位检测原理图

1—玻璃　2—透镜　3—受光光纤传感器
4—投光光纤　5—液面　6—放大器

6.4　位移传感器应用实例

1. 霍尔转速表

霍尔转速表的电路原理框图如图 6-20 所示，它由装有永久磁铁的转盘、霍尔集成传感器、选通门、时基信号、计数装置、电源等组成，在计数装置内有计数器、寄存器、译码器、驱动器及显示器等。

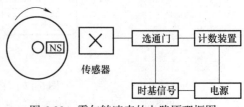

图 6-20　霍尔转速表的电路原理框图

转速表的整机电路如图 6-21 所示。转盘的输入轴和被测物体旋转轴相连，被测物体旋转时，转盘随之转动。当转盘上的永久小磁铁经过霍尔集成传感器时，在霍尔集成传感器的输入端将感知到一个磁信号，转盘不停地转动，霍尔集成传感器便输出转速信号。该信号经非门 F₁ 倒相，输入至与非门 F₃ 的输入端 1。F₃ 的 2 输出端接收来自时基电路 555 送来的方波脉冲信号，这个时基信号用来控制选通门 F₃ 的开与闭，以此来控制转速信号能否从 F₃ 输出。

开机后，转速信号立即被加在 F₃ 的 1 输入端，如果此刻时基信号为低电平，则选通门呈关闭状态，转速信号无法通过选通门。当第一个时基信号到来时，选通才开启，并同时使计数装置中的 LE 端呈寄存状态。时基信号的前沿也同时触发反相器 F₄ 和由 F₅、R₄、R₅、VD₂、VD₃ 组成的微分复位电路，复位脉冲由 VD₃ 输出，使计数装置内的计数器清零。时基信号在完成上述功能后，时基信号在一个单位时间内（例如 1min）保持高电平，在这个时

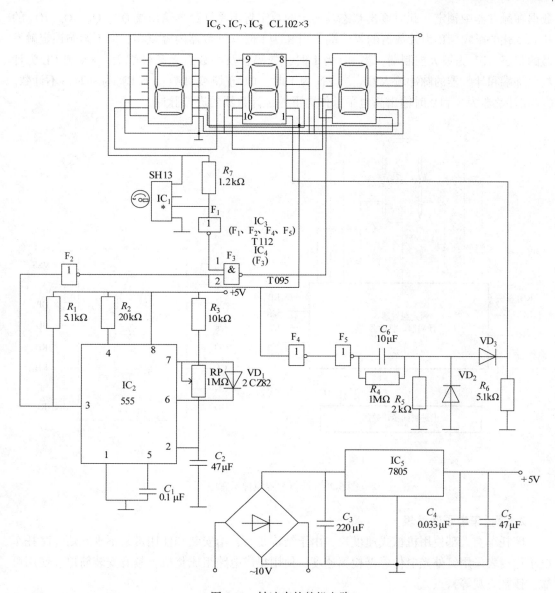

图 6-21 转速表的整机电路

间内选通门 F_3 一直开启，转速信号则通过选通门送至计数装置计数，实现了在单位时间内的计数。当单位时间结束时，时基信号呈低电平，使选通门 F_3 关闭并自动置计数装置的 LE 端为送数状态，此时计数器内容送至寄存器并同时显示寄存器内容。当第二个时基信号到来时，又把计数器的内容清零，并重复上述过程，但此时的寄存器及显示器的内容不变，只有当第二次采样结束后才会更新而显示新的测试结果。

  整机电源由 7805 三端稳压器供给。时基信号由 555 集成电路及外围元器件组成一个多谐振荡器，由 3 脚输出一系列方波脉冲信号。

  计数装置采用 3 个 LED 数码管与 CMOS 电路为一体的功能模块组成，模块由计数器、寄存器、译码器、驱动器、显示器 5 部分组成，如图 6-22 所示。它的 LE 脚为低电平时，将计数器 A、B、C、D 的状态打入锁定触发器，并同时显示；当 LE 脚为高电平时，已打入的数据在触发器中锁定，此时输出状态及显示的数字将不受计数器输出端 Q_A、Q_B、Q_C、Q_D 的状态变化的影响。R 为计数器的复位端，当 R 为 1 时，计数器内容复零，但不影响锁定触发器的状态。BL 为熄灭控制端，当 BL 为 1 时，数码管及小数点无条件熄灭。EN 和 CL 为计数允许端和计数器的脉冲输入端。当 EN 为 1 时，CL 正跳变计数；当 EN 为零时，不计数。CO 在计数器为 8 和 9 时输出高电平，作为下一级计数器的进位脉冲。

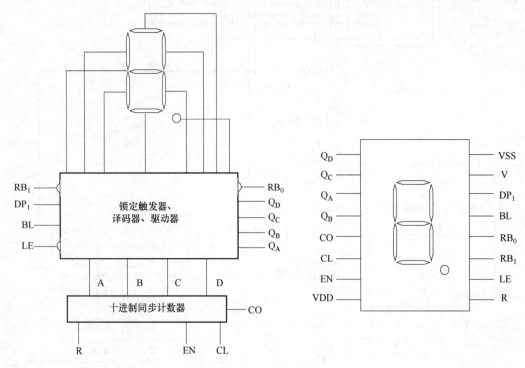

图 6-22　计数装置原理示意图

2. 摩托车电子速度表

摩托车上大都使用机械式速度表，由于结构复杂，给安装和使用带来不少麻烦。摩托车电子速度表采用红外光电传感器检测速度，使用集成电路组成整机，具有安装简单、使用可靠、读数直观等特点。

图 6-23 是摩托车电子速度表的电路图。整个电路由速度检测电路、计数译码显示器和时基闸门发生器等组成，电源从摩托车点火电源供给。

速度检测电路采用红外光电传感器，它由一对红外发射管、红外接收管构成。红外发射、接收管分别固定在前轮两侧，当车轮转动时，车轮上的辐条挡光，使红外接收管可以在车轮旋转一周内产生多个脉冲，脉冲数的多少取决于辐条的数量。该脉冲信号经 IC_{1-6} 施密特触发器整形后被送入 IC_2 计数。

计数译码显示器主要由 3 位 BCD 计数器 IC_2 组成，它们以同步方式级联，与内部的锁存器和转换器配合，由 IC_2 的 4 个输出端输出 BCD 码，数字选择输出端提供与分时同步输出的控制信号，形成动态扫描方式驱动显示器工作，IC_2 的 LE 端为锁存控制端，低电平送数，高电平锁存，R 端为复位控制端，高电平复位。IC_3 为 BCD/7 段译码/驱动器，它与 3 位共阴极数码管构成译码显示电路。

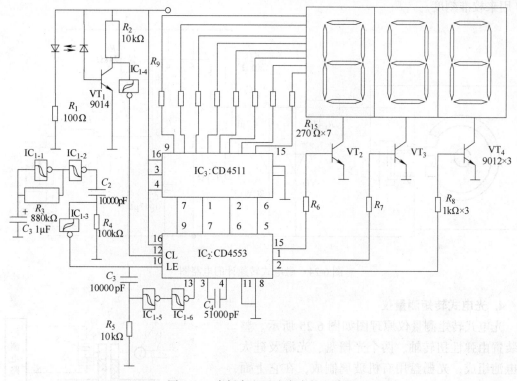

图 6-23　摩托车电子速度表的电路图

时基闸门发生器有两个作用：一是给 IC_2 建立一个合适的清零周期，也就是闸门时间，以便不断获取新采样的速度值；另一个是使 IC_2 适时地锁存及送数，以便在 IC_2 复位计数期间将原来的速度值保存。

时基闸门的频率由下式确定，即

$$f = \frac{速度单位}{辐条间隔} = \frac{1\,km/h}{\pi D/N} \tag{6-1}$$

式中　D——车轮的直径；

　　　N——辐条数。

电路中的时基信号由 IC_{1-1} 和 R_3、C_1 组成多谐振荡器，IC_{1-2} 为缓冲级，C_2、R_4 构成微分信号，经 IC_{1-3} 整形后作为锁存信号，使 IC_2 将所计数值锁存，IC_{1-4}、IC_{1-5} 及 C_3、R_5 构成复位脉冲，使 IQ 复位。

3. 磁电式转速计

磁电式转速计的电路如图 6-24 所示。它由磁电式转速传感器、单稳态触发电路、显示仪表等组成。当磁轮随被测转轴一起转动时，在永久磁铁上的线圈便会产生一系列的感应脉冲，脉冲的频率与磁盘的转速成正比。单稳态触发电路由 555 集成电路及其外围元器件组成，当被测轴转速为零时，555 集成电路 2 脚的电压为 4.5V，输出端 3 脚为零。当被测轴转动时，传感器输出的负向脉冲触发 555 集成电路，每触发一次，从 555 集成电路 3 脚输出一个幅度为 V_{cc}、宽度等于 $1.1 \times R_4 C_3$ 的方波信号。该方波的频率等于触发脉冲的频率，因此输出方波的平均值正比于被测转速。接在输出端的表可直接显示出被测转速的大小，电位器

RP 用来校准刻度。

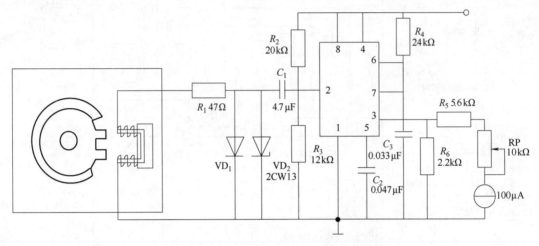

图 6-24　磁电式转速计的电路图

4. 光电式转矩测量仪

光电式转矩测量仪原理图如图 6-25 所示。整个装置由弹性扭转轴、两个光栅盘、光源及硅太阳电池组成，光栅盘用有机玻璃制成，在它上面有数量相等的辐射状黑色条纹，弹性扭转轴在没有转矩作用时，光栅盘 1 上的透光部位正好对准光栅盘 2 上的黑色部位，这时，光源发射的光不能照射在硅太阳电池上，所以硅光电池没有光电流输出信号。

当弹性扭转轴受到转矩 M 的作用时，扭转轴会发生扭转变形，这时光栅盘 1 和光栅盘 2 就相差一个角度，以致形成一个透光窗口，该窗口的大小与转矩 M 成正比，也就是入射到硅太阳电池

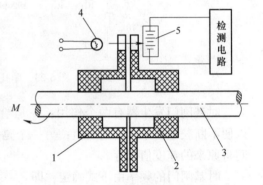

图 6-25　光电式转矩测量仪原理图
1—光栅盘 1　2—光栅盘 2　3—弹性扭转轴
4—光源　5—硅太阳电池

上的光能量与转矩 M 成正比，转矩的变化转换成光电流的变化，因此可测得转矩的大小。

5. 光控自动水龙头

光控自动水龙头用于公共场合，不但可节约用水，还可防止传染病的感染，电路如图 6-26 所示。

由时基电路 555 组成 40kHz 的多谐振荡器驱动红外发光二极管 VD_1 向外发出红外光，该红外光经凸透镜聚焦后被红外接收二极管 VD_2 接收。IC_2 是一个专用红外线接收放大器，内含前置放大、滤波、积分检波、整形电路，并可为 VD_2 提供偏置电压。IC_2 的中心频率由 R_5 确定，一般为 40kHz。当红外接收二极管 VD_2 接收到 VD_1 发出的红外调制光时，IC_2 第 7 脚变为低电平，使 VT_1 截止，继电器 K 不工作，其常开触点 K_1 使电磁阀 DF 得不到电，因此水龙头处于关闭状态，这也是水龙头的一般状态。当有人洗手时，手挡住了 VD_1 发往 VD_2 的红外光线，IC_2 第 7 脚由低电平变为高电平，使 VT_1 导通，继电器 K 工作，其触点 K_1 闭合，电

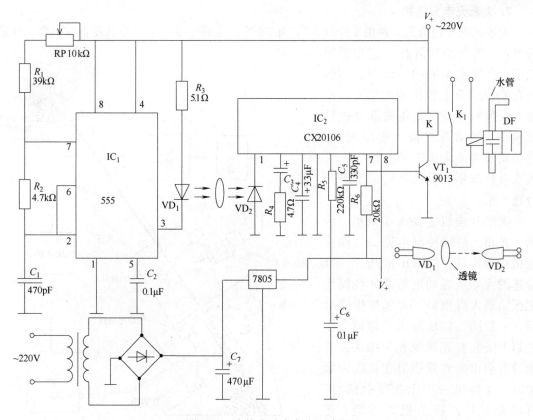

图 6-26　光控自动水龙头电路图

磁阀 DF 动作，水经电磁阀 DF 自动流出。洗手完毕，人走手离，VD₁ 发出的红外光线又照射到 VD₂ 上，电磁阀又恢复到平时关闭状态。

6. 带警示牌烟缸

带警示牌烟缸的电路如图 6-27 所示。烟缸可放在家里或办公室使用，当吸烟者向烟缸内弹掉烟灰时，烟缸内的红色指示灯立即显示"吸烟有害健康"的警示牌，劝告人们戒烟。

电路主要由光敏二极管、555 时基电路、灯泡及外围元器件等组成。当吸烟者向烟缸内弹烟灰时，烟头靠近光敏二极管 VD₁，烟头发出的红外线辐射使光敏二极管的内阻减小，相当于在 555 时基电路的 2 脚接入一个低电平信号，因此，555 时基电路的输出端第

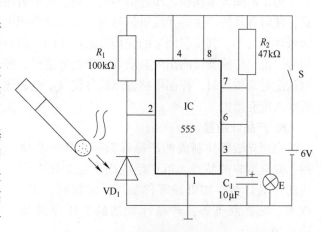

图 6-27　戒烟缸电路图

3 脚立即输出高电平，点亮小灯泡，调整 R_1 的阻值，使烟头在距烟缸中的光敏二极管 50 ~ 100mm 范围内时，小灯泡均可发光。

7. 大米光电分选机

大米光电分选机是一种用来排除大米中的杂质及变质米粒的自动分选设备。主要工作原理是：大米及杂质等在一定光源照射下，会发出不同的光信号，该信号在光传感器上转换成电信号，经放大及信号处理后，用来推动执行机构——气动电磁阀，喷出气流，将杂质及变质大米吹掉，使好大米流入合格米柜内，从而完成大米的分选工作。

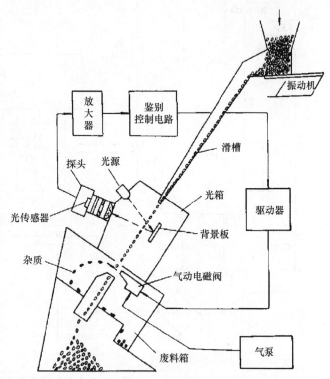

大米分选机主要由振动机、滑槽、光箱、鉴别控制电路、气动执行机构等构成，如图 6-28 所示。待分选的大米从振动下料部分经振动机振动溜入滑槽后，大米被排成单行，一粒接一粒地落入光箱内。在光箱上安装有光源及光学探头，当光源发射出的光线照射在被选大米上时，反射出一个个光反射信号，这些光信号经探头里的透镜、光栅和滤色片，被光传感器所接收并输出由大米、杂质等形成的电脉冲信号。

图 6-28　大米光电分选机工作原理图

为了消除大米体积大小对信号的影响，在落料电路的背后装有背景板，调节背景板的色彩，使得背景板产生的光反射信号与大米单位面积上产生的光反射信号相一致。这样，不论大米体积大小，其反射回来的光信号是不变的，而只有大米中的杂质等通过时才产生光脉冲信号。由光传感器检测出的杂质等存在的电信号，经处理电路送给控制电路进行鉴别，经鉴别认定是杂质等时，控制电路输出信号使气动电磁阀工作，电磁阀喷出的气体准确地把杂质等吹入废弃箱内。

8. 产品计数器

利用光敏器件制成的产品计数器，具有非接触、安全可靠的特点，可广泛应用于自动化生产线的产品计数，如机械零件加工、输送线产品、汽水、瓶装酒类等，产品计数器的工作原理如图 6-29 所示。

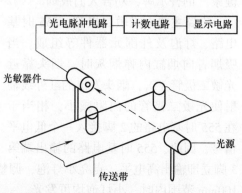

当产品在传送带上运行时，不断地遮挡光源到光敏器件间的光路，使光电脉冲电路随着产品的有无产生一个个电脉冲信号。产品每遮光一次，光电脉冲电路便产生一个脉冲信号，因此输出的

图 6-29　产品计数器工作原理图

脉冲数即代表产品的数目，该脉冲经计数电路计数并由显示电路显示出来。

9. 红外自动干手器

红外自动干手器安装于卫生间内，利用热风吹干手上的水分，是一款安全卫生、使用方便的生活用品，其电路原理如图 6-30 所示。

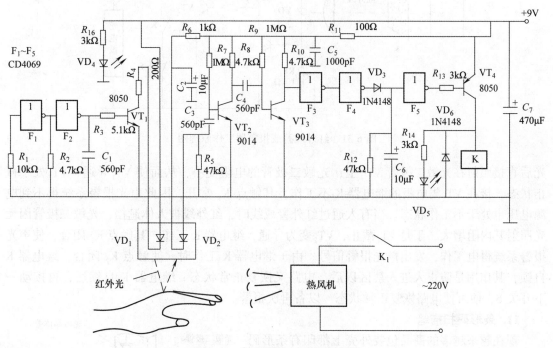

图 6-30　红外自动干手器原理图

它是一个由六反相器 CD4069 组成的红外控制电路。反相器 F_1、F_2、半导体晶体管 VT_1 及红外发射二极管 VD_1 等组成红外光脉冲信号发射电路。红外光敏二极管及后续电路组成红外光脉冲的接收、放大、整形、滤波及开关电路，当我们将手放在干手器的下方 10～15cm 时，由 VD_1 发射的红外光线经人手反射后被红外光敏二极管 VD_2 接收并转换成脉冲电压信号，经 VT_2、VT_3 放大，再经反相器 F_3、F_4 整形，并通过 VD_3 向 C_6 充电变为高电平，经反相器 F_5 变为低电平，使 VT_4 导通，继电器 K 得电工作，其触点 K_1 闭合，启动电热风机向手部进行干燥处理。为防止人手晃动而偏离光控部分，造成短时的信号消失，而使电路不能连续工作，在电路中由 VD_3、R_{12}、C_6 组成延时关机电路，当手离开光控部分时，C_6 通过 R_{12} 需要一段时间，因此在短时间内 C_6 上仍可保持高电平存在，使后级电路仍保持原工作状态不变。

10. 红外线警戒报警器

该报警器可设置在无人看守而又防止外人误入的场合，当人们误入禁区时，便会被红外线报警器感应，发出声响及警示灯光，警告你不许进入。图 6-31 所示是红外线警戒报警器的工作原理图。

该电路由光源、接收器和声光报警电路 3 部分组成。光源使用普通的白炽灯泡，当点亮灯泡时，由于灯丝的温度很高，能产生较强的红外辐射，灯泡发出的可见光经滤光片滤掉，红外光便可向外发射。在距光源发射点一定距离处，设置有红外接收器，这样在红外光源和接收器之间就形成一条用肉眼看不见的红外警戒线。无人遮挡红外线时，红外线经凸透镜聚

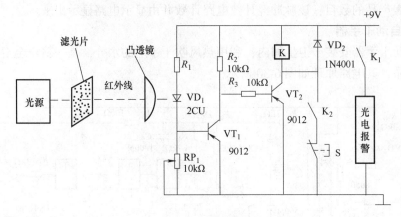

图 6-31　红外线警戒报警器工作原理图

光后直接照射在光敏二极管 VD_1 上，光敏二极管的电阻变小，从而使 VT_1 导通、VT_2 处于截止状态，接在 VT_2 集电极的继电器 K 不工作，其触点 K_1 常开，因此声光报警系统得不到电源电压也处于不工作状态。当有人通过红外警戒线时，红外线被人体遮挡，光敏二极管因无光照射其内阻增大，于是 VT_1 截止，VT_2 变为导通，继电器 K 工作，其触点 K_1 闭合，使声光报警系统得电工作，发出声光报警信号。由于继电器 K 工作时，使触点 K_2 闭合，继电器 K 自锁，其作用是防止人进入禁区以后，电路又恢复正常状态。继电器 K 自锁后，再按动一下开关 S，便可使电路恢复正常状态，以备再次报警。

11. 条形码扫描笔

现在越来越多的商品包装外壳上都印有条形码符号。条形码是由黑白相间、粗细不同的线条组成的，它上面带有商品型号、规格、价格等相关信息，对这些信息的检测是通过光电扫描笔来实现数据读入的。

扫描笔的前方为光电读入头，它由一个发光二极管和一个光敏晶体管组成，如图 6-32 所示。当扫描笔头在条形码上移动时，若遇到黑色线条，发

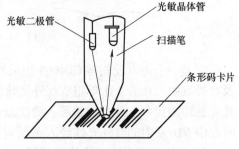

图 6-32　条形码扫描笔笔头结构

光二极管发出的光线将被黑线吸收，光敏晶体管接收不到反射光，呈现高阻抗，处于截止状态。当遇到白色间隔时，发光二极管所发生的光线被反射到光敏晶体管的基极，光敏晶体管产生光电流而导通。

整个条形码被扫描笔扫过之后，光敏晶体管将条形码变成了一个个电脉冲信号，该信号经放大、整形后便形成了脉冲列，脉冲列的宽窄与条形码线的宽窄及间隔成对应关系，如图 6-33 所示。脉冲列再经计算机处理后，完成对条形码信息的识别。

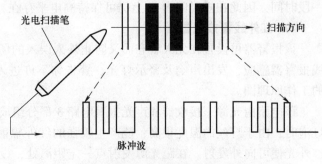

图 6-33　扫描笔输出的脉冲列

12. 电位器式液面高度测试仪

该测试仪由电位器作为位移传感器，配以电桥电路组成液位检测电路，测试仪的电路原理图如图 6-34 所示。

电路中电位器 RP_1 装置在液位检测滑轮上，如图 6-35 所示，电位器 RP_1 的动臂轴固定在滑轮的中心，当浮子随液面变化升高或降低时，通过拉线便可带动滑轮转动，使 RP_1 的动臂旋转。由于 RP_1 旋转时其阻值发生变化，使电桥电路失去平衡。为了测出液面高度的变化，可旋动旋钮通过拉线带动电位器 RP_2 上的滑轮转动，使 RP_2 的阻值发生变化，直到电流表 A 的指针回到零位，使电桥电路重新达到平衡，通过 RP_2 同轴安装的刻度盘上的读数，便可测知液面的高度。

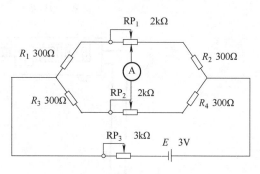

图 6-34　液面测试仪电路图

当电位器 RP_1 使用普通线绕电位器时，它的检测范围在滑轮确定合理时可达 1m。若使用多圈电位器或齿轮传动机构，其测试范围可扩大很多。

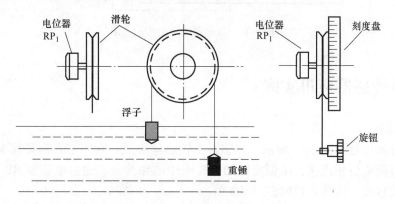

图 6-35　液面高度测试仪机构示意图

13. 数显划线尺

对大工件的划线，按传统的工艺方法常采用游标高度划线尺进行，但是这种方法精度差、效率低，已无法适应现代机械加工的要求。

数显划线尺是一种新型的划线工具，它采用直线型感应同步器作为机械位移传感器，配以数显表和机械装置等组成整个系统，如图 6-36 所示。其中，滑尺部件和划线刀组装在一起，它们可以沿轨道上下滑行，以确定划线的尺寸。在基座内装有匹配变压器和前置放大器，前置放大器用来放大感应同步器检测到的位移信号，然后将放大的检测信号送往数显表进行电路处理和显示；匹配变压器则用于滑尺的阻抗匹配，并通过内部的可调电阻使送给滑尺两绕组的励磁电流相等，以保证测量的精度。

当滑尺部件上下移动时，数显表将如实地反映出它的位移量，其精度可达 0.01mm。除此之外，数显表还可以任意复位及置数，并具有正反计数的功能，给划线工作带来了极大的方便。

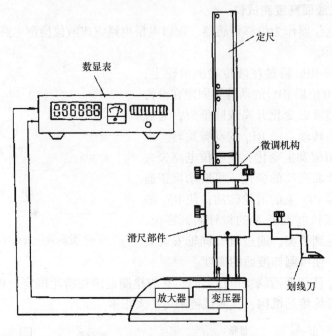

图 6-36　数显划线尺结构示意图

6.5　流量传感器应用实例

1. 热风速计

热风速计的电路如图 6-37 所示。传感器由铂热丝组成，它固定在测量探头的外部。铂热丝探头与直流电桥相连接，由恒流源加热探头中的铂热丝，通过电位器 RP_1 可调节电流以控制加热的程度，使其达到理想的温度值。

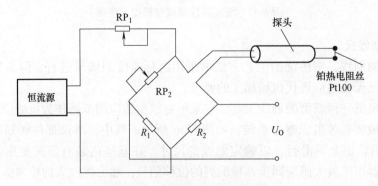

图 6-37　热风速计的电路原理图

当有风速时，流动的空气将铂热丝的热量带走，使其阻值发生变化，从而引起桥路失去平衡，使输出电压发生变化，根据输出的电压大小便可测得风速。

2. 压差式流量计

压差式流量计的工作原理如图 6-38 所示。它是在流体的管道上装一个节流孔板，当流体通过管道中的节流孔板时，流体在节流孔板处的流速就会发生变化，并产生正比于流速的压差。

由于管道的横截面积与流体流速的乘积为一个常数，因此，当流体流经节流孔板时，因节流孔板处的面积减小，使流速增加，压力相应降低，如果通过压差传感器测量产生的压差，便可测得流速。

除了使用节流孔板外，还可利用管道直径发生变化而使管道喉部产生的压差进行流量测量，也可利用管道弯头处由于流体流动方向发生变化产生的压差进行流量测量。

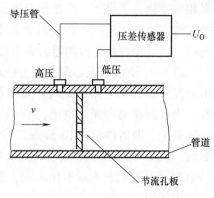

图 6-38　压差式流量计的工作原理

在使用压差传感器时，导压管安装不当会造成很大的误差。另外，如果在导压管内测量的是液体，则不允许出现气泡，如果测量的是气体，则不允许有凝结的液体，否则都会给测量带来误差。解决的办法是在导管处安装阀门，进行排气或排液的处理。

3. 光纤风速计

光纤风速计的工作原理图如图 6-39 所示。它由风轮、齿轮传动机构、凸轮、光纤连接器、光纤及检测电路组成。

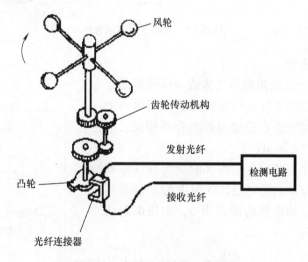

图 6-39　光纤风速计的工作原理

当风轮因为空气流动产生转动时，经齿轮传动机构带动凸轮转动，凸轮的凸起部分在转动中可间断性地起遮光作用，凸轮遮断光源而形成的光脉冲由光纤传递，经光敏器件转换成电信号，再经检测电路处理，便可测知风速的大小。

4. 手指反光心率测量仪

医学研究表明，当脉搏跳动时，血液流经血管，人体生物组织的血液量会发生变化，这种变化会引起生物组织传输光的性能发生变化。利用光传感器可检测到这种变化，此变化的速率可指示心率。

该方法采用的技术，是基于对手指光反射强度的测量，所测量的光反射性能随血液脉搏做相应变化，于是在手指处便可测得心率。图 6-40 所示是这种方法的示意图，将发射光源和光检测器放在手指的同一边，便可从光检测器的输出端得到心率信号。

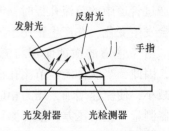

图 6-40 手指光反射测量示意图

图 6-41 所示是光心率检测方法的原理图。光传感器由光发射器和光检测器组成，光发射器采用超亮度 LED 管，光检测器使用光敏电阻，它们安装在一个小长条的绝缘板上，两器件相距 10.5mm。当食指前端接触光传感器时，从光传感器可得到约 $100\mu V$ 的电压变化，该信号经电容器 C 加到放大器的输入端，信号经放大、电路变换处理，便可从显示电路上直接得到心率的测量结果。

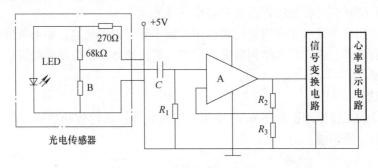

图 6-41 光心率检测原理图

5. 热电阻式流量计

图 6-42 是采用铂热电阻测量气体或液体流量的原理图。热电阻 RT_1 的探头放在气体流路中，而另一个热电阻 RT_2 的探头则放置在温度与被测介质相同、但不受介质流速影响的连通室内。

热电阻式流量计是根据介质内部的热传导现象制成的，如果将温度为 t_0 的热电阻放入温度为 t_c 的介质内，设热电阻与介质相接触的面积为 A，则热电阻耗散的热量 Q 可表达为

$$Q = KA(t_0 - t_c) \tag{6-2}$$

式中 K——热传导系数。

实验证明，K 与介质的密度、黏度、平均流速等参数有关。当其他参数为定值时，K 仅与介质的平均流速有关。这样我们就可以通过测量热电阻耗散热量 Q 获得介质的平均流速或流量。

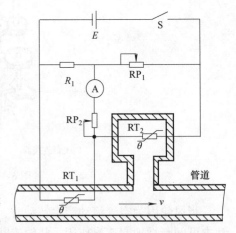

图 6-42 热电阻式流量计电路原理图

电桥在介质静止不流动时处于平衡状态，电流表中无电流指示。当介质流动时，由于介质会带走热量，从而使热电阻 RT_1 与 RT_2 的散热情况出现差异，RT_1 的温度下降，使电桥失去平衡，产生一个与介质流量变化相对应的电流流经电流表，如果事先将电流表按平均流量标定过，则从电流表的刻度上便知介质流量的大小。

6. 多普勒血流计

多普勒血流计的工作原理如图 6-43 所示。在人的皮肤上设置有发射换能器和接收换能器，发射换能器通过压电元件将电磁振荡转换为超声波向血管发射，接收换能器则通过压电元件将血液中红血球反射回来的超声波转换为电信号。当血液流动时，由于多普勒效应，发射的超声波频率 f_0 和反射回来的超声波频率 f_0' 不同，两频率之差便是多普勒频率，其表达式为

$$f_\mathrm{d} = f_0 - f_0' = f - \frac{f(V - v\cos\alpha)}{V + v\cos\beta} = \frac{2f_0\cos\left[(\alpha + \beta)/2\right]}{V} \times 2 \qquad (6\text{-}3)$$

式中　V——超声波在血液中的速度，约 1500m/s；

v——红血球运动的速度；

α——发射换能器与皮肤的夹角；

β——接收换能器与皮肤的夹角。

通过式（6-3）可以看出，只要测出多普勒频率，便可知血液流动的速度。多普勒血流计可无创伤检测血流速度，是一个理想的临床使用血流计。

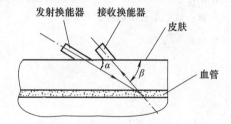

图 6-43　多普勒血流计的工作原理图

参 考 文 献

[1] 郁有文，常健，程继红. 传感器原理及工程应用 [M]. 3 版. 西安：西安电子科技大学出版社，2008.

[2] 黄继昌，徐巧鱼，张海贵，等. 传感器工作原理及应用实例 [M]. 北京：人民邮电出版社，1998.

[3] 李道华，李玲，朱艳. 传感器电路分析与设计 [M]. 武汉：武汉大学出版社，2000.

[4] 谭福年. 常用传感器应用电路 [M]. 成都：电子科技大学出版社，1996.

[5] 王长涛，等. 传感器原理与应用 [M]. 北京：人民邮电出版社，2012.

[6] 张国雄. 测控电路 [M]. 2 版. 北京：机械工业出版社，2007.

[7] 吴道娣. 非电量电测技术 [M]. 西安：西安电子科技大学出版社，2001.

[8] 牛德芳. 半导体传感器原理及其应用 [M]. 大连：大连理工大学出版社，1994.

[9] 王伯雄. 测试技术基础 [M]. 北京：清华大学出版社，2003.

[10] 周继明，等. 传感器技术与应用 [M]. 长沙：中南大学出版社，2005.

[11] 候国章. 测试与传感器技术 [M]. 哈尔滨：哈尔滨工业大学出版社，1998.

[12] 张福学. 现代实用传感器电路 [M]. 北京：中国计量出版社，1997.

[13] 吴东鑫. 新型实用传感器应用指南 [M]. 北京：电子工业出版社，1998.

[14] 余瑞芬. 传感器原理 [M]. 北京：航空工业出版社，1995.